人力资源和社会保障部职业能力建设司推荐
冶金行业职业教育培训规划教材

电气设备故障检测与维护

主　编　王国贞
副主编　张惠荣　韩提文
主　审　赵文宏

北　京
冶　金　工　业　出　版　社
2022

内 容 提 要

本书为冶金行业职业技能培训教材，是参照冶金行业职业技能标准和职业技能鉴定规范，根据冶金企业的生产实际和岗位群的技能要求编写的，并经人力资源和社会保障部技工教育和职业培训教材工作委员会办公室组织专家评审通过。

本书介绍了工厂中常用电气设备的维护及常见故障的判断和处理，电气设备故障的检查方法及新的故障检测仪器和技术，可编程控制器和变频器的使用、维护及故障判断等知识。

本书也可作为职业技术院校相关专业的教材，或工程技术人员的参考用书。

图书在版编目（CIP）数据

电气设备故障检测与维护/王国贞主编．—北京：冶金工业出版社，2005.6（2022.6 重印）

冶金行业职业教育培训规划教材

ISBN 978-7-5024-3576-9

Ⅰ．电…　Ⅱ．王…　Ⅲ．①电气设备—故障检测　②电气设备—故障修复　Ⅳ．TM07

中国版本图书馆 CIP 数据核字（2004）第 142468 号

电气设备故障检测与维护

出版发行　冶金工业出版社　**电　　话**　（010）64027926

地　　址　北京市东城区嵩祝院北巷 39 号　**邮　　编**　100009

网　　址　www. mip1953. com　**电子信箱**　service@ mip1953. com

责任编辑　宋　良　刘　源　任咏玉　美术编辑　彭子赫

责任校对　白　迅　李文彦　窦　唯　责任印制　李玉山

北京建宏印刷有限公司印刷

2005 年 6 月第 1 版，2022 年 6 月第 5 次印刷

787mm×1092mm　1/16；12 印张；286 千字；178 页

定价 28.00 元

投稿电话　**（010）64027932**　**投稿信箱**　**tougao@cnmip. com. cn**

营销中心电话　**（010）64044283**

冶金工业出版社天猫旗舰店　**yjgycbs. tmall. com**

（本书如有印装质量问题，本社营销中心负责退换）

冶金行业职业教育培训规划教材
编辑委员会

序

吴溪淳

改革开放以来，我国经济和社会发展取得了辉煌成就，冶金工业实现了持续、快速、健康发展，钢产量已连续数年位居世界首位。这其间凝结着冶金行业广大职工的智慧和心血，包含着千千万万产业工人的汗水和辛劳。实践证明，人才是兴国之本、富民之基和发展之源，是科技创新、经济发展和社会进步的探索者、实践者和推动者。冶金行业中的高技能人才是推动技术创新、实现科技成果转化不可缺少的重要力量，其数量能否迅速增长、素质能否不断提高，关系到冶金行业核心竞争力的强弱。同时，冶金行业作为国家基础产业，拥有数百万从业人员，其综合素质关系到我国产业工人队伍整体素质，关系到工人阶级自身先进性在新的历史条件下的巩固和发展，直接关系到我国综合国力能否不断增强。

强化职业技能培训工作，提高企业核心竞争力，是国民经济可持续发展的重要保障，党中央和国务院给予了高度重视，明确提出人才立国的发展战略。结合《职业教育法》的颁布实施，职业教育工作已出现长期稳定发展的新局面。作为行业职业教育的基础，教材建设工作也应认真贯彻落实科学发展观，坚持职业教育面向人人、面向社会的发展方向和以服务为宗旨、以就业为导向的发展方针，适时扩大编者队伍，优化配置教材选题，不断提高编写质量，为冶金行业的现代化建设打下坚实的基础。

为了搞好冶金行业的职业技能培训工作，冶金工业出版社在人力资源和社会保障部职业能力建设司和中国钢铁工业协会组织人事部的指导下，同河北工业职业技术学院、昆明冶金高等专科学校、吉林电子信息职业技术学院、山西工程职业技术学院、山东工业职业学院、安徽工业职业技术学院、武汉钢铁集团公司、山钢集团济钢公司、云南文山铝业有限公司、中国职工教育和职业培训协会冶金分会、中国钢协职业培训中心、中国钢协人力资源与劳动保障工作委员会教育培训研究会等单位密切协作，联合有关冶金企业、高职院校和本科院校，编写了这套冶金行业职业教育培训规划教材，并经人力资源和社会保障部技工教育和职业培训教材工作委员会组织专家评审通过，由人力资源和社会保障部职业能力建设司给予推荐，有关学校、企业的编写人员在时间紧、任务重的情况下，克服困难，辛勤工作，在相关科研院所的工程技术人员的积极参与和大力支持下，出色地完成了前期工作，为冶金行业的职业技能培训工作的顺利进行，打下了坚实的基础。相信这套教材的出版，将为冶金企业生产一线人员理论水平、操作水平和管理水平的进一步提高，企业核心竞争力的不断增强，起到积极的推进作用。

随着近年来冶金行业的高速发展，职业技能培训工作也取得了令人瞩目的成绩，绝大多数企业建立了完善的职工教育培训体系，职工素质不断提高，为我国冶金行业的发展提供了强大的人力资源支持。今后培训工作的重点，应继续注重职业技能培训工作者队伍的建设，丰富教材品种，加强对高技能人才的培养，进一步强化岗前培训，深化企业间、国际间的合作，开辟冶金行业职业培训工作的新局面。

展望未来，任重而道远。希望各冶金企业与相关院校、出版部门进一步开拓思路，加强合作，全面提升从业人员的素质，要在冶金企业的职工队伍中培养一批刻苦学习、岗位成才的带头人，培养一批推动技术创新、实现科技成果转化的带头人，培养一批提高生产效率、提升产品质量的带头人；不断创新，不断发展，力争使我国冶金行业职业技能培训工作跨上一个新台阶，为冶金行业持续、稳定、健康发展，做出新的贡献！

前　言

本书是按照人力资源和社会保障部的规划，受中国钢铁工业协会和冶金工业出版社的委托，在编委会的组织安排下，参照冶金行业职业技能标准和职业技能鉴定规范，根据冶金企业的生产实际和岗位群的技能要求编写的。书稿经人力资源和社会保障部技工教育和职业培训教材工作委员会办公室组织专家评审通过，由人力资源和社会保障部职业能力建设司推荐作为冶金行业职业技能培训教材。

电气设备的安全运行，直接关系到生产人员和设备的安全。电气设备运行时，设备运行人员应加强巡视检查，一旦发生异常时，应能迅速判断并正确处理。新参加电气设备运行、检修和调试的人员，往往对设备的故障测寻感到困难，即使是有一定工作经验的人员，也难以全面掌握各种设备的故障检测技术。因此，广大供电、用电部门的技术人员和工人热切希望能有一些关于电气设备故障检测技术方面的培训教材。

本书就是为上述目的而撰写的，书中主要介绍了常用电气设备的运行、维护与维修，故障分析与处理。本书中大部分内容取自生产实践中的经验总结，联系实际，通俗易懂，可供有关人员系统学习或遇到问题时查阅。

本书可作为相关企业的技能培训教材或相关专业的职业技术院校教材，也可供从事电气设备维护工作的工程技术人员参考。

本书由河北工业职业技术学院王国贞任主编，河北工业职业技术学院张惠荣、韩提文任副主编。第1、2、3、4、8、9章由王国贞编写；第5、6、7章由张惠荣、韩提文编写；北京矿院附中杨华参与了部分章节的编写；石家庄车辆厂电工技师刘建明、杨永华为本书提供了部分资料。石家庄钢铁有限责任公司高级工程师赵文宏主审本书初稿，提出了宝贵意见。

由于水平所限，书中难免有不妥之处，敬请广大读者批评指正。

编　者

目　　录

1 电气设备故障检测与维护概论

1.1 工厂供配电系统基本知识

作为电气工作人员,应站在系统的角度来理解工作中遇到的问题。在故障检测与维护过程中,也应有系统观,避免知其然而不知其所以然。

1.1.1 工厂供配电系统的基本组成

工厂供配电系统是电力系统的重要组成部分,工业用电量已占全部用电量的50% ~70%,是电力系统的最大电能用户。它由总降变电所、高压配电所、配电线路、车间变电所和用电设备组成。图1-1是工厂供配电系统结构框图。

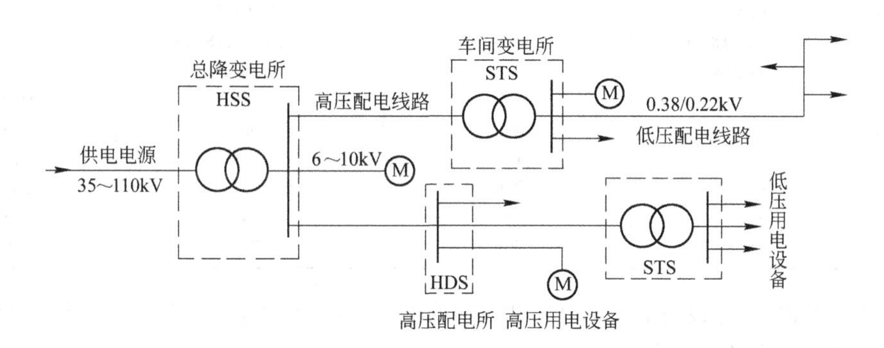

图1-1 工厂供配电系统结构框图

总降变电所是工厂电能供应的枢纽。它将35~110kV的外部供电电源电压降为6~10kV高压配电电压,供给高压配电所、车间变电所和高压用电设备。

高压配电所集中接受6~10kV电压,再分配到附近各车间变电所和高压用电设备。一般负荷分散、厂区大的大型工厂设置高压配电所。

配电线路分为6~10kV厂内高压配电线路和380/220V厂内低压配电线路。高压配电线路将总降变电所与高压配电所、车间变电所和高压用电设备连接起来。低压配电线路将车间变电所的380/220V电压送至各低压用电设备。

车间变电所将6~10kV电压降为380/220V电压供低压用电设备用。

用电设备按用途可分为动力用电设备、工艺用电设备、电热用电设备、试验用电设备和照明用电设备等。

应当指出,对于某个具体工厂的供配电系统,可能上述各部分都有也可能只有其中的几个部分,这主要取决于工厂电力负荷的大小和厂区的大小。不同工厂的供配电系统,不仅组成不完全相同而且相同部分的构成也会有较大的差异。通常大型工厂都设总降变电所,中小型工厂仅设全厂6~10kV变电所或配电所,某些特别重要的工厂还设自备发电厂作为备用电源。

1.1.2 工厂供配电系统的基本概念和基本知识

1.1.2.1 电力系统的额定电压

电力系统的额定电压包括电力系统中各种发电、供电、用电设备的额定电压。额定电压是使电气设备处于最佳工作状态的电压，它是国家根据国民经济发展的需要，电力工业的发展水平和趋势，经全面技术经济分析后确定的。我国规定的三相交流电网和电气设备的额定电压，如表1－1所示。

表1－1 我国交流电网和电气设备的额定电压

分类	发电机的额定电压/kV	电网和用电设备的额定电压/kV	电力变压器的额定电压/kV	
			一次绕组	二次绕组
低压	0.4	0.38	0.38	0.4
	0.69	0.66	0.66	0.69
高压	3.15	3	3,3.15	3.15,3.3
	6.3	6	6,6.3	6.3,6.6
	10.5	10	10,10.5	10.5,11
	13.8,15.75,18,20,22,24,26	—	13.8,15.75,18,20,22,24,26	—
	—	35	35	38.5
	—	66	66	72.6
	—	110	110	121
	—	220	220	242
	—	330	330	363
	—	500	500	550

从表中可看出：用电设备的额定电压和电网的电压一致，发电机和变压器二次绕组的额定电压高于电网和用电设备的额定电压。

发电机额定电压高于电网和用电设备的额定电压是因为考虑到线路在输送负荷电流时必然产生电压损失，发电机的额定电压比电网电压高5%，便是为了补偿线路上的电压损失，例如电网的额定电压为10kV，则发电机的额定电压为10.5kV。

至于变压器的二次额定电压高出电网和用电设备的额定电压10%，其原因是变压器的二次额定电压是指空载电压而言，当变压器通过额定负荷电流时，变压器绕组的电压损失约为电网额定电压的5%。和发电机一样，它仍应比用电设备电压高5%左右，以补偿线路上的电压损失。

用电设备的额定电压虽然规定得与电网的额定电压相一致，但电网中由于电压损失的影响，各处的电压是不一样的。而且由于负荷的变化，电压损失也不可能维持在一个恒定的数值，所以要使加于用电设备处的电网电压与用电设备的额定电压始终相同，既难做到，也无必要。所以，一些国家规定低压用户供电电压变动不超过±5%～6%，高压用户根据负荷大小的不同，一般不超过±5%～7%，这也就是电源电压维持比线路电压高5%的原因。因为在这种情况下，所有接在该级线路的用电设备，都能够在与其额定电压相接近的情况下工作。

在选用和更换电气设备时，一定要注意设备的额定电压的一致性。

1.1.2.2 供电质量的主要指标

决定工厂用户供电质量的指标为：电压、频率、可靠性。

A 电压

加于用电设备端的线路实际电压与用电设备的额定电压差别较大时，对用户设备的危害很大。以照明用的白炽灯为例，当加于灯泡的电压低于其额定电压时，发光效率将降低。发光效率的降低使工人的身体健康受影响，也会降低劳动生产率。当电压高于额定电压时，则使灯泡经常损坏，例如某工厂由于夜间电压比灯泡额定电压高5%～10%，致使灯泡损坏率达30%以上。

对电动机而言，当电压降低时，转矩急剧减小。例如当电压降低20%，转矩将降低到额定值的64%，电流增加约20%～35%，温度升高约12～15℃，转矩减小，使电动机转速降低，甚至停转，导致工厂产生废品甚至招致重大事故，异步电动机本身也将因为滑差增大致使有功功率损耗增加，绕组过热，绝缘迅速老化，甚至烧坏。

某些电热及冶炼设备对电压的要求非常严格，电压降低使生产率下降，能耗显著上升，成本增高。

电网容量扩大和电压等级增多后，保持各级电网和用户电压正常是比较复杂的工作，因此，供电单位除规定用户电压质量标准外，还进行无功补偿和调压规划的设计工作，以及安装必要的无功电源和调压设备，并对用户用电和电网运行也作了一些规定与要求。

以上谈到的是供电电压量上的要求，还有由于供电电压畸变，不是正弦波形的问题。

近年来，由于大型可控整流装置的利用，供电系统中电压、电流出现高次谐波。这种高次谐波产生的谐波压降，使发电机的端电压波形畸变，增加附加损耗，促使绝缘老化，从而使维护管理工作量增加之外，对工厂用户也产生严重的影响。如高次谐波电流使电网电流有效值增加，电阻也因集肤效应的影响而相应增大，致使线路中产生附加的功率及能量损失；高次谐波电流加大了旋转电机、变压器、电缆等电气元件中绝缘介质的电离过程，使其发热量增加，寿命降低；特别是对静电电容器，高频电流使其发热量超过正常值，绝缘老化过程加速，例如5%的高次谐波电流，使介质损失角一年增加到两倍左右。由于消弧绕组不能全部补偿系统中的电容电流，元件绝缘的老化使单相接地比较容易发展为两相接地，降低了用户用电的可靠性。高次谐波电流除对电气设备产生不良影响之外，而且也波及到自动化、远动控制、通讯等领域，使它们的工作都受到干扰和破坏，质量降低。

B 频率

我国工业上的标准电流频率为50Hz，除此而外，在工厂的某些方面有时采用较高的频率，以减轻设备重量，提高生产效率。如汽车制造或其他大型流水作业的装配车间，采用频率为175～180Hz的高频设备，某些机床采用400Hz的电机以提高切削速度，锻压、热处理及熔炼利用高频加热等。

电网低频率运行时，所有用户的交流电动机转速都将相应降低，因而许多工厂的产量和质量都将不同程度地受到影响。例如频率降至48Hz时，电动机转速降低4%，冶金、化工、机械、纺织、造纸等工业的产量相应降低，有些工业产品的质量也会受到影响，如纺织品断线、疵点，纸张厚薄不匀，印刷品墨色深浅不匀，计算机发生误计算和误打印，信号误显示等。

频率的变化对电力系统运行的稳定性影响很大，因而对频率的要求比对电压的要求严格得多，一般不得超过±0.5%。

C 可靠性

电气设备的可靠性，即根据用电负荷的性质和事故停电将在政治、经济上造成的影响或损失程度，对电气设备提出的不中断供电的要求。用电负荷分为下列三级：

(1) 一级负荷。突然停电将造成人身伤亡危险，或重大设备损坏且难以修复，或在政治上、经济上造成重大损失者。

(2) 二级负荷。突然停电将产生大量废品，损坏生产设备等，在经济上造成较大损失者。

(3) 三级负荷。停电损失不大者。

各级用电负荷的供电方式,应根据地区供电条件,按下列条件考虑决定:

一级负荷应由两个独立电源供电,有特殊要求的一级负荷,两个独立电源且应来自不同的地点。独立电源的定义是:若干电源中,任一电源发生故障或停止供电时,不影响其他电源继续供电,这些电源均称为独立电源。

二级负荷一般由两回线路供电。当取得两回线路有困难时,允许由一回专用线路供电,但对人员密集的重要公共建筑物,允许由一回线路供电。对重要的二级负荷,其二回电源线路应引自不同的变压器或母线段。

三级负荷对供电电源无特殊要求。

负荷分级问题非常复杂,同样的生产机械,但不同容量,或设置于不同工厂,其分级就可能不同,某些一级负荷也有极小间隙停电的可能。因此,必须对各个工厂不同设备的使用情况进行实事求是的调查分析。

用电负荷还可按其工作制分为:

(1) 连续工作制负荷。连续工作制负荷用于长时间连续工作的用电设备,其特点是负荷比较稳定,连续工作发热使其达到热平衡状态,其温度达到稳定温度。工厂用电设备大都属于这类设备,如泵类、通风机、压缩机、电炉、运输设备、照明设备等。

(2) 短时工作制负荷。短时工作制负荷用于工作时间短、停歇时间长的用电设备。其运行特点为工作时其温度达不到稳定温度,停歇时其温度降到环境温度。这种工作制在用电设备中所占比例很小,如机床的横梁升降、刀架快速移动电动机、闸门电动机等。

(3) 反复短时工作制负荷。反复短时工作制负荷用于时而工作、时而停歇、反复运行的用电设备,其运行特点为工作时温度达不到稳定温度,停歇时也达不到环境温度,如起重机、电梯、电焊机等。

1.1.2.3 短路

电气设备会遇到很多的电气故障,其中最严重的故障是短路故障。短路是不同相之间、相对中线或地线之间的直接金属性连接或经小阻抗连接。

三相交流系统的短路种类主要有三相短路、两相短路、单相短路和两相接地短路。三相短路指供配电系统三相导体间的短路;两相短路指三相供配电系统中任意两相导体间的短路;单相短路指供配电系统中任一相经大地与中性点或与中线发生的短路。上述各种短路中,三相短路属对称短路,其他短路属不对称短路。在电力系统中,发生单相短路的可能性最大,发生三相短路的可能性最小;但通常三相短路的短路电流最大,危害也最严重。

短路发生的主要原因是电力系统中电器设备载流导体的绝缘损坏。造成绝缘损坏的原因主要有设备绝缘自然老化,操作过电压,大气过电压,绝缘受到机械损伤等。

运行人员不遵守操作规程发生的误操作,如带负荷拉、合隔离开关,检修后忘拆除地线闭合等;或鸟兽跨越在裸露导体上,这些也是引起短路的原因。

发生短路时,由于短路回路的阻抗很小,产生的短路电流较正常电流大数十倍,可能高达数万安培甚至数十万安培。同时,系统电压降低,离短路点越近电压降低越大。三相短路时,短路点的电压可能降到零。因此,短路将造成严重危害。

短路产生很大的热量,导体温度升高,将绝缘损坏;短路产生巨大的电动力,使电气设备受到机械损坏;短路使系统电压严重降低,电器设备正常工作受到破坏,例如异步电动机的转矩与外施电压的平方成正比,当电压降低时,其转矩降低使转速减慢,造成电动机过热烧坏;短路造成停电,给国民经济带来损失,给人民生活带来不便;严重的短路将影响电力系统运行的稳定性,使并列的同步发电机失步,造成系统解列,甚至崩溃;单相短路产生的不平衡磁场,对附近的通信线路和弱电设备产生严重的电磁干扰，影响其正常工作。

由上可见，短路产生的后果极为严重。在供配电系统的运行中应采用有效措施，设法消除可能引起短路的一切原因。

1.1.2.4　接地

A　接地的目的

接地是为保护人体和设备的安全而设置的，要求被接地物与大地保持同电位。但是即使接地非常良好，也不可能使接地电阻等于零，即总会或多或少有一个接地电阻值。当接地电阻上流过电流时由于有了电压降使接地线上的电位会高出于大地的零电位。因此，接地系统的性能就必须根据接地线在正常或异常时，会有何种性质的电流以及它以怎样的方式流而定。也就是说，会有怎样的电流经过这个接地体流到大地中去。

高压设备的外壳等必须接地。因为不管设备的绝缘电阻有多高，在带电部分对外壳之间存在着电容，如果外壳不接地，有时会存在着意想不到的高电位。仪用互感器等设备由于一次、二次绕组间的耦合电容，在二次绕组上也同样会形成高电位，因此必须将二次绕组的一端接地使其保持零电位。这些接地线当设备或系统没有异常现象时仅流过微小的电容电流，但在设备内部或设备与外部发生碰线或短接时，或者有冲击波侵入时，就会有很大的电流流过。接地线必须要能安全地把这种电流泄入大地，同时又要使此时在接地线上的电位升高低于安全值。

在中性点经过电阻或消弧绕组接地的输电系统中发生接地短路事故时，经过接地线沿着大地流向故障点的接地电流必须限定在安全值以下。

另外，当由于雷击过电压或操作过电压等引起的冲击电流经避雷器泄入大地时。避雷器的接地装置也必须具备能安全通过大电流而同时能将电位升高抑制在规定值以下的性能。

像雷电流那样具有急剧上升特性的电流，以行波方式通过接地体，在这个接地体上至少往返1～2次的时间（在多数情况下，土壤中的传播速度是在空气中的几分之一）。这与正常的接地电阻值不同。这种阻止过渡电流（如雷电流）的特性参数取名为波阻抗，波阻抗的数值从开始流过脉冲电流时起随着时间而逐渐变化，最后达到通常称为接地电阻值的稳定值。所以，像输电线铁塔的接地、避雷器、避雷针之类以通过雷电电流为目的的接地装置，或者有通过雷电流可能性的接地装置，除了要保证正常时的电阻值之外，还必须设法降低过渡过程中的波阻抗值。

因此，在日常维护时，不能忽视对接地设施的维护和检测，保证接地装置保持良好的性能。

B　基本概念

（1）接地。电气设备的某部分与大地之间做良好的电气连接称接地。

（2）接地体。埋入地中并直接与土壤相接触的金属导体，称接地体或接地极。如埋地的钢管、角铁等。

（3）接地线。电气设备应接地部分与接地体（极）相连接的金属导体（线）。接地线在设备正常运行情况下是不载流的，但在故障情况下要通过接地故障电流。

（4）接地装置。接地体与接地线总称接地装置。由若干接地体在大地中用接地线相互连接起来的一个整体，称为接地网。其中接地线又分接地干线和接地支线，如图1－2所示。接地干线一般应采用不少于两根导体，在不同地点与接地网

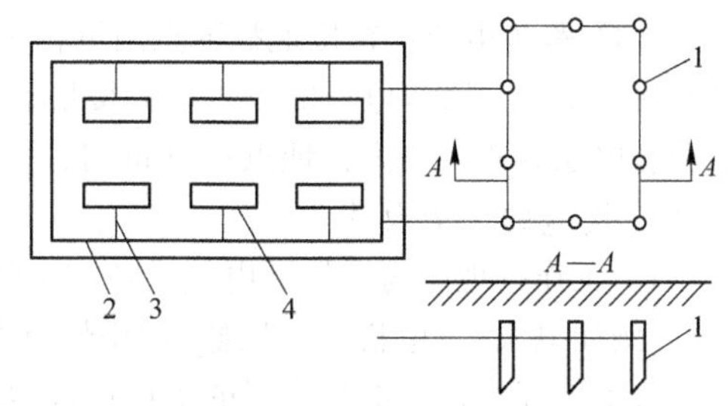

图1－2　接地网示意图

1—接地体；2—接地干线；3—接地支线；4—设备

连接。

(5) 散流电阻。接地体与土壤之间的接触电阻以及土壤的电阻之和。

(6) 接地电阻。散流电阻加接地体和接地线本身的电阻称接地电阻。由于接地体和接地线本身的电阻很小可忽略不计,所以可认为接地电阻等于散流电阻,其主要决定于接地装置的结构和土壤的导电能力,在数值上等于对地电压与接地电流之比。

(7) 接地电流。电气设备发生接地故障时,电流经接地装置流入大地并作半球形散开,这一电流称接地电流,如图1－3中的I_E。由于这半球形球面距接地体越远的地方球面越大,所以距接地体越远的地方,散流电阻越小。试验表明,在单根接地体或接地故障点20m远处,实际散流电阻已趋近于零。这个电位为零的地方,称为电气上的"地"或"大地"。

(8) 对地电压。电气设备接地部分与零电位的"大地"之间的电位差,称对地电压,如图1－3中的U_E。

(9) 接触电压。当电气设备绝缘损坏时,人站在地面上接触该电气设备,人体所承受的电位差称接触电压U_{tou}。例如,当设备发生接地故障时,以接地点为中心的地表约20m半径的圆形范围内,便形成了一个电位分布区。这时如果有人站在该设备旁边,手触及带电外壳,那么手与脚之间所呈现的电位差,即为接触电压,如图1－4所示。

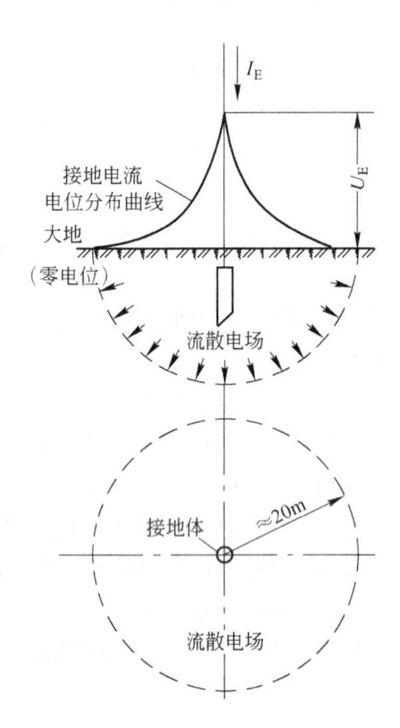

图1－3　接地电流、对地电压及接地电流电位分布曲线

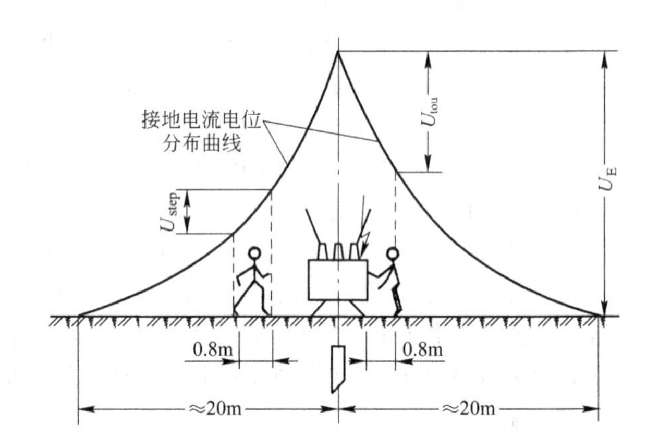

图1－4　接触电压和跨步电压

(10) 跨步电压。在接地故障点附近行走,人的双脚之间所呈现的电位差称跨步电压U_{step},如图1－4所示。跨步电压的大小与离接地点的远近及跨步的长短有关,离接地点越近,跨步越长,跨步电压就越大。离接地点达20m时,跨步电压通常为零。

C　接地的种类及作用

(1) 工作接地。为了保证电气设备在正常或故障情况下可靠地工作而进行的接地称为工作接地。例如电源(发电机或变压器)的中性点直接(或经消弧绕组)接地,能维持非故障相对地电压不变,电压互感器一次侧绕组的中性点接地能保证一次系统中相对地电压测量的准确度,防雷设备的接地是为了雷击时对地泄放雷电流。

(2) 保护接地。为保障人身安全将电气设备正常情况下不带电的金属部分接地叫保护接地。电气设备上与带电部分相绝缘的金属外壳,通常因绝缘损坏或其他原因而导致意外带电,容易造成人身触电事故。为保障人身安全,避免或减小事故的危害性,电气工程中常采用保护接地。保护接地的作用如图 1-5 所示,图中(a)是电动机外壳未接地,发生一相碰壳时,其外壳带相电压。人接触到外壳,会有触电危险。图中(b)是电机外壳有保护接地,发生一相碰壳时,电流主要从接地处流过,就减少人被触电的危险。

低压配电系统,按保护接地形式,分为 TN 系统、TT 系统和 IT 系统。

TN 系统的电源中性点直接接地,并引出有中性线(N 线)、保护线(PE 线)或保护中性线(PEN 线),属于三相四线制系统。如果系统中的 N 线与 PE 线全部合为 PEN 线,则此系统称为 TN—C 系统,如图 1-6(a)所示。如果系统中的 N 线与 PE 线全部分开则此系统称为 TN—S 系统,如图 1-6(b)所示。如果系统中前一部分 N 线与 PE 线合为 PEN 线,而后一部分 N 线与 PE 线全部或部分地分开,则此系统称为 TN—C—S 系统,如图 1-6(c)所示。

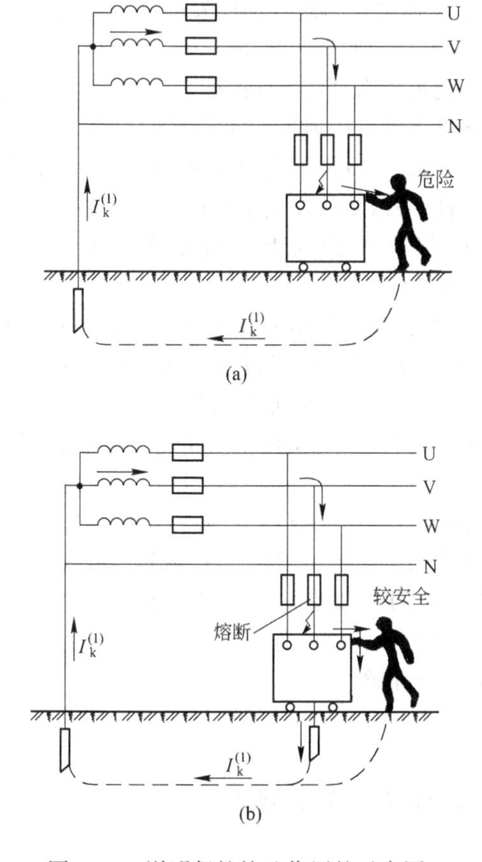

图 1-5 说明保护接地作用的示意图
(a)没有保护接地的电动机一相碰壳时;
(b)装有保护接地的电动机一相碰壳时

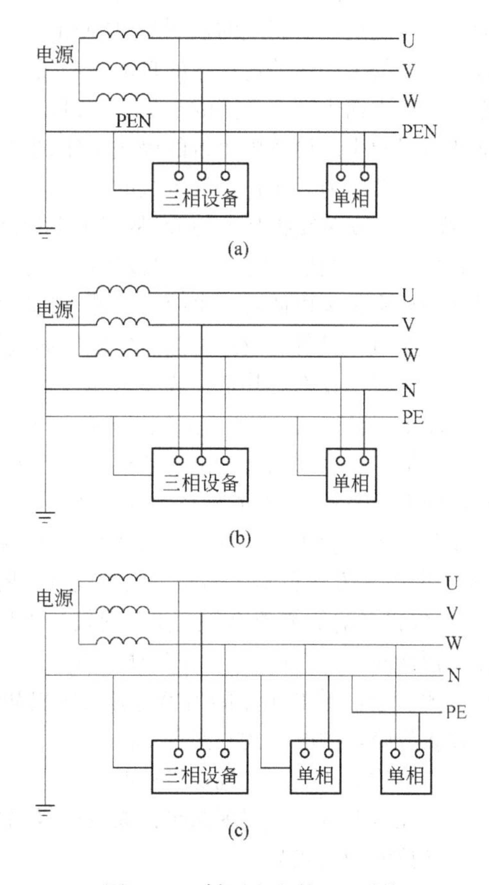

图 1-6 低压配电的 TN 系统
(a)TN—C 系统;(b)TN—S 系统;(c)TN—C—S 系统

TN 系统中,设备外露可导电部分经低压配电系统中公共的 PE 线(在 TN—S 系统中)或 PEN 线(在 TN—C 系统中)接地,这种接地形式我国习惯称为“保护接零”。

(3) 保护接零。为了保证人身安全,将三相四线制系统中的正常情况下不带电的金属外壳与零线联接叫保护接零。保护接零作用很明显,当发生单相碰壳故障时,将形成单相短路,引起保护装置动作,切除故障,从而避免了人身触电事故。

必须注意:同一系统中,保护接地和保护接零只能采用一种形式,不可既接地又接零。

(4) 重复接地。在保护接零系统中,零线除了在中性点处接地外,在零线的其他位置一点或多点再接地,这就是重复接地。

如果没有重复接地,则当零线断线时,若有一台设备发生一相碰壳,保护将不动作,而断线后面的所有设备的外壳均带有相电压,极易发生触电事故。采用重复接地后,当发生上述故障时,则设备外壳电压将下降为相电压的一半,从而降低了人触电的危险性。

1.2 电气设备故障检测和维护概论

近来,随着半导体元件性能的提高和以绝缘材料为代表的各种电工材料的发展,促使发电机、变压器、电动机等电力设备朝着小型、大容量的方向发展。而控制装置却由于集成化、静止化、精密化而日趋小型。同时由于在各个环节上大量采用程序控制器和微处理机,代替了历来采用的有触点式继电器制成的控制盘,从而能进行复杂的控制。因此目前已发展到只要按电钮就可进行全部的生产活动这样高的自动化程度。也就是说目前的生产活动已达到了质量不依赖于操作工的技术而生产率又高的水平。不过,高度自动化也带来另一方面的问题,一旦发生电气故障即使只引起生产设备极短暂的停止工作,也会造成巨大的生产损失和降低产品质量,这样的例子已屡见不鲜。为了防止电气事故的发生,一方面,要求设备设计符合规范、高标准,设备制作高工艺、高质量,安装交接从严检验,从根本上提高可靠性,降低事故发生率;另一方面,建立一套科学的管理与维护制度,不间断地对设备进行运行管理、保养、监护,定期进行维修,力争能提前发现设备的异常情况以便防止事故于未然,降低事故发生率。

早期对电气设备的故障检测主要依靠通过维修工的检查或操作工根据设备运行情况而得到线索。随着科学技术尤其是集成技术和计算机技术的发展,检测技术得到迅猛发展。在检测技术的推动下,促进了各式各样测试设备的不断发展,达到了可以说故障检测在某种程度依赖于各种测试仪器的程度。同时也出现了很多新技术,像电气设备故障监测预诊断技术、电气设备智能故障诊断专家系统、无人值班技术等新技术。

设备诊断包含机械设备诊断和电气诊断内容,两种设备由于有各自的特殊性,因此监测内容、预诊断方式方法也不尽相同。机械设备的监测预诊断工作起步较早,并已取得了较为丰硕的成果,电气设备的监测预诊断工作开展较为落后,没有专门的开发应用,仅由机械人员在机械设备监测预诊断工作中进行了一些兼顾,电气设备的监测与预诊断工作尚待努力。下面就电气设备的监测(监控)诊断工作的内容与方法做出初步分析与介绍。

设备故障监测的方式有两种,即:

离线监测——实现初级诊断,人工调控。

在线监测——实现初级诊断或高级(精密)诊断,人工或自动调控。

设备诊断的公式为:

$$\text{模糊诊断} + \text{精密诊断} = \text{模糊诊断(结论)}$$

模糊诊断语言包括:

正常语言:合格、正常、好

警告语言:注意、危险、不好

事故语言:严重注意、极严重、停车

诊断用词:正面词——宜、应、必须

反面词——不宜、不可、严禁

1.2.1 离线监测

离线监测诊断是在设备停运或运行中利用有关仪表器具人为地对设备定时地进行接触检测或远距离遥测，定时分为次/h、次/班，例如用涡流计、加速计测量旋转电机的外壳、轴振动轴位移，用红外线测温仪在远距离处测量高压带电体的温度等，对所测参数建档，进行历史比较，趋势分析，做出初级诊断，为制订设备运行的维修计划提供依据。

离线监测方法简单，只用必要的单体仪器，节省投资，缺点是预诊断精度不高，需要人工操作，并且检测是断续的，不能对设备进行连续监测，失控的死区大。

电气设备的出厂试验，安装交接试验。计划维修检验等是多年来对设备的检修维护、监测的既定经验，对于预防电气设备故障事故的发生，确保设备安全地运行起到了极为有效的作用。严格地说这些检验、考核方法均属于设备的离线监测范围。离线监测不能完全防止电气事故的发生。例如设备运行期间，计划维修的周期中间设备慢性事故突变或外界因素等引发的突然性事故则无法预知，因此设备维修周期中间时间成为设备监测诊断的死区，死区中发生的事故无法控制。目前开始推广应用的在线监测（监控）技术，可以将设备置于全过程的监测控制之下，消灭了监测控制的死区，连续地监测诊断出设备的各种随机毛病，使计划维修变为适时维修，除了不可预见的外界突发因素（例如鼠害、雷击）外，基本上可以杜绝电气事故的发生。

1.2.2 在线监测

电气设备的在线监测预诊断方法是预先在设备的关键部位、敏感区域、重要参数环节处安装传感元件和参数取出设备及特别的信号参数变换装置，将各种强、弱、大小规格不一的机械信号与电气信号进行整理放大、规格化，变成自动化检测仪表及计算机能够接纳的模拟或数字信号送入监测仪表和计算机系统的输入单元，自动化仪表及计算机智能系统连续不断地接纳或周期性采样接纳各种参数信号，智能系统按一定的数学模型和运算程序进行分析处理、计算，综合进行预诊断。其计算分析方式有如下几种：

（1）关键参数运算；

（2）相关参数运算；

（3）关键参数的综合运算；

（4）关键参数与相关参数的综合运算；

（5）相关参数的综合运算。

运算参数的分析与诊断是根据分析、计算、诊断的结果将数据进行存储与输出，进行声光报警及模拟显示和文字输出，人们根据报警程度、输出数据及图形文字的指示与机器诊断意见，紧急的输出指令及时自动地采取调控措施，非紧急性的提出相应措施作适时维修的依据，直接避免事故的发生。

电气设备故障监测诊断检测的参数很多，有的关键参数能够直接造成设备故障，有的故障系统由多种参数综合后造成，有的参数能直接起作用或间接（促成其他参数）起作用，等等。事故的生成极为复杂，这给计算机软件的编制带来一定困难，这是电气设备诊断技术的难点。

在线监测预诊断的优点是：

（1）被监测设备全过程受控，没有死区。

（2）适时维修可避免过剩维修，节约维修资金。

（3）适时维修可避免维修不足，可避免设备带病工作，减少事故的发生，减少经济损失。

（4）预诊断出设备较精确的剩余寿命，合理使用设备，避免设备浪费或设备寿命不足发生事故造成损失。

现代企业设备（特别是大型关键的电气设备）装备在线故障监测诊断装置，应用新的故障监测技术已成必然的趋势，是提高企业经济效益的有效手段之一。随着电子技术的进步。电子产品造价的降低，企业电气设备全面应用故障监测技术将会普及。由于现在电子产品的价格较高，目前中小型电气设备宜采用离线监测的方式，实现对设备故障的初级诊断。对于大中型设备或特别重要的关键设备，由于其价值高、地位重要、不能出现故障，如自动化生产的自动线，设备虽小但多，环环相扣，缺一不可。这样的设备和设备群应采用在线监测方式，构成单系统或集中监测系统，实现精密诊断。条件许可时可将车间（厂）作成监测诊断网，这将极大地方便总体设备监控管理。

1.2.3 电气设备故障监测的特殊性

机械设备监测诊断与电气设备监测诊断统称为设备诊断，两者监测监控的目的要求相同，但由于两种设备构造及性质不同，故障监测的结构形式、电气线路的组成、技术方法、难易程度也必然不同。

机械设备监测诊断主要是利用涡流、加速度、接近开关、温度、流量等传感元件检测机械在工作中的振动、轴位移、润滑、冷却、温度等故障情况，将检测的各种信号整理规格化后送入计算机系统进行分析计算判断，对设备情况进行精密诊断，诊（判）断出机械运行状况、故障名称和部位，作出“正常”（“合格”）、“注意”（“超限”）、“危险”的诊断结论。其特点是：

（1）各类机械检测部位相同，均为轴承、齿轮、外壳、轮等。采样信号类别少。一般来说机械的动作是被驱动的，动作部位靠轴承支撑，齿轮变速。绝大部分机械故障发生在轴承和齿轮上，因此关键检测部位为轴、轴瓦、齿轮，检测参数为振动冲击、位移，辅以润滑、温度等参数。

（2）采样参数种类不多，信号进计算机后分析计算复杂，计算机软件编制难度较大。

（3）传感元件安装部位选点要准确，安装技术要求较高，否则难于达到监测的精度。电气设备故障监测诊断是利用各种参数变换元件及传感元件检测各类电气设备的温度、绝缘、电流、电压、电弧、转速、过渡过程及部分机械信号等，将采样得来的各种参数信号同机械监测的采样的信号一样进行放大、变换、规格化，再送入显示仪表和计算机系统进行综合分析、判断，其关键参数一般为绝缘、温度，其他参数也可作为关键参数，也可作为辅助参数或相关参数使用。各种类型的电气设备其故障诊断使用的参数信号不同，诊断的方法也不相同，必须按照不同类型的要求进行诊断，因此电气设备的诊断有其特殊性：

（1）采样信号种类多，故障类型多。

（2）不同类型设备的故障监测方法不同。

（3）电机机械部分的故障监测诊断与机械设备相同，如轴承损坏、轴不对中、连接件松动、动平衡不好等。

（4）监测系统硬件种类多，结构较复杂。

1.2.4 电气故障的关键参数

电气设备的故障除电机具有机械性故障外，还存在电气设备独特的电气故障，如电气击穿放炮、短路、过温烧损（坏）等。生成电气故障的参数很多、情况也较复杂，一个参数能直接造成故障，有时由几个参数共同作用产生故障，有时一个（或几个）参数变化导致新的参数产生。参数的劣化有由外界条件造成等等，情况极复杂，线路结构和软件功能的实施应能反映这些复杂的要求，才能达到在线的正确监测与诊断。

1.2.4.1　绝缘电阻

绝缘电阻是电气设备和系统的一个主要参数，绝缘电阻值不符合要求是绝大部分电气故障产生的主要原因，或者与它直接相关。

绝缘值大小以兆欧（符号为 MΩ）为单位，它是衡量电气设备的载电体对设备外壳（地）及设备上不同相别导体间或不同载压等级导体之间的隔电程度，由于电阻值很大，因此用 MΩ 度量，对设备绝缘阻值的一个最低的基本要求标准是 1kΩ/V，各种不同电压的载体对地绝缘实际标准数应以这一样数进行规算。对于高电压还应乘一个可靠系数，电压越高系数应越大，而且常温下测量的绝缘阻值还要换算到设备最高允许工况温度。

温度升高绝缘值下降是有机绝缘材料的固有特性，它与导体温度升高电阻增大的特性相反。各种绝缘材料绝缘值下降的原因是：

（1）绝缘材料老化，破损；
（2）绝缘材料吸潮；
（3）绝缘材料高温变质；
（4）绝缘材料表面不清洁，放电碳化；
（5）绝缘材料受瞬变过压冲击表面放电碳化；
（6）绝缘层厚度不够或绝缘薄弱点漏电恶化；
（7）绝缘油气化、含杂质、受潮等。

电气事故最严重的莫过于短路放炮，瞬间可将设备烧坏烧毁。事故的主要根源是绝缘不好，因此在电气设备的离线和在线监测中，监测绝缘应成为重中之重的任务。

1.2.4.2　温度

温度在电气设备中也是一个十分重要的参数，必须严格监控，各种电气设备根据设备中使用的绝缘材料都在其铭牌上标定了工况最高允许温度值数字等级字符，超过其限值必须停机检查。温度受其他参数变化的影响而升高，而温度的升高又影响其他参数的变化，特别是与绝缘电阻值的相互关联程度更是密不可分。

电气设备中温度升高的原因：

（1）受现场环境温度的影响；
（2）设备长期过载运行、冷却装置不良；
（3）导体连接点松动，接触电阻大，局部严重发热，散热不及时，热量积累升温；
（4）机械部分摩擦发热；
（5）空载电流大、绕组功耗损失大发热；
（6）匝间、相间短路发热，运行中缺相发热；
（7）机械卡住或严重过载，致使电机转速下降或堵转，使绕组中电流增大发热。

电机发热严重，会使电机温度升高，上述（1）、（2）、（4）、（5）种情况温度升高较慢，易于监测掌握；（3）、（6）、（7）种情况电机发热升温极快，维护人员难于监控这种随机发生的状况，极易造成电气事故。

1.2.4.3　电流

电流是电气设备发热升温的主要因素，电气设备的容量——功率大小是以它长期通过一定电流后其发热升温值不超过绝缘材料允许温升时的值界定的，这个电流为设备的额定电流 I_H，I_H

所做的功为额定功率。电气设备内部发热与电流的平方成正比,电流越大发热越严重,发热量大于散热量则设备内热量被积累而升温。高热高温是电气设备的大敌,短路发热是由于短路电流大,其值达到额定电流的5~10倍以上,短路发热可以极快地烧毁设备。超载发热的温升时间较长,一般5~30min,高温会使绝缘材料的绝缘性能降低,最终导致事故。

电气设备监测系统重要任务之一是监测温度,电流是升温的重要原因,因此应把电流作为主要参数看待。监测电流时要正确区分正常电流、过载电流、短路电流。

1.2.4.4 电压

电气设备中绝缘材料材质的好坏可用它承受电压的能力来衡量,电气术语谓之耐压。设备制作时选用的绝缘材料承压能力要大于设备的最大工作电压才能保证设备长期平安运行。在实际运行中往往因电压问题引发电气事故,其情况如下:

(1) 瞬变电压大,击穿绝缘体;

(2) 雷电电压击穿绝缘物;

(3) 网路电压升高,经常或长期过压;

(4) 大气潮湿或绝缘物表面不清洁,放电击穿;

(5) 绝缘材料受机械损伤被电压击穿;

(6) 导体间或导体对地距离不足,如空气潮湿或空气中含导电粉尘等物被电压击穿;

(7) 绝缘老化击穿等。

上述几条产生的电气事故皆因电压导致或演变导致发生电气事故。

上述过程中因(1)、(2)、(3)、(4)产生的事故皆为瞬变过程,例如感应过压常发生在感性负荷电路的开闭合或事故跳闸瞬间,这种情况不易监控。(5)、(6)、(7)几种情况则有一个演变加重的较长发展过程,易于监测、控制。设备监测诊断系统采样的电压信号应充分考虑区分上述各种情况。

1.2.4.5 其他参数

电气设备故障的产生除了前述几个参数外,下述参数也是不容忽视的,它也会引发电气设备的重大事故,只是发生事故的概率略小。

(1) 接地网接地电阻阻值增大。

(2) 绝缘油的油质。电气设备(如变压器、油浸电抗器、油断路器等)都注入了绝缘油,用以散发热量和起电气绝缘隔电作用,因油的绝缘能力强,可以减小设备内导体间和导体对外壳的距离,减小设备制造体积。

绝缘油易于吸潮,吸潮后将降低油的绝缘能力,绝缘油遇到高温还会分解成气体,放电电弧会使油分解、炭化,导致油中含有导电杂质,降低油的绝缘能力。绝缘能力下降会发生漏电、放电,循环发展下去终将导致事故的发生。电气监测系统应能监测出油的材质状况,及时输出信号报警,提醒维护人员对油及时过滤,滤去油中水分及所含杂质。

(3) 导体连接电阻。大型电气设备导体引出端及功率导线的连接要求很高,国标中都作了较详细的规定。因为连接处流过的大电流,会因连接的接触电阻产生电压降、发热,造成功率损耗,热量增加又增大接触电阻值,恶性循环终将使连接体烧坏烧断,形成事故,造成变压器或电机缺相工作,运行中的电气设备缺相工作将会造成一系列后续事故。因此要求大电流导体连接点的接触电阻 r 小于 0.0005Ω,要求监测系统直接或间接对温度进行监测。

接触电阻增大的原因有温度变化、气体腐蚀、导体产生电动力的振动等,使得连接螺栓松动。

(4) 旋转电机的振动、位移。旋转电气设备由于轴不对中、连接部件松动、铁心松动、定转子间隙不均、轴承摩擦、能源介质故障、转动部分不平衡等原因均会引起电动机、发电机振动、轴位移、绕组发热,进而扭断轴、轴承损坏、绕组烧坏等。因此电气设备监控诊断系统除进行电气故障的诊断外,还应包含其机械部件的故障监测诊断。

上述列举的一些检测参数为电气设备监测中的关键参数和主要参数,还有许多相关参数也是电气设备故障监测诊断必不可少的。电气设备的监测诊断所需参数甚多,各个参数互相影响,互相派生,分析判断故障时必须彼此考虑,找出故障形成原因。设计监测线路、编制软件的工作较机械设备诊断复杂。电气设备投入运行时,特别是高压设备必须确保质量万无一失,因此投产前及运行计划维修中必须严格检验、考核试验。在线监测诊断只解决维修周期中随机发生的问题,离线监测与在线监测必须紧密结合,二者不能缺一。这样才能使设备监测诊断工作取得更大的收效。

专家系统应用专家经验知识和直接评判知识进行判断、推理,实现问题的求解。故障诊断专家系统以专家系统理论为理论基础,以现场实时监测数据为依据,结合现场技术人员的经验,建立各设备的故障模型,根据故障模型建立故障诊断知识库。系统运行时,根据知识库的相关规则,采用源推理和目标推理相结合的方法进行快速推理,给出故障结论。

复习思考题

1. 系统观指的是什么?
2. 工厂供配电系统由哪些部分组成,什么情况下应设总降变电所或高压配电所?
3. 电能的质量指标包括哪些?
4. 短路的种类及危害有哪些?
5. 造成短路的主要原因有哪些?
6. 如何预防短路的发生?
7. 接地的种类及作用有哪些?
8. 什么是保护接地,什么是保护接零,保护接地和保护接零的关系?
9. 电力系统的中性点运行方式有几种,分别是什么?
10. 电气故障的关键参数有几个?

2 电气设备故障检测方法

2.1 利用人的感官检查设备故障

虽然说随着自动化程度的提高,故障检测在某种程度上有赖于各种测试仪器和监测系统,但是目前却还没有一种全能的故障测试仪,电气设备的维修工通常也不可能拿着各种测试仪器进行日常的检查。在日常巡视时充分利用我们人体器官,用眼睛看、耳朵听、手摸、鼻子闻气味等所谓的五种感官功能作为主要的检查手段(装有仪表的当然根据仪表指示)。当发现和初步确定有不正常情况时,或者定期检查时才采用高精度的仪表进行精密检测。

本节将介绍怎样通过人们对声音、振动、气味、变色、温度等的感觉来判断电气设备的运行状态;怎样根据所发现的各种现象的变化来分析故障发生的部位和程度。并举出部分钢铁厂中多次发生的现象作为例子进行说明,以供参考。

2.1.1 通过对声音和振动的观测发现故障

任何电气设备在运行中都会发生各种声音和振动。例如变压器中的励磁电流引起硅钢片磁致伸缩而发出振动的声音;旋转电机轴承处产生的机械振动声音等。这些声音和振动是运行中设备所特有的,也可以说这是表示设备运行状态的一种特征。如果我们仔细地注意观察这些声音和振动,就能通过检测声音的高低、音色的变化和振动的强弱来判断设备的故障。

2.1.1.1 检测声音或振动的简便方法

利用人的感觉来检测声音或振动的方法有下列几种:

(1) 单用耳朵听。

(2) 利用听音棒检测。这是为了更正确地掌握机器所发出的振动声音而采用的检测工具。

(3) 用检查锤检测。这是用检查锤敲打被检部位,根据所发出声音进行检查的方法,常用于检查有机械运动的设备。

(4) 用手摸凭触觉检测。用上述方法,虽可通过对声音和振动的感觉来判断设备的情况,但任何一种方法都是根据响声或不规则的振动声,与正常运行时的声音、振动有某些差异,才能判断有故障。当然,不能单凭声音高或低的绝对值,而是要根据与平时运行时的微小差别来判断,所以经常仔细记住稳定运行时的节奏是必要的。

2.1.1.2 通过声音、振动能发现的故障

以下叙述电动机、变压器以及继电器盘和电磁接触器盘的情况,作为通过声音、振动等能够发现故障的例子。

A 电动机的异常声音和振动

运行中的电动机本来就发出各种声音和振动,但在巡视检查中如发现有叩击声、滑动声、金属声等,即与平时运行中比较感到有差异时,就有必要调查一下是什么原因。这时应调查分析异常声音是由电动机本身的异常而产生的,还是由于外因而产生。但在不能作出判断时,解开联轴

节将电动机单独试运转就可以弄清楚了。

电动机振动的原因很多,但大致可归纳为如下几种:

(1) 地基或安装状态不良。这是由于地基下沉或其他长期变化的因素使相连接设备的安装中心线发生偏移、联轴节螺栓发生松动和摩擦等,从而引起振动。解决的办法是进行仔细检查后调整中心线使其一致。

(2) 轴承损坏(电动机及负荷侧)。轴承破损、轴瓦金属磨损和润滑油不足等也会引起振动。在电动机的故障原因中由轴承而引起的故障最多(约占 1/3),特别在能听到叩击声时尤其应该注意。但是检测轴承是否损坏,多数是通过后面将要叙述的检查轴承外表温度是否不正常升高而判断轴承损坏程度的方法。电动机滚动轴承损坏的原因与滑动轴承略有差异,主要可归纳如下。

滚动轴承:

1) 疲劳引起的劣化;

2) 润滑油不足或油劣化;

3) 混入杂质;

4) 因轴电流引起轴承面破损。

滑动轴承:

1) 轴承所受负荷过大;

2) 供油不足或油劣化;

3) 混入杂质;

4) 因轴电流引起轴承面破损。

若滚动轴承用于中小型电动机而有异常声音时,一般采用上润滑油来抑制异常声音的方法。在适当的间隙内,补充适量的润滑油是必要的,但不宜过多。

(3) 负荷侧传来的振动。如鼓风机叶片根部附着有异物而使负荷失去平衡、皮带传动机的皮带没有调整好等原因引起的振动。

B 电动机轴承故障实例

在一个有 50 余台发电机组正在运行的相当嘈杂的电气车间中,检查员经过检查过道(离发电机组安装处高约 4m)走回监视室的途中,听到下面发出异常声音。搜索发出声音的部位,用手摸一下轴承外表,几乎感觉不出热。立即停止运转,把轴承拆开检查,结果发现轴承的挡板破损。使滚柱一部分变形。这样就弄清了产生异常声音的原因。这一实例说明即使数量很多的设备在运行,只要注意地听,仅仅用耳朵也能区别出不正常的声音。

C 变压器的异常声音和振动

变压器虽属于静止设备,但运行中经常发出“嗡……”的声音,一般把这种声音作为噪声。近来,在城市中心和近郊这些建设场地有限的地区内装设大容量变电设备时,一般会采取措施来抑制这种噪声。

变压器产生“嗡嗡”声的原因有下列几种:

(1) 硅钢片的磁致伸缩引起的振动;

(2) 铁心的接缝与叠层之间的磁力作用引起的振动;

(3) 绕组的导线之间或绕组之间的电磁力引起振动;

(4) 强迫冷却式的变压器,其风扇和冷却泵产生的噪声等。

了解了产生这种声音的原因,根据不正常声音来检测变压器是完全可能的。而且,由于最近变压器铁心的材质向着低损耗方向发展,可以认为因电压变动、负荷变化而使变压器声音变化的情况将占更大的比例。

从历来所用的变压器故障实例来分析可以证实，由于变压器是静止设备，所以是非常可靠的电力设备。因此通过检出不正常声音或振动从而检出故障的情况是极少的。

D　继电器盘或电磁接触器盘有声音和振动

即使在正常情况下，继电器或电磁接触器盘内也会发出一定的声音和振动，但如有特殊的不正常声音时，可认为有下列原因。

（1）电磁接触器的老化和污损。使用着的接触器接近使用寿命终止时，在接触器本身构件松动的情况下，灰尘积聚在可动铁心和固定铁心之间，使铁心之间出现间隙而产生了“响声”。而当接触器的工作电源是交流电时，甚至会发展到绕组烧毁。解决的措施是在粉尘严重的地方最好定期用压缩空气猛吹进行清扫。

（2）电磁接触器不正常。对某一特定的接触器，如果发出比平时高得多的异常声音，就有必要拆下这个接触器调整一下。

（3）接触器安装不良和配线接头处松动。在长年累月工作中，由于经常有各种微微的振动，使电磁接触器的安装螺丝松动而跳出配电盘壳体，以及配线接头处松动等而引起接触器振动。为了防止因配线接头松开而引起接触不良等，可以每隔2年对各部分检查和拧紧一次。特别是装在外界振动较多部位的配电盘，更需定期检查拧紧。

E　因振动使引接线折断的故障实例

这个实例是在一个装有流过大直流电流铜排的配电盘中，由于电流发生变化，而使铜排之间产生电磁力的作用引起振动，又因振动引起了故障。

2.1.2　从温度的变化发现故障

各种电力设备和器材，不管是静止的还是旋转的，只要通过电流总会产生热量。另外，在旋转设备中还会因可动部分与固定部分的摩擦而发热，使温度上升。但是这种温升通常总是在额定温度以下的一定温度时达到饱和，使设备能连续运行。

但是无论发生任何电气方面或机械方面的不正常情况，就会通过温度的变化表现出来，即温度升高至额定温度以上。所以电气设备可通过其温度是否高于正常情况时温度来判断有否故障，温度升高就会成为显著缩短电气设备寿命的重要原因。这就表明，电气设备必须在适当的温度范围内使用。

2.1.2.1　检测温度变化的简单方法

检测温度变化的简单方法有下列几种。

（1）用手摸凭感觉来检测。用这种方法所反映的温度随不同的人有很大的差别，所以检测设备时，经验和习惯是很重要的。如果平时经常有意识地去体验设备的正常温度，那么要判断不正常的温度并不难。一般情况下，能用手摸10s左右的温度约为60℃上下。

（2）用贴示温片或涂示温涂料来检测。类似汇流排的接头、隔离开关的刀刃处等会局部发热的部位，在运行时带着电不能用手摸的情况下，可用贴示温片或涂上示温涂料，然后通过其颜色随温度而变化的情况来检测温度。最近市场上出现了很多好的示温片和涂料，还有在规定温度下能浮现出数字的品种，如果贴上2～3种温度为60℃左右的示温带就能反映出温度的细微变化。

（3）用固定安装的温度传感器或温度计检测。在一些特别需要监视温度的部位，如电动机的轴承和定子绕组、变压器油和各种冷却器的出入口等部位，一般均安装普通的温度计或温度传感器，通过目测或仪表就可知道温度。

2.1.2.2 通过检测温度能够发现的故障

下面以几个实例来说明通过温度的变化能够发现的故障。

A 电动机温度升高

通过手摸和观察温度显示仪表，就可知道温度有否变化，但检测部位不同其故障类型也不相同，故分几个部位进行介绍。通常检测的有电机外壳、内部绕组、轴承、进风、排风、整流子表面等处的温度。

(1) 外壳及内部绕组的温度过高。其原因可能是过负荷、单相运行、绕组性能不好和进风量不足等。当然，电动机的最高允许温度因所用的绝缘材料而不同。正常状态下绝缘耐温等级为Y级的电动机外壳温度与F级电动机的外壳温度差相当大。因此，判断温度正常与否，单凭温度高低是不够的，必须了解其耐温等级作综合判断。对于中型电机，其外壳温度通常比内部绕组温度要低30～40℃，所以从外壳温度可以大致推算出其内部温度。

(2) 轴承温度过高。如果是滚动轴承，温度过高的原因可能是轴承破损、润滑油不足。如果是滑动轴承则原因可能是金属磨损、供油量不足、油冷却器不良、冷却水断水等。另外，由于轴承的最大允许温升(在环境温度为40℃时轴承的表面温升)规定为40℃，所以可认为在轴承外壳温度达到80℃时使用应无问题。滚动轴承中使用耐热润滑油时，预计还可允许比80℃高出10～20℃。

(3) 排风温度不正常。电动机采用强迫冷却时，排气温度是重要的监视数据。排气温度高的原因可能是过负荷、环境温度太高，冷却风量不足、冷却器不正常等。特别是在水冷式冷却器中，内部生锈、沉积水垢等会显著降低冷却效果，必须隔一定的时间打开清洗。

(4) 整流子表面温度过高。直流电动机和线绕式电动机的整流子及滑环温度如果高于规定的限度，就应尽快进行详细的检查。造成整流子及滑环温度过高的原因可能是电刷压力不正常、异常振动、电流不平衡、冷却风量不足等。

B 电气接触部分温度升高

这种故障在电气事故中非常多，而电气接头在电力设备中又是很多的。例如开关设备的可动接触处；断路器、电磁接触器的触点部位；电线与电器的接头(连接端子)等。

这一类故障多数是由于振动、绝缘材料干枯或老化使连接螺丝在长年累月之中发生松动，引起这部分的接触电阻增大，不少情况下会因接头处局部发热而发展成设备烧毁事故。所以对预计温度可能会过高的部位应定期采取紧固的措施，特别对于新装上的设备，希望在一年内重新检查并紧固一次。

C 配电室内温度过高

配电室内温度过高往往是被忽视的重要的迹象。在装有大量采用半导体的控制柜的房间里，特别应注意由于室内温度升高而产生故障。当发生原因不明的控制失常时适当调整一下空调系统就能恢复正常，这种例子是很多的。对于安装有大量采用半导体元件的控制柜等装置的配电间，必须采用空调。希望其温度从节约能源的观点出发进行适当管理。一般规定为使大多数人不会感到不舒服的28℃左右。

2.1.2.3 从气味变化发现故障

人类感觉器官所能够反应的现象中，对气味尚未有科学上的通用标准。虽然已有了用6个等级来表示气味强度的气味表示法，以及香水气味表示法等，但还没有通用性。显然，对气味的感觉因人而异、千差万别。例如对电气产品,有的人在安装运行的开始阶段就会嗅到有异样的气味,有的人则在其他阶段也不会嗅到。不过,电工产品(主要是绝缘材料)烧起来时产生的气味(刺鼻的奇臭)却是大家都能嗅到而能辨别的气味。另外,这个方法不同于后面将要叙述的目测方法,气味是会自然而然被感觉到的东西。当人们进入配电间时或在检查电气设备时,如嗅到有些什么气味,就会促使着手调查有没有冒烟的地方、有没有变色的部位,这就是有意识的一次性检测。从这个意义上说来,嗅气味是很重要的检查项目,但是单凭气味尚不可能确定故障,只有综合对外观和变色的检查结果后才比较完整。目测只能检查自己能看得见的部位,而对气味的检查需要打开配电柜的门了解盘内全部设备情况,其优点是检查范围广。当感到有与平时不同的气味时,必须认识到这是发现故障的第一步,下一部分将通过具体的现象来说明外观和变色的关系。

2.1.2.4 检查外观和变色发现故障

在电气设备的故障中通过检查外观和变色而能发现的故障非常多。这些统称为通过目测能发现的异常现象。

A 目测检查能发现的现象

通过目测检查能够发现的现象如下,这些现象能反映出故障产生的原因:

(1) 破损(断线、带伤、粗糙);

(2) 变形(膨胀、收缩);

(3) 松动;

(4) 漏油、漏水、漏气;

(5) 污秽;

(6) 腐蚀;

(7) 磨损;

(8) 变色(烧焦、吸潮);

(9) 冒烟;

(10) 产生火花;

(11) 有无杂质异物;

(12) 动作不正常。

这些均是已经列在检查规程的条目中的现象,把发现的现象与每一种电气设备一一对应列出分析就能发现故障。下面叙述一些典型的例子。

B 直流电动机的外观检测

(1) 整流子表面的颜色。由于直流电动机的整流子表面的变色与整流现象有关,所以这是能根据变色作出情况判断的最常见的例子。整流子表面的颜色虽然随所用的电刷材料略有差别,但习惯上制成统一形状,颜色为棕色。当一片整流子表面颜色出现不同时,把颜色特别明显不同的称为"黑色带",这时应该怀疑转子绕组及整流子竖片是否存在一些不正常。特别是像下面叙述的产生整流火花时,必须进行仔细的检查。不正常的形状有条状凹痕、局部磨损、云母外突等,如果产生条状凹痕,轻度时可用干净的布擦除整流子面及沟痕内的灰尘及碳粒,再用金刚砂纸把表面磨平。

(2) 电刷变粗糙。能顺利进行整流的电刷底部表面应是不光滑的细粒状,或是均匀地发出暗色的光泽。如有烧伤痕迹或底面有横向的变色面就认为是不正常。另外,缺损痕迹偏于一只电刷时,也可能是电气中心点偏移等引起,必须进行仔细的检查。

(3) 和电刷引接线连接部位的变色。钢引接线的颜色从铜的本色变为紫红色时,可以认为是过负荷或电流不平衡引起大电流使其过热变色。

(4) 整流子竖片变色。检查直流电动机的外表时,不仅必须检查整流子表面,而且也应检查整流子竖片和竖片与转子绕组的接头。实际中,因变色而发现烧坏的例子很多。

C 变压器的外观检测

虽然干式变压器已在多种场合中使用,但是一般场合下还是使用油浸变压器。对于油浸变压器,通过外观和变色能检查出来的故障如下。

(1) 漏油。变压器外面粘着黑色的液体或者闪闪发光的时候,首先应该怀疑是否漏油。大中型变压器装有油位计,可以通过油面水平线的降低而发现漏油。但小型变压器装在配电柜中时必须加以注意,因为漏出的油流入配电柜下部的坑内而不流到外面来,所以不易及时被发现。等到从外面弄清发生漏油时,漏掉的油就非常多。检查配电柜内部时,漏油也是应注意的内容之一。万一发现漏油,必须寻找漏油部位及早进行再次焊接修理。

(2) 变压器油温度。当变压器内部的油不与外界空气直接接触时,普通变压器的最大允许温升为55℃。超过这个数值时就应怀疑有过负荷或冷却不良、绕组有故障等。变压器油的温度用安装在外面的油温计测知。

由于油温升高是促进油老化的重要因素,所以对负荷较大、平时油温较高的变压器,必须定期进行绝缘油试验。

(3) 呼吸器的吸湿剂严重变色。吸湿剂严重变色的原因是过度的吸潮、垫圈损坏、呼吸器破损、进入油杯的油太多等。通常用的吸湿剂是活性氧化铝(矾土)、硅胶等,并着色成蓝色。然后当吸湿量达到吸湿剂质量的25% ~30%以上时,吸湿剂就从蓝色变为粉红色,此时就应进行再生处理。吸湿剂再生处理应加热至100 ~140℃直至恢复到蓝色。如果对呼吸器管理不善,就会加速油的老化。

D 电缆线路的外观检查

固定敷设在配线槽架上的电缆线路,电缆本体的故障是很少的。但对于移动使用的橡套电缆或是垂直敷设的电缆,通过外观检查能推测出故障的机会却不少。

(1) 电缆的变形。电缆护套上可明显发现损伤痕迹时,可根据损伤的深度决定是否更换或紧急修理。但如果仅仅是护套起皱时,要判断内部有否异常时是较难的。护套产生起皱的原因虽然也有是制造中的缺陷,但有的是在长期运行中因老化而逐步发展的。如果护套起皱过大必须及早更换电缆。对有皱纹的电缆切断皱纹处后,发现缆芯各导线之间的绝缘间距减小了。

(2) 电缆夹子松动。检查电缆夹子是否松动是外观检查的要点之一。夹子松动的原因是夹子部位的绝缘材料干枯或施工不良等,由此引起发展成故障的例子很多。

一个实例是电缆垂直敷设的中间夹板处夹子松动,使电缆受到下面的拉力,护套损坏,发生了接地故障。因绝缘材料干枯使本来应该固定的地方发生松动而引起故障的例子占有不小的比例。另一个类似的故障实例,是由于地基下沉,使埋在地下的电缆部分被拉伸,造成接头部位将端子拉至破裂。所以在新敷设电缆的地区应考虑地基下沉问题,必须在两年以内进行全面检查,观察这些地方有否异常变形。

E 电磁控制柜、断路器柜的外观检查

电磁控制柜、断路器柜内装有各种继电器、电阻、电容器等,为此通过检查外观与变色而发现的故障也很多。

(1) 柜内安装线受热变色。发现控制柜等柜内的安装线变色时首先应怀疑是否热老化。柜内有电力消耗大的电阻器之类时,会在其周围产生相当高的温度,这种热量会加速安装线的热老化,甚至使电线护套脆裂脱落。改进的措施是把发热的东西移开,换上耐热电线或绕包耐热绝缘材料(如石棉、聚四氟乙烯带等)等方法进行保护。

(2) 断路器和电磁接触器的闭合绕组烧伤变色。闭合绕组的颜色在长期运行中,较安装初期虽有一些变化,但当颜色急速地变化为茶褐色时,就可能是老化断线。只要注意检查,这些现象自然就能被发现。

(3) 接触器触头粗糙、熔化。检查断开、闭合大电流的接触器,动作频率高的接触器,辅助继电器等设备中的触头是否发毛(粗糙)和熔化是必不可少的检查内容。触头发毛虽是必然会发生的,但在严重粗糙的触头上就会变得接触不良。如果用于三相电动机主回路的接触器触头接触不好,就会变成缺相运行。

2.1.2.5 故障的检测技术

所谓的设备检测按其机能来分,大致可分为"发现设备状况的情报"和"进行判断"两类机能。而把故障检测出来就是充分发挥这两类机能的技术。

A 思想准备

在故障的检测技术中最重要的是要重点考虑设备是否不正常,即思想准备。仅仅走马看花地进行检查是不行的,重要的是要经常以有意识的目光去观察设备。检查时,特别应该确定当天应检查的重点项目,因为实行突出重点内容的检查也是一种有效方法。总之,思想上的重视是发现细微变化的第一步。

B 容易得到信息的手段

使得到信息的手段更为方便是检测的第二项重要内容。至于怎样才能尽快地、正确地得到大量的设备状况的信息,具体可采取下列方法。

(1) 确定检查标准、按标准进行检查。这是防止仅仅从远处模模糊糊地看一下,做到不要漏检,对应该检查的项目和检查周期作出规定以使检查规范化的方法。对不同的电气设备编订相应的检查规程并制成表格,作为检查依据。

(2) 设法使数据容易看清。要做到一看就能知道运行状态的数据。实用中最常见的例子就是开关柜上的电压表、电流表,时刻指示着运行值。

(3) 明确规定电气设备的更换时间。假如知道电气设备的寿命,对发现故障是有利的,但是要一一预计一个工厂中为数众多的电气设备的寿命是不可能的。不过,假如知道上一次因故障而更换某一设备的时间,对寿命就会大致有数。所以在电气设备上均应设置指示牌,用来表明安装日期、更换日期等。这种简单的方法能使所有检查人员知道,哪些是经常会发生故障的设备,这对预见故障是有帮助的。

(4) 正确记录整定数据。控制柜内安装着多个对时间或控制的要求进行适当调节的整定电位器。把这些给定的整定值正确记录下来,把对控制柜的改装或重新调整的整定值也记录清楚,对早期发现故障是有作用的。一般在各控制柜门的内侧,放有记录上述数据的记录纸,由检查员在每次检查后填入数据。这种方式与后面介绍的掌握故障的统计资料的目的也是一致的。

C 确定判断的标准

从已经发现和了解的情况出发,为了判断设备器材是否正常,必须要有尽可能带有普遍性又符合理论的根据来作为判断标准。例如,假如能规定允许温度低于多少度、振动幅度小于几毫米等,那么任何人都可以作出判断。应尽量以明确的标准值作为前述检查规程中的判断标准。

D 在统计的基础上核实得到的情报

系统地调查分析所得到的全部情况数据,就能明确有无状态的变化。例如,通过对绝缘电阻或振动的统计分析，就能知道设备性能的变化过程，甚至有可能预测工作寿命。又如，在断开、闭合操作频繁的继电器上安装动作次数计数器，记录其动作次数，就可与其他的继电器进行比较，这也是用统计方法掌握运行情报的一种办法。

E 采用容易反映出故障的器材和仪表

所采用的电气设备和仪表应容易反映出故障，这个要求是理所当然的，也是早期发现故障的手段之一。随着今后科学技术的发展，预计会研制出各种检测方法和仪器，但是要达到完美无缺是不大可能的。为了使这些仪器能够运行自如，怎样更好地发挥检查人员的直觉功能起着重要的作用。从这一点来看，经常设法使测量的各种数据与人的直感相互印证，是利用直感发现故障的技术中的一种重要方法。

从以上的叙述可以看出，对于检测电气设备来说，发挥检查人员的直觉功能可以在早期发现很多种故障，因此是重要的初步检测方法。而为了使以直觉作出的初步检测能发挥更大的作用，使检测更正确，就必须准确地掌握各种设备正常运行时的状态。这一点，对以后的各种检测方法同样是十分重要的。

表2-1列出了利用人的感官检查设备故障的方法供参考。

表2-1 利用人的感官检查设备故障的方法

观察方式	表现形式	借助工具	方法和内容
眼看	现象、状态、颜色、缺陷毛病	放大镜（近）；望远镜（远） 当观察设备内部或细小缺陷时可用放大镜； 当观察杆上、设备上带电器件时可用望远镜观察 有些现象可在雨后、雪后或晚上观察，如触头、接头部位发热、发红等	1. 短缺。如绝缘子、垫片、螺母、开口销子，电动机的后罩、风叶等辅件；排风道堵塞、转速明显加快或变慢，电灯不能正常发光或通电后不点亮等现象，均为电气故障 2. 破损（裂纹、断线、粗糙、伤残、绝缘皮变硬）。如绝缘子、套管有裂纹易放电，绝缘能力降低；断线则因垂度太小或太大所致或受到外力破坏；电刷太粗糙易产生火花，而线夹与导线触面不粗糙不易夹紧导线；铁心触面和触头接触必须平整严密；电器元件伤残易漏电或功能不全；绝缘导线电流太大发热使绝缘变硬等 3. 变形（膨胀或收缩）。电力电容器外壳鼓肚或凹凸不平说明内部变形不能继续使用；电缆外皮起皱或凹凸不平说明电缆制造低劣或运行老化，相间绝缘被破坏，不能继续使用 4. 松动。导线接头或与设备连接处松动易使接头烧坏或烧坏电气元件，固定件松动易使设备脱落摔坏或使导线拉断等 5. 漏油。变压器、油断路器、充油电缆、电容器等设备的漏油一方面污染环境，更重要的是使其绝缘能力降低，最后使其损坏，漏油要及早修复并随时观察油位计。充气设备，如SF;断路器漏气更是不允许的，冷却装置漏水要及早修复 6. 污垢和腐蚀。要及时清理电气场所及设备元件上的污垢，以免造成腐蚀，有腐蚀性源的场所要选用防腐电器 7. 磨损。如触头、传动部位磨损较大时将会产生大的火花电弧或不能正确动作，要经常检查触头和传动机构，及时更换部件，对传动机构摩擦处要点少许机油以润滑，对铁心吸力不足者可将其间隙适当减小以增大吸力 8. 变色。触头或导线接头发红、铜导线发黑、铝导线发灰白、母线油漆变色、绝缘皮变脆烧焦，均为电流过大所致，变压器油发黑，混浊不清、游离物和沉淀物增多均为过压、过流严重所致，将导致绝缘能力降低而报废停用。变压器呼吸器吸湿剂变色（由蓝变粉红）为吸潮过度、垫圈损坏所致，将加速变压器油老化 9. 冒烟。电流太大加上环境温度过高，使绝缘材料过热而超过耐热等级，最终使绝缘材料烧坏而冒烟或点燃，应加强检查并设定保护装置或增大开关元件、导线的规格，有些地方必须用钳形表实测电流再设定

续表2-1

观察方式	表现形式	借助工具	方法和内容
			10. 产生火花即放电现象。当绝缘子有裂纹而绝缘降低时,高压导线将对地放电,有火花并伴有啪啪声;当爬电距离较小,或间隔较小时,潮湿天气,高压相与相、相与地也会有放电火花产生;电刷在电机正常运转时有微弱蓝色小火花,当火花太大超过允许等级时说明电刷或集电环有缺陷。产生火花应及时处理,避免大事故发生 11. 电气线路、电气设备、元件、插接件上有杂质异物应及时清除,以免影响正常运行或造成短路、发生事故或火灾 12. 控制线路有误致使电气设备或元件动作不正常,而影响系统的运行 13. 观测电流表、电压表、三相平衡且不超过红线、功率因数表、周波表、温度表正常
鼻嗅	一般轻微的气味是正常的,当人不能忍受时则说明电流太大,应进行调整或保护		1. 新的电气产品刚投入使用时,由于电流的作用其温度会有升高,特别是夏季室温较高,这样电器本身会放出一种轻微的气味,但不刺鼻,不会引起人们的咳嗽,这是正常的,但是这时应加强巡视通风并测试其电流并加强器件本身的温度(可用半导体点式温度计)的测试,如今伪劣品较多要注意 2. 绝缘胶布包扎的接头由于电流的作用发热并放出橡胶烧焦的难闻气味,当气味较浓时则说明接头松动或氧化而电阻增大,电流再大时会烧坏接头 3. 塑料胶布或塑料绝缘导线的接头以及导线本身电流较大时要放出塑料烧糊的极难闻的气味,会引起咳嗽,再大时会使人窒息,接头烧坏、绝缘变硬烧坏 4. 电木制品由于触点或接点松动,电流太大使电器本身受热而发出强烈的焦糊味,常常将电气外壳烧坏 5. 母线油漆、管道油漆、电动机及电磁铁绝缘漆由于电流过大而放出刺鼻的油漆焦糊味,使人难以忍受,必须设置过流或过载保护、温度保护装置,及时消除隐患
耳听	声音、振动音律、音色	听音棍 一般用长把的旋具代替,也可用检查小锤来敲击有关部位,以发出的声音来进行判断。用手触摸来测试振动或振幅	1. 正常的电动机是以均匀的嗡嗡声运行的,当用听音棍的一端顶住机壳或轴承盖时,另一端顶住耳朵即可测听其声响,如果听到的是有规律或无规律的叩击声、滑动声、金属撞击声并与均匀的嗡嗡声有较大差异时,则说明电机处于非正常状态。电动机的音响一般来自基础、安装不当、轴承损坏、定子转子相碰(扫膛)、内部接线错误(绞磁)、转子部件松动,或由负荷造成,因此为了进一步判断,通常是空载(将联轴器/传动带解开来)进一步进行测试 2. 正常的变压器也是以均匀的嗡嗡声运行的,当用听音棍测听时,器身内部有较大的撞击声、放电声或嗡嗡声很大时,则说明变压器处于非正常运行状态。变压器的非正常音响是由于绝缘老化、变压器长期超载运行、内部零部件松动、油变质绝缘能力下降、绕组绑扎松动等原因造成,应加强监视电流、温度 3. 电磁式继电器、接触器正常的音响也应为均匀的嗡嗡声,当音响过大,振动过大时往往是由于铁心间隙太大、或有污物、或不平、或短路环破损、配线接点松动、弹簧失效、绕组烧坏、绕组制造先天不良等原因,应加强维护、保养和检修
手摸	温度、振动	半导体点式温度计、示温蜡片	1. 用手摸电气设备的不带电的外壳、绝缘导线的外皮、电缆的外皮,正常情况下不应烫手,用手摸能坚持10s的温度经验为60℃左右,当发现烫手时则为温度太高 2. 有时为了证实上一点,可用示温蜡片,点温计来验证 3. 用手摸电气设备不带电的外壳,如手感觉轻微的抖动是正常的,当手感剧烈、手感发麻则说明电气设备的振动太大,应找出原因,见上栏 4. 由于振动会使设备的螺钉松动,接线端子发热,进而使设备发生断线、单相乃至发生事故 5. 温度是电气设备运行最重要的参数,必须采取措施使其温升不超过允许值

2.2 利用专用仪器检查设备

在日常巡视过程中,当我们发现和初步确定有不正常情况时,为确定故障原因,就需要用专用仪器进行检查。在科学技术迅猛发展的今天,各种高精度、高可靠性、使用安全方便的新产品不断面世。电气工作人员应经常关注市场供应,尽可能采用新产品,在提高工作效率的同时,提高故障检测的准确率,保障生产的顺利进行。本节只简单介绍部分常用仪器,各种仪器的使用方法按仪器的使用说明书进行操作即可。

2.2.1 绝缘的检测

电气设备在运行过程中会因热的、电的、环境的和机械的等各种应力的作用而引起绝缘老化,直至最后不能发挥其在运行中所必须具有的功能而寿命终止。一般以绝缘击穿作为使用寿命的标志。所以,在进行绝缘检测之前充分了解该绝缘的老化机理是很重要的。为此必须掌握加速老化试验中各种应力作用下的绝缘击穿电压,以及其他绝缘性能随时间变化的特性,还要积累电气设备运行中的现场实际数据。然后将对被测设备进行非破坏性绝缘试验的数据、加速老化试验的数据与同一设备的现场实际数据进行对照,由此推断出该设备的绝缘在当时的击穿电压水平,并判断是否还可继续运行。

每一种绝缘结构的老化特性是各具特点的,所以必须积累各种绝缘结构的老化数据。而且,就是同一绝缘结构的老化数据也会因结构尺寸不同而变化;测试时的周围条件如温度、湿度等变化,一般也会使数据不同。因此,为了使绝缘老化测试更准确,就应该考虑上述各种影响因素,并从制造阶段就开始定期连续积累绝缘性能的数据。另外还应注意,不能只进行一些非破坏性绝缘试验项目,而要同时用目测、听声音、测温度、嗅气味等直观检测方法,对运行中诱发绝缘老化的各种应力进行监视,并根据所得资料进行综合判断。正因为这样,虽然绝缘检测技术是各方面历来都重视的,但至今尚未形成一个判断绝缘老化的绝对标准,而且今后大概也提不出一个判断标准的相对范围。

以上说明了在电气设备的绝缘检测中存在着很多问题。但是,下列各点大概将是今后亟须解决的主要课题,即:

(1) 局部老化的检测;

(2) 鉴别放电部位;

(3) 在外加电压不太高的范围内提高检测精度;

(4) 测试装置的小型化、自动化;

(5) 在运行设备上进行连续联机测试;

(6)把物理、化学测试技术引入绝缘检测中。

2.2.1.1 用于测量绝缘的仪器和方法

测量绝缘的仪器和方法,大家熟知的有兆欧表法、直流试验法、介质损耗角正切试验法、交流电流实验法和局部放电测试法等非破坏新实验方法。现在市场供应的还有用于检测输电线路绝缘子性能劣化的“远距离绝缘子故障侦测器”,带背光功能、便于夜间操作的“绝缘测试仪”,用于测量绝缘油性能的“智能绝缘油击穿测试仪”等。

2.2.1.2 绝缘的带电检测技术

电气线路及设备中的各部分,除了电气设备技术规程中规定的接地部位外,都必须绝缘。规程中还明文规定了相应的指标数值。如对低压线路规定了必须保持的绝缘电阻最低值，对中压和高压线路规定了必须具有的绝缘耐压水平和施加电压的时间。

规定这些试验项目不仅仅是为了每年定期进行检测，也不能说只要通过试验就算行了。这些试验的主要目的是规定了电气设备在任何时候、包括在运行状态下应该保持的某一限度的绝缘水平。

为此有必要对电气线路中各种设备的绝缘状态进行定期或连续地监测。而且，电力设备所发生的各类事故中，有80%以上的故障是由于绝缘的原因而引起。就是在低压电力设备中，由绝缘不良而引起的漏电火灾、触电事故也很多，而且低压电器等一般是不从事电气工作的人也会直接接触，因此其绝缘情况也不能忽视。

作为现场运行维护人员来说，重要的是在了解电力设备构造和使用方法的同时，应建立一套完整的绝缘检测方法（包括带电检测在内），以提高运行的可靠性。

电力设备是昼夜不停连续工作的，除规定的定期停电检修外必须正常地运行。各种设备的负荷情况是不同的，如电力电容器一直保持满负荷，而变压器在工厂开工时负荷一般为80%，到了夜间或节假日就降至10%及以下。但是不管负荷多少，电力系统中的所有设备总是一刻不停地连续运行着。因此，假如在轻负荷时设备就存在着可能引起短路、接地等事故的潜伏因素的话，那么到了带负荷运行时就会成为产生过负荷、三相设备单相运行和热击穿之类事故的危险的起因。

这就说明，有的故障虽然只有在停止工作后才能找到，但是也有的故障必须在运行中才能确定，还有不少故障只有通过试送电才能查明原因。因此，对电气设备的绝缘进行带电检测是非常必要的。下面介绍在带电状态下也能进行绝缘检测的方法和只有在带电状态下才能进行绝缘检测的方法。

检测因绝缘不良、接地等在回路中产生的各种现象的方法有：

（1）测定零序电流；

（2）测定零序电压；

（3）分析接地线上流过的电流；

（4）测定局部放电现象；

（5）测定局部放电的超声波现象；

（6）测定电压分配和电场分布情况；

（7）测出不正常的振动。

从外部输入直流或交流信号进行测定的方法有：

（1）被测试回路上输入直流信号的方法；

（2）被测试回路上输入交流信号的方法。

2.2.2　温度的检测

电气事故中，由于绝缘物受热产生热老化而引起的事故占相当大的比例。即使是其他原因引起的事故，也有很多同时伴随温度的变化。因此，在电力设备的运行或维修中，充分掌握设备的温度状况是非常重要的。

但是，上述的过热现象当然不可能在停电时表现出来，而只有在运行时才能发现。历来依赖人的感觉的检测方法，如果不出现变形、变色、有气味等，要发现存在着的过热现象是相当困难的。这样就只能在事故发生后才能做出处理。因此为了更准确地监视温度，就应该采取能直接测量各点温度的方法。

目前直接测温的方法有利用各种带电测温仪、示温记录标签和检测元件(如热电阻等检测元件)等方法。由于采用了带电测温技术,可使故障停电时间缩短、降低事故的发生率。

A 带电测温仪

带电测温仪有接触式和非接触式两种。非接触式(如红外温度测量仪、红外全视热故障检测仪等)因其安全、可实现远距离测量和使用方便等优点,被广泛使用。

B 示温记录标签

示温记录标签又称为变色测温贴片,是一种新颖的测温技术。它采用了温度敏感变色测温片,贴到被测设备上,随设备温度的变化而改变颜色或显示温度数字,并由此可掌握设备的温度变化,具有其他测温产品不具备的许多优点,深受工业测温行业的瞩目,目前已在国内不少地区广泛使用。

变色测温贴片具备许多测温仪器不具备的功能和优点:无需电源及连线、体积微小、有温度记录功能、易操作、易观察、成本低等。自身有压敏胶,呈标签形式,可直接粘贴在各种设备表面。特别适合于普通温度计难以测量的部件外表面以及可能危及生命的物体。一旦该部位超温,显示窗口立即显示超温数字或由白色变成红色或黑色、绿色、黄色等,颜色变化对比强烈,很容易被人发现,从而找出故障隐患。测温贴片超温后永久变色,再冷却下来并不恢复原来的白色,呈超温记录状态。此外,产品还有较强的三状态显示及颜色变化可逆性功能——即超温前是白色,超温后变色;恢复常温后,颜色可恢复为中间色(如:变红品种恢复为粉色,变黑品种恢复为灰色);如再超温,颜色又重新变为鲜艳的色彩,即有重复观测功能,降低了使用成本。有的特殊产品还具有颜色完全可逆和不可逆的功能。日常巡检只需浏览各贴片是否变色,即可完成繁杂费时的测温工作。下面针对几个较典型的问题作简单介绍。

(1) 变色测温贴片的特性。测温贴片的使用特别方便,可贴到设备任何有小块平面的位置上,能在超温后快速反应,在极短时间内发生醒目变色;记录的是温度的最高峰值,瞬时超温即可发生明显的变色,且有一般测温仪不具备的超温记录功能兼有重复变色的可逆性功能;体积小,显示鲜明醒目、直观,价廉,克服了使用落后的电力测温蜡片的缺点。

(2) 如何凭测温贴片变色判断设备温度——它是如何实现超温记录及颜色重复变色的。测温贴片超温时的变色颜色特别鲜艳,而超温变色后,又冷却下来的颜色是浅淡的,为中间色调。这可作为判断当前温度的主要依据。重复变色功能可降低使用成本,帮助判断当前的温度是否正在超温。这个重复变色功能从理论上讲可无限次重复。但是如果测温贴片长期超温(几天或超高温下几个小时),则可能失去重复变色功能,它将永久保持超温时的红色或是黑色。

(3) 记录功能的作用。有时在巡检中发现所贴的测温贴片已变色了,而立即用其他测温仪测量。发现该部位的温度并不高,这是怎么回事呢?

测温贴片能如实地记录巡检人员不在场时设备发热的过程,因此它被称为设备故障的“告密者”,任何超温过程它都能记录下来。如巡检中发现测温贴片变色,立即用测温仪测温度,由于普通测温仪没有记录功能,只能测出当前的温度,而不能测出曾经超温的那段时间的温度。测得的温度值不高,说明现在该部位温度已经降下来了,但也是故障点。

(4) 测温贴片的误差。测温贴片误差小于2℃。

(5) 检测测温贴片实际变色温度点的方法。可找一个罐头盒或其他金属器皿,在其外壁贴上测温贴片,先倒入部分冷水,插入一根温度计,随后缓缓倒入开水,与此同时要连续不断地用温度计搅拌。随着水温升高,温度计值上升到变色温度时,即可看到对应温度的测温贴片变色。测温过程中禁止用手触摸测温贴片。

(6) 如何选择变色测温贴片的温度点。变配电设备的各部位温度一般不超过70℃,个别部位最高不超过80℃。一般环境温度比较低、负荷较小的地方选择的测温标准低一些，另外一些地方则反之。变电设备最常用的检测温度为60℃、70℃、80℃，为了让用户更好地选用到合适的测温贴片，电力方面的测温贴片产品还有更高或更低温度（例如50，55，60，65，70，75，80，85，100，120℃等）及各种系列不同类型的贴片。

（7）测温贴片的寿命。测温贴片只要不超温，能用多年，尤其是在室内，在常温状态正常环境下能使用4～5年甚至更长，一般环境可用2～3年。已超温变色的贴片随检修及时更换。保存时，应该存放在阴凉的地方，禁止接近高温，以防止超温变色；避免直接刮、划、砸等机械损伤。

（8）变色测温贴片的选购。从性价比和综合性方面考虑，可选购有保护膜多变色系列的测温贴片，如YDX678型，BD型，GK678型，BC，BF型，窗口型和数显加强/反光型，特点是：整洁美观、利于保存、揭取方便、耐污防水效果显著。BD型显示窗口比较大而醒目，贴取方便；电力通用的YDX678型是60℃、70℃、80℃三种温度三种颜色变化的组合式测温贴片；GK678型测温片不仅用三种颜色，同时还用数字来表示60℃、70℃、80℃三种温度；窗口型测温贴片小巧，适合导线母排有螺丝的接头部位，有几种尺寸规格，用不同窗口内醒目的黑白色变化来表示60℃、70℃、80℃三种温度；一般的场合可选单温度多变色系列，有大、中、小三种尺寸，可供选择的颜色有白变红和白变黄、绿、黑等，显示清晰。还可选择随意剪切型，它的尺寸为：15cm×22.5cm/张，可根据需要剪成任意大小的尺寸和形状。

（9）测温颜料膏的特点和使用。测温颜料膏是一种涂料，可测各种温度，能用手指或毛笔涂在被测设备表面，干燥后呈白色，超温后显示出特别颜色，颜色变化明显，不可逆。可广泛用于粗糙、油腻的物体表面测温，在不宜贴测温贴片的地方都可涂抹。使用前搅拌均匀，涂层宜薄不宜厚，如感觉黏稠不便涂抹，还可加水稀释。

（10）测温贴片使用注意事项。揭取有保护膜的产品特别方便。揭取单温度多变色系列、温度数字显示系列的贴片时，先弯折底纸再揭；如揭取不熟练，可用小刀沿底纸从侧面铲一下即可，不要乱抠，以避免损坏。所贴的测温部位应比较平整、清洁、干燥，最好用砂纸打磨去除氧化层及凹凸面，或用汽油及其他溶剂清洗擦拭一遍。产品上附有压敏胶，粘贴时要用手施加压力摁牢，以保证排除胶接面间微小的空气间隙，使胶面受压力发挥粘接作用，以便粘贴牢固。贴在可能沾到油、水的部位时，可选用带保护膜的测温贴片，它具有较强的防污功能。环境特别恶劣的地方，可缠绕一块大些的透明胶带，能起到较好的保护及固定作用。一般情况下，不允许带电粘贴。需要带电粘贴时，首先把贴片粘到尖端细小的绝缘棒上，把有胶的一面推向设备，即可方便地粘贴在设备表面上。

C　温度检测元件测温

温度检测元件（如热电阻等检测元件）测温用于连续检测并带温度显示和控制的场合。

除了以上两个参数外，还有测电流、电压的仪器，测接地电阻的接地电阻计等各种检测仪器，在此不再一一介绍。

复习思考题

1. 有哪几种方法可感觉声音和振动？
2. 如何才能判断听到的声音和感觉到的振动是异常的？
3. 检测温度变化的简单方法有几种？
4. 在日常工作中，能发现故障的前提条件是什么？

5. 为迅速判断是否为非正常现象,工作中可采取哪些措施?
6. 目前非接触测温的方法有几种?各有什么特点?适合什么环境使用?
7. 使用测温贴片注意什么事项?
8. 哪些故障可造成电动机发出异常声音?
9. 闻到有异常气味后需检查哪些部位?
10. 利用人的感官检查设备故障的方法有哪些?
11. 什么时候以利用人的感官检查为主,什么时候利用专用仪器检查设备?

3 变压器的故障检测与维护

变压器是各类交电配电设备中最重要的设备之一，它一旦发生事故，所需的修复时间较长、影响严重。近年来，虽然材料的改进、设计方法和制造技术的提高显著地提高了电力变压器的运行可靠性。但是，由于一些无法预计的外界原因或者使用方法、运行维护等方面出现问题，仍会发生意想不到的事故。为此，经常周密地进行维护检查，对于防止事故的发生或者尽快找到故障部位是很必要的。

本章将以常用的油浸变压器为对象，来叙述变压器故障的种类、平时维护检查中发现的异常现象、内部事故的检出以及判断确定的方法等。

3.1 常见故障原因和种类

3.1.1 变压器故障的原因

变压器故障的原因一般非常复杂，而且多数是不明显的，但是，弄清发生故障的原因对制订防止故障的对策总是需要的。现将故障原因分类如下。

(1) 选用规格不当

1) 变压器绝缘等级选择错误；

2) 所选的电压等级、电压分接头不当；

3) 容量太小；

4) 所选规格不能满足环境条件要求(盐雾、有害气体、温度、湿度)；

5) 存在有未预计到的特殊使用条件(例如有脉冲状异常电压或短路频度高等)。

(2) 制造质量不良

1) 材料不好(导电材料、磁性材料、绝缘材料)；

2) 设计和工艺质量不好。

(3) 安装不良和保护设备选用不当

1) 安装不良；

2) 避雷器选用不当；

3) 保护继电器、断路器不完善。

(4) 运行、维护不当

1) 绝缘油老化；

2) 过负荷、接线错误；

3) 与外部导体连接处松动、发热；

4) 对各种附件、继电器之类维护检查不当。

(5) 异常电压。

(6) 长期自然老化。

(7) 自然灾害或外界物件的影响。

3.1.2 变压器故障的种类

变压器故障的种类是多种多样的，它包括附件（如温度计、油位计）的质量问题直至变压器内绕组的绝缘击穿等等。下面将常见的故障归类列出。

3.1.2.1 按故障发生的部位分类

（1）变压器的内部故障

1）绕组：绝缘击穿，断线，变形；

2）铁心：铁心叠片之间绝缘不好，接地不好，铁心的穿心螺栓绝缘击穿；

3）内部的装配金具；

4）电压分接开关，引接线；

5）绝缘油老化。

（2）变压器的外部故障

1）油箱：焊接质量不好，密封填圈不好；

2）电压分接开关传动装置：机械操动部分、控制设备；

3）冷却装置：风扇、输油泵、控制设备；

4）附件：绝缘套管、温度计、油位计、各种继电器。

3.1.2.2 按故障的发生过程分类

（1）突发性故障

1）由异常电压（外过电压、内过电压）引起的绝缘击穿；

2）外部短路事故引起绕组变形、层间短路；

3）自然灾害：地震、火灾等；

4）辅机的电源停电。

（2）长年累月逐渐扩展而形成的故障

1）铁心的绝缘不良，铁心叠片之间绝缘不良，铁心穿心螺栓的绝缘不良；

2）由外界的反复短路引起绕组的变形；

3）过负荷运行引起的绝缘老化；

4）由于吸潮、游离放电引起绝缘材料、绝缘油老化。

3.2 日常检查发现的异常现象、原因与对策

突然发生的事故，大多是由于外界的原因，一般不能预测。除了突发性事故以外的其他故障，只要日常认真检查，就能够发现各种异常现象，很多是能在初期阶段采取对策的。

现将在日常检查中能够发现的异常现象的类型，产生异常现象的原因以及采取的相应措施归纳列于表3-1。

表3-1 日常检查中发现的异常现象、原因及对策

异常现象	异常现象判断	原因分析	对策
温度	① 温度计上读数值超过标准中规定的允许限度时	① 过负荷	降低负荷或按油浸变压器运行守则的限度调整负荷
		② 环境温度超过40℃	降低负荷；设置冷却风扇之类的设备强迫冷却

续表 3 – 1

异常现象	异常现象判断	原因分析	对　策
温　度	② 即使温度在允许限度内，但从负荷率和环境温度来判断，认为温度值不正常	③ 冷却风扇、输油泵出现故障	降低负荷；修理或更换有故障的设备
		④ 散热器阀门忘记打开	打开阀门
		⑤ 漏油引起油量不足	参见后面“油量”一项。
响声、振动	① 记住正常时的励磁声音和振动情况，当发现由于正常状态不同的异常声音或振动时（例如：励磁声音很高） ② 把耳朵贴在变压器油箱上，听到内部有不正常的声音时	① 过电压或频率波动	把电压分接开关转换到与负荷电压相适应的电压挡
		② 紧固部件的松动	查清发生松动及声音的部位，加以紧固
		③ 接地不良或未接地的金属部分静电放电	检查外部的接地情况，如外部无异常则停电进行内部检查
		④ 铁心紧固不好而引起微震等	吊出铁心，检查紧固情况
		⑤ 因晶闸管负荷而引起高次谐波（控制相位时）	按高次谐波的程度，有的可照常使用，有的不准使用，要与制造厂商量。 从根本上来说，选用变压器的规格有必要考虑承受一些高次谐波
		⑥ 偏磁（例如直流偏磁）	改变使用方法，使不产生偏磁；选用偏磁小的变压器品种，进行更换
		⑦ 冷却风扇、输油泵的轴承磨损，滚珠轴承有裂纹	根据振动情况、电流数值等判断可否运行；修理或换上好的备品；当不能运行时降低负荷
		⑧ 油箱、散热器等附件共振、共鸣	紧固部位松动后在一定负荷电流下会引起共振，需重新紧固；电源频率波动引起共振、共鸣，检查频率
		⑨ 分接开关的动作机构不正常	对分接开关的故障进行检测
	③ 电晕闪络放电声	瓷件、瓷套管表面粘附的灰尘、盐分而引起污损	带电清洗或者停电清洗和清扫
臭气、变色	导电部位（瓷套管端子）的过热引起变色、异常气味	紧固部分松动 接触面氧化	重新紧固；擦磨接触面
	油箱各部分的局部过热引起油漆变色	漏磁通 涡流	及早仔细进行内部检查
	异常气味	冷却风扇、输油泵烧毁；瓷套管污损产生电晕、闪络而引起臭氧味	换上备品；清洗
	温升过高	过负荷	降低负荷
	吸潮剂变色（变成粉红色）	受潮	换上新的吸潮剂

续表 3-1

异常现象	异常现象判断	原因分析	对策
漏油	油位计的指示大大低于正常位置	漏油(阀类密封不严,焊接不好)	检查漏油的部位并予修理
		内部故障	检查内部故障并修理
异常气味	气体继电器的气体室内有无气体;气体继电器轻瓦斯动作	有害的游离放电引起绝缘材料老化;铁心不正常;导电部分局部过热;误动作	进行气体分析;内部检测修理
漆层损坏、生锈	漆膜龟裂、起泡、剥离	因紫外线、温度和湿度或周围空气中含有酸、盐分等引起漆膜老化	刮落锈层、涂层,进行清扫重新涂上漆层
呼吸器不能正常动作	即使油温有变化,呼吸器油杯内的两个小室也不产生油位差	变压器本体有漏气现象	查清漏气部位,进行修理
瓷件、瓷套管表面损伤	瓷件、瓷套管表面龟裂、有放电痕迹	因外过电压、内过电压等引起的异常电压	根据龟裂程度,有时要更换套管;安装避雷器时,首先应校核其起始放电电压
防爆装置不正常	防爆板龟裂、破损	内部故障:当气体继电器、压力继电器、差动继电器等有动作时,可推测是内部故障;呼吸器不能正常呼吸	内部检修;疏通呼吸器

3.3 日常维护与维修项目

3.3.1 日常维护项目

(1) 变压器的油温和温度计应指示正常,油枕的油位与温度相对应,各部位无渗油、漏油。

(2) 套管油位应指示正常,套管外部无破损裂纹,无严重油污,无放电痕迹及其他异常现象。

(3) 变压器音响正常。

(4) 各冷却器手感温度应相近,风扇、油泵、水泵运转正常,无杂音、振动和摩擦声响,油流继电器工作正常。

(5) 水冷却器的油压应大于水压(制造厂另有规定者除外)。

(6) 吸湿器应完好,呼吸通畅无阻塞,吸附剂干燥。

(7) 引线接头、电缆、母线应无发热迹象。

(8) 压力释放器,安全气道及防爆膜应完好无损。

(9) 有载分接开关的分接位置及电流指示应正常。

(10) 气体继电器装满油,无气体,气体保护引出线端子盒罩盖完整且盖好。

(11) 各控制箱和二次端子箱应关严,以免雨、雪、雾等浸入造成潮湿。

(12) 强油风冷变压器的冷却装置电源工作方式正常,两组电源中一组在工作状态;另一组在备用电源状态。

(13) 干式变压器的外部表面应无积污。

(14) 变压器室的门、窗、门锁应完整,屋顶无漏水、渗水,照明应完好、充足,温度应正常。

(15) 现场规程中规定的其他项目。

3.3.2　变压器的特殊检查项目

（1）大风时，引线应无剧烈摆动、松动或断股，变压器的本体、瓷瓶套管及铝母线上无被大风刮上去的杂物。

（2）雷雨后，检查瓷瓶等各部有无放电闪络痕迹以及避雷器放电记录仪动作情况。

（3）大雪天，引线套管端子上落雪不应立即融化或出现蒸发冒气现象，应保持其上无冰溜子。

（4）大雾天，应加强设备巡视，套管应无放电现象。

（5）气温及负荷剧变时，应检查油枕油位及套管油位随温度的变化情况，注意伸缩节和接头有无变形或发热等现象。

（6）气体保护及差动保护动作后应立即检查。

（7）当系统发生短路故障时，应立即检查变压器系统有无开裂、断脱、移位、变形、焦味、烧损、闪络、烟火和喷油等现象。必要时取油样进行色谱分析。

3.3.3　变压器的定期检查项目

（1）变压器的定期检查周期由现场规程决定。

（2）定期检查应增加以下检查内容

1）外壳及箱体应无异常发热。

2）各部位的接地应完好，必要时测量接地电阻。

3）必要时应测量铁心和夹件的接地电流。

4）定期对油样进行色谱分析。

5）强油循环冷却的变压器应作冷却装置的自动切换试验。

6）有载调压装置的动作情况应正常。

7）各种标志应齐全明显。

8）各种气体、差动、过流、压力、温度等保护装置应齐全，良好。

9）各种温度计应在检定周期内，超温信号应正确可靠。

10）消防设备应齐全完好。

11）室（洞）内变压器通风设施应完好。

12）贮油池和排油设施应保持良好状态。

3.3.4　变压器的特殊巡视检查

遇下列情况应对变压器进行特殊巡视检查，并应增加巡视检查次数。

（1）新设备或经过检修、改造的变压器在投运72h内。

（2）有严重缺陷时。

（3）天气有特殊变化（如大风、大雾、大雪、冰雹、寒潮等）时。

（4）雷雨季节特别是雷雨后。

（5）高温季节，高峰负荷期间。

（6）变压器在事故过负荷运行时。

3.3.5　变压器的检修

（1）大修。根据运行情况和检查试验结果来确定变压器是否进行大修。变压器如一直在正常负荷下运行,可考虑每隔10年大修一次。大修项目见表3-2。

表3-2 变压器大修参考项目

部件名称	常修项目	特殊项目
外壳及油	(1) 检查和清扫外壳,擦除渗油、漏油 (2) 检查和清扫油再生设备,更换或补充硅胶 (3) 根据油质情况,过滤变压器油 (4) 检查变压器接地装置 (5) 检查屋外变压器外壳油漆	(1) 更换变压器油 (2) 卸下散热器进行焊补及油压试验 (3) 更换散热器
铁心	(1) 第一次大修若不需要利用打开大盖进入内部检查时,应吊出铁心;以后大修是否吊心,根据运行、检查、试验等结果确定 (2) 检查铁心、铁心接地情况及穿心螺丝的绝缘、检查及清理绕组压紧装置、垫块、引线各部分螺栓、油路及接线板等	(1) 焊接外壳或密封式的变压器吊心 (2) 更换部分绕组或修理绕组 (3) 修理铁心 (4) 干燥绕组
分接头切换装置	检查并修理分接头切换装置,包括动、静触头及传动机构	更换切换装置
套管	(1) 检查并清扫全部套管 (2) 检查充油式套管的油质情况	(1) 更换套管 (2) 套管解体检修 (3) 改进套管的结构
其他	(1) 检查及调整温度表 (2) 检查空气干燥器及吸潮剂 (3) 检查及清扫油标 (4) 检查及校验仪表、继电保护装置等,特别是检查气体继电器是否动作 (5) 进行预防性试验 (6) 检查及清扫变压器电气连接系统的配电装置及电缆	

(2) 小修。主变压器和厂用变压器小修周期每年至少一次,其他变压器一般每年进行小修1~2次,小修项目有:

1) 清扫外壳及出线套管。

2) 检查外部,拧紧引出线接头,并清除已发现且就地能清除的缺陷。

3) 清除油枕中的污泥,检查油面计。

4) 检查放油门及密封衬垫。

3.3.6 变压器不吊心检查

(1) 变压器大修解体前的检查和小修

1) 检查套管引线的紧固螺栓有否松动,接头处有无过热现象。

2) 清扫套管,检查瓷瓶有无放电痕迹,表面有无破裂破损现象。

3) 清扫变压器油箱,检查有无渗漏的地方。

4) 检查防爆管的薄膜是否完好。

5) 清扫冷却系统,检查散热器有无渗漏。

6) 检查油枕的油位是否正常,油面计是否完好明净,排出集污盒内的油污,并检查呼吸器内的吸潮剂是否失效。

7）检查气体继电器有无渗油现象，阀门开闭是否灵活可靠，控制电缆绝缘是否良好。

8）在变压器本体、充油套管、净化器内取油样做耐压试验和简化化学试验。

9）检查测量上层油温的温度计。

10）按规程规定作电气试验。

（2）故障变压器的检查。变压器发生故障后，必须从外部开始详细检查，进行必要的电气试验，根据检查和试验的结果具体分析，找出故障原因，确定必要的检修项目，切不可草率从事，盲目大拆大卸。

1）查看运行记录并进行分析。

2）根据继电保护动作情况分析故障原因。如果气体继电器动作，表明变压器内产生了大量气体，应首先检查气体继电器内的油面和变压器内的油面高度。若气体继电器内已充有气体，则须察看气体的多少，并迅速鉴别气体的颜色、气味和可燃性，从而初步判断变压器故障的性质和原因。若差动继电器动作，应在其保护范围内进行检查，并配合电气试验分析故障原因。

3）外部故障。变压器发生故障后，首先应在外部作详细的检查。检查油位的情况，防爆管薄膜是否破裂，箱外有无绝缘油溅出，并检查其油箱是否破裂，瓷套管是否完整，信号温度计所指示的最高温度为多少，高压侧引线是否接得牢固，有无发热现象等。

4）绝缘电阻的测定。为了判断变压器绕组是否接地，应用1000V及以上的摇表来测量绕组的绝缘电阻。测量时应将高、低压侧的引线拆开，并将套管擦拭干净，以免影响准确性（若测量相间绝缘电阻，还必须将中性点断开），然后轮流测量高、低压绕组间以及分别测量高、低压绕组对箱壳的绝缘电阻。若其数值很低（或接近于零），则可判断有接地或短路；若测得数值不低于前次测量值（换算至相同温度）的70%时，则应测出其吸收比，以判断其受潮程度。当所测吸收比等于或大于1.3，表明绝缘干燥。

5）直流泄漏和交流耐压试验。在故障的变压器中，常有绝缘被击穿之后，由于变压器油的流出而出现绝缘恢复的假象，用1000V摇表检查很难得出正确的结果。必须采用直流泄漏和交流耐压试验，将试验结果与交接试验数据相比较，以判明其情况，如有显著变化则说明绝缘有问题。

6）绕组直流电阻的测定。为了判明绕组是否发生匝间、层间短路或分接开关、引线有无断线现象，可分别测量各相的直流电阻。如果三相直流电阻不相同，且差别大于±4%（对630kVA）或±2%（对750kVA及以上变压器）并与上次所测得数据相差超过2%时，便可判定该相绕组有故障。

7）变压比测定。变压比测定是校对绕组匝间短路的一种方法。若怀疑某相绕组短路，可用较低的电压接在高压侧进行变压比测定，若变压比读数异常，则可判定绕组短路。如果油箱顶盖是卸开的，就可以看见短路电流在短路匝中产生的高热使附近的变压器油分解而冒出的黑烟和气泡，可判明故障相的所在。

8）开路试验。变压器耐压试验之后，还可能有潜在的缺陷，再进行开路试验，可显示缺陷，消除隐患。在变压器高压侧（或低压侧）加上额定电压，而在低压侧（或高压侧）开路，测其励磁电流。试验时应注意三相励磁电流是否稳定，并与上次试验数据相比较，若每相励磁电流大出很多或一相很大时，则说明故障存在。

9）绝缘油样试验。变压器发生故障后，应立即取出油样进行观察和试验，判明能否继续使用。

3.3.7 变压器吊心检修

变压器大修或事故变压器经过不吊心检查确定是内部故障时，应该进行吊心检修。吊心检修应尽可能在室内进行,在室外现场进行吊心检修时,应特别注意防止灰尘、露水和雨水落在变压器上,一般可临时搭棚以防灰尘雨露。

(1) 吊心。拆卸步骤:

1) 设备停电后,拆开变压器的高、低压套管引线;断开温度计、气体继电器等的电源,并把线头用胶布包好,做好标记;拆掉变压器接地线及变压器轮下垫铁,在变压器轨道上做好定位标记,以便检修后变压器就位。

2) 将变压器运至检修现场,搬运工作应由一人统一指挥。

3) 检查好油管,放出变压器油。

4) 拆出心部与顶盖之间的连接物,拆卸变压器顶盖。

5) 如果起吊设备可移动,可吊出的心部至指定地点检修;若起吊设备不可移动,则在吊起心部以后,把箱拉走,然后落下心部。在心部下面放集油盘接残油,以减少变压器油的损耗,并保持现场清洁。当心部下落至距地面200~300mm时,应停留一段时间,待残油滴尽后,移走集油盘,垫上道木,把心子放在道木上进行检修。

吊心的注意事项:

1) 吊心一般应在良好天气(相对湿度不大于75%)并且无灰烟、尘土、水气的清洁场所进行。心子在空气中停留的时间应尽量缩短。如果空气相对湿度大于75%时,应使铁心温度(按变压器油上层油温计算)比空气温度高10℃以上,或保持室内温度比大气温度高出10℃,而且心子温度不低于室内温度。只有在满足温度、相对湿度的条件下才能吊心。

2) 起吊之前必须详细检查钢丝绳的强度和勾挂的可靠性。每根吊绳与铅垂线之间的夹角不可大于30℃,如果不能满足要求,或起吊绳套碰及心部的零件时,应采用辅助吊梁。

3) 起吊时应由专人指挥,油箱四角要有人监视,防止铁心和绕组及绝缘部件与油箱碰撞损坏。

(2) 组装。变压器吊心检修结束,应及时将铁心装入油箱,并装上大盖。

组装变压器的步骤:

1) 如果变压器的绝缘电阻不满足规定,则必须进行干燥。变压器干燥后,重新吊心检查,拧紧螺丝,进行清扫。然后装回油箱内,装上大盖。

2) 组装散热器、净油器、分接开关机构、油枕、气体继电器和防爆附件。

3) 向变压器油箱注油,先将油注至淹没绕组,待装完套管后再补注。

4) 安装套管,连接套管下端引线及分接开关的接头。

5) 补注油至标准泊位,注油时要及时排除大盖下面和套管座等突出部分的积气。

6) 静止24h,做检修后的电气试验。

7) 把变压器运回原安装位置,对准检修前的定位标志,垫好变压器轮下垫铁。

8) 连接套管引线,连接气体继电器和温度计电源,连接好接地线。

组装变压器的注意事项:

1) 各部件应装配正确,紧固,无损伤。

2) 各密封衬垫的质量应优良、耐油、化学性能稳定,压紧后一般应压缩1/3左右的原厚度。

3) 各装配接合面无渗油,阀门开关应灵活,无卡涩现象。

4) 油箱和油枕的连通管应有2%~4%(以变压器顶盖为基准)的升高坡度。

5) 气体继电器安装应水平,变压器安装就位后,应使顶盖沿气体继电器方向有1%~1.5%的升高坡度。

6) 变压器组装结束后,应做油压试验15min,各部件接合面密封衬垫及焊接缝应无渗漏。

(3) 绕组和铁心检修。一般项目检修。变压器吊心后，首先拆掉绝缘围屏。用压力为0.4～0.5MPa干净的变压器油冲洗铁心、绕组和其他表面上的油泥。冲洗应从下部开始逐渐向上，再从上到下冲洗一遍。不易冲洗的地方，可用软刷蘸变压器油刷洗，沟与凹处可用木片裹上已浸过变压器油的布擦拭。也允许变压器在不吊心情况下进行清洗，此时检修人员由入孔进入变压器油箱内进行。清洗结束后应对绕组和铁心进行检查，不合格的部分应进行处理和更换。绕组和铁心的质量应符合下述标准：

1) 绕组紧固，无位移变形。绝缘良好，无脆裂老化等不良现象。绕组表面清洁，无油泥杂物。

2) 绕组层间衬垫完整，排列整齐、牢固、无松动现象，拧紧压紧螺丝和防松螺帽。

3) 油路畅通无杂物。

4) 接线板良好，焊接可靠。

5) 铁心紧密，整齐，漆膜完好，表面清洁。

6) 穿心螺栓紧固，绝缘良好，符合《电气设备预防性试验规程》的要求。

7) 铁心接地良好。

绕组检修。根据绕组的损坏程度决定进行局部修理或重绕。中、小型变压器的检修可在检修间进行。一般副绕组需作局部修理，原绕组和小容量变压器的副绕组大多需重绕。

检修截面较大的用扁铜线绕制的副绕组时，主要是更换匝间绝缘，更换填平楔和层间绝缘。若绕组是分段的，可只更换损坏的一段或数段。

更换下来的绕组，烧去绝缘后，若铜线未变质，截面未变形，可重包绝缘使用。若有变质、熔化或截面缩小的部分，必须先割去并补换新线。如果利用旧线重绕，应先将原有的绝缘烧掉，再将导线浸入硫酸溶液中5～10min，然后用水清洗，再浸入1%的热肥皂水，中和可能残留的硫酸，最后用水清洗干净，用布擦干并将绕组烘干。

铁心检修。铁心故障是因运行时过热或制造和安装的缺陷造成了穿心螺栓、铁轭夹铁和铁心叠片之间绝缘的局部损坏。当穿心螺栓与铁心有两点连接，或是穿心螺栓与上、下铁轭夹铁短路，都会产生很大的涡流，使铁心发热而烧坏。其检修方法就是及时发现并更换穿心螺栓上的绝缘和绝缘衬垫。而硅钢片之间绝缘脱落、部分地方像起癣一样、绝缘炭化或变色时，则须将铁心拆开修理。

若只有部分绝缘损坏时，则将损坏的部分刮掉，清除干净后，再用漆补涂。若有数处损坏，应将全片用钢丝刷或用刮刀刮净后再涂漆。

硅钢片的涂漆，当需要进行绝缘处理的硅钢片的数量较少时，可用毛刷涂漆。但要求漆膜均匀、无漆瘤和“空白点”以及残留刷毛的现象。

3.3.8 其他部件的检修

3.3.8.1 套管的检修

一般的检修包括：

(1) 检查套管瓷质表面是否光滑，有无裂纹、破碎、放电烧伤等情况。

(2) 检查瓷套和法兰接合处的胶合剂是否牢固可靠，有无脱落或松动现象。当发现胶合剂脱落或接合处松动时，则应重新胶合或更换新套管。

(3) 检查各部衬垫密封是否良好，有无漏油情况。如发现轻微漏油，可拧紧法兰盘螺栓，无效时则更换新的密封衬垫。

(4) 检查膨胀器有无裂纹,如有破损应查明原因并更换备品。若发现呼吸孔堵塞,应进行穿通。更换的膨胀器表面应涂白漆(在背阳面应留一条缝不涂漆,以便观察油位)以防止套管内的绝缘油长期受日光照射而加速老化。

(5) 在正常温度下(15~20℃)油面应在膨胀器全高的1/2处。否则应补注合格的新油,或放出多余的油。

(6) 取油样做简化试验,如不合格应将旧油放掉更换新油。

当充油套管的瓷套破损需要更换新品或因雷电闪络套管烧焦,内部有破损的可能或密封衬垫老化漏油,介质损失不合格等,应进行解体检修。

(1) 首先拆掉与绕组的连接线,开吊型拔出圆销子,密封型旋掉螺帽,然后拆掉升高法兰与器身间的固定螺丝,拆下套管下部外层的绝缘筒,绑扎并调整好绳索。套管起吊时将瓷套与膨胀器用麻布包裹好,以防钢丝绳磨损或碰伤。

(2) 解体工作应在干燥、清洁、无灰尘的场所并按下列步骤进行:

1) 解体前先测试介质损失,并检查是否有渗油处;

2) 打开放油螺丝把油放掉,并取样试验和化验;

3) 拆卸储油器上盖和储油口的螺帽、弹簧垫圈与平垫圈,拆卸导电管;

4) 拆卸上瓷套,逐一地拧松,每次每个螺栓不得超过1/3圈,以免因受力不均匀而损坏瓷套。吊出上瓷套,取出密封衬垫;

5) 抽出内部绝缘筒,拆卸下瓷套,拆卸导电管固定螺栓,抽出导电管。

(3) 零件拆下后,应立即逐件清洗干净,除去油垢并按下列步骤进行检查和修理:

1) 检查瓷套外部、储油器及法兰盘有无裂纹、锈蚀;

2) 瓷体和铁胶合处,如有腐蚀的地方,应刮净涂漆;

3) 法兰盘接合面应平滑,通气孔应畅通;

4) 绝缘筒应清洁,绝缘层包扎紧密无松脱,表面无老化焦脆等不良现象。如绝缘层表面焦脆老化时,可剥掉数层,然后用无碱玻璃丝带稀疏地包扎紧。如有放电击穿、分层剥离、严重挤压,过分不圆及软化现象中的情况之一时,应更换新品。

(4) 当套管清扫后的介质损失大于规定值或绝缘筒有受潮现象时,应将整个套管或绝缘筒进行干燥。当绝缘受潮严重或漆膜有裂纹以致脱落时,应重新涂漆。涂漆前必须经过干燥并将旧漆层除掉。涂漆应在温暖、干燥、无灰尘的室内进行,将漆涂在30~35℃温度的绝缘筒上,涂上3~5层,涂漆后再进行干燥。

套管各部件经清洗、检查、试验确认无问题后方可进行组装。组装和解体时的顺序相反,所使用的工具材料必须干净。拧紧螺栓应避免受力过大而损伤部件,吊装瓷套应找正中心,勿使偏心受压。调整导电管、固定法兰螺栓的松紧度,校正导电管与屏蔽绝缘胶木筒的同心,上螺帽时不能用力过猛,不得碰伤瓷套和膨胀器。

套管组装完毕应用合格的变压器油冲洗1~2次,然后注入合格的变压器油,需注至标准线。一般采用真空注油,抽真空至66.66kPa(500mmHg)以上,维持半小时后开启注油阀门,将经过试验合格的加热至60~70℃的变压器油吸入套管内。当油位升至玻璃膨胀器的1/2高度时,关闭注油阀门,停止进油。继续抽真空至无气泡后,再开启注油阀门把油位提高到玻璃膨胀器的2/3高度,然后将阀门关闭,拆去注油管,装好下端的油堵。继续抽真空1h,关闭抽气阀门,观察真空度是否下降,如果真空度不下降,则可判断为套管密封良好。套管的密封性也可用0.1~0.15MPa的压力油做液压试验,保持1h不渗油即为合格。

3.3.8.2　油箱和顶盖的检修

（1）仔细清扫油箱和顶盖的油垢，如有脱漆的地方应除去锈斑，用棉纱蘸汽油擦净后再涂防锈漆。

（2）检查油箱及散热管有无渗油、焊缝开裂等现象。遇有渗油，在大修时，应将油箱中的油放出后进行焊补。焊补时要注意防火，焊补后需校验焊缝的密接情况。

（3）清除油箱底箱和箱壁的油垢、渣滓，并清除散热管中的油泥，再用清洁的变压器油冲洗1~2次。

3.3.8.3　油枕和防爆管的检修

（1）将油枕内的油从下部放油垢的孔放出，排除沉淀物，并将油枕冲洗干净。

（2）检查油枕各部是否良好，有无渗漏的地方，并检查油枕与油箱的连通管有无堵塞。

（3）检查油位计指示是否正常，有无堵塞，油位计的玻璃管有无裂纹或因污垢而看不清的现象。

（4）如发现油枕内部生锈或积聚的油泥很多而难以清除时，可将油枕一端的铁板用吹管割下，并按圆周留下圆环，以便检修后补焊新底。将油枕内的铁锈用刮刀清除，并用煤油清洗，干后用耐油的硝化漆或清漆刷其内部。

（5）清除防爆管的油垢和铁锈，并检查防爆管的薄膜和密封垫是否良好，如有损坏或变质则应更换。

3.3.8.4　分接头切换装置的检修

（1）分接头切换装置的定触头和动触头应无过热、烧伤痕迹，检查接触面是否清洁。接触面如有熔化痕迹时，应用细锉刀或“00”号砂纸打磨，以消除缺陷，但绝不允许将金属粒屑或其他杂物遗留或跌落到变压器内，触头缺陷严重时，应予以更换。

（2）触头接触面应良好，压力充足，用0.05mm塞尺检查应塞不进去。若发现弹簧断裂或弹性疲劳，用0.05mm塞尺可塞入接触面时，应修理调整接触面，或更新弹簧。

（3）传动装置应完好，操作灵活正确，触头接触应同指示位置一致。

（4）绝缘部件应清洁、无损伤、绝缘良好。

3.3.8.5　阀门的检修

各阀门应开关灵活、关闭严密、不漏油。阀门把柄齐全，并有锁定装置。

复习思考题

1. 造成变压器故障的原因主要有哪几方面？
2. 怎么发现温度不正常？
3. 发现温度不正常后，如何处置？
4. 发现有异常声音后如何处置？
5. 日常巡视主要观测点有哪些？
6. 什么情况下要对变压器进行特殊检查？

7. 变压器不吊心检查项目有哪些?
8. 吊心拆卸步骤有哪些?
9. 组装变压器的注意事项有哪些?
10. 发现油箱各部分的局部过热引起油漆变色如何处置?
11. 发现漏油如何处置?
12. 发现电压异常如何处置?

4 电动机的故障检测与维护

电动机发生故障会使被它驱动的机械设备突然停止运转,从而破坏了生产过程中的一个环节,造成很大损失。因此必须进行有计划的维修,积极地防止设备发生故障以及由此而产生的种种损失。在进行全面的维修和日常的检查时,要分析电动机发生的故障内容和原因,掌握它的实际情况是很重要的。

本章将针对设备中使用广泛的异步电动机和在冶金等行业使用的直流电动机为例来叙述有关故障的觉察、推断、发现的顺序,以及确定事故状况的方法。

4.1 检测与维护要点

为了觉察和防止故障,有必要进行日常和定期的检查。检查维修异步电动机时,根据以往的经验,针对发生故障比例高的事故类型或部位进行重点检查是很有好处的。图 4 - 1(a)是把所有各种企业部门中的电动机故障进行累计,并按原因进行分类的结果。从这一统计资料可知,起因于单相运转、过负荷或浸水等运行方面的故障占很大的比例。同时,由于电动机本身的原因即因轴承损坏和绝缘老化造成的故障占了半数以上。

图 4 - 1(b)列出的是通过什么现象来发现电动机不正常的资料,该资料表明,很大一部分的电动机故障可通过人的直觉,即烟、声音或气味来发现,这说明平时巡视检查的重要性。

(a)
润滑油给油不良 (3.8%)
轴承烧坏 (4.7%)
轴承磨损 (24.1%)
外力冲击 (5.7%)
断线 (6.9%)
绝缘老化 (20.5%)
浸水 (7.1%)
过负荷 (15.1%)
单相运行 (12.1%)

(b)
其他 (1.3%)
电流不正常 (3.7%)
振动 (2.7%)
自然停止 (6.7%)
继电器动作 (12.5%)
不能起动 (24.1%)
焦味 (11.6%)
异常声音 (21.2%)
冒烟 (16.2%)

图 4 - 1 电动机的故障原因和发现故障情况

(a)电动机的故障原因;(b)发现电动机故障的现象

检查时应该按照预先编制的检查表执行。检查结果记入记录表格内作为分析判断故障的资料。

4.1.1 日常的检查

这是每隔一定的时间或每日进行的检查,主要是在运行状态下进行。在巡视检查时要充分利用我们的感官,及时发现异常现象,及早进行判断故障原因。

看。观察电动机和所拖带的机械设备转速是否正常,看控制设备上的电压表、电流表指示数值有无超出规定范围,看控制线路中的指示、信号装置是否正常。

听。必须熟悉电动机启动、轻载、重载的声音特征;应能辨别电动机单相、过载等故障时的声音及转子扫膛、笼型转子断条、轴承故障时的特殊声响,可帮助查找故障部位。

摸。电动机过载及发生其他故障时,温升显著增加,造成工作温度上升,用手摸电动机外壳各部位即可判断温升情况以确认是否为故障。

闻。电动机严重发热或过载时间较长,会引起绝缘受损而散发出特殊气味;轴承发热严重时也可挥发出油脂气味。闻到特殊气味时,便可确认电动机有故障。

问。向操作者了解电动机运行时有无异常征兆;故障发生后,向操作者询问故障发生前后电动机及所拖带机械的症状,对分析故障原因很有帮助。表4-1列出了日常检查要点。

表4-1　日常检查要点

检查部位	检查项目	检查内容	检查方法
轴承	音响	异常声音	用耳朵或听音棒检测
	温度	测定温度	把温度计的读数与平时的比较 不能安装温度计的地方,根据手摸的感觉而定
	振动	振动的大小、振动的变化	根据手摸的感觉来判断,振动大时用振动计测定
	加油	油量	看油位计判明油量
	漏油	各部分轴承	目测判断
定子	温度	测定铁心、绕组的温度	使用埋入式温度计读出其读数。不能安装这种温度计的,根据手摸的感觉来判断,或者用红外线式温度表测定
		测定进、排气的温度	读温度计读数。不能安装温度计的部位,根据手摸的感觉来判断。重要的是测定位置应固定在一个部位。测定温度时还要注意有无异常气味
	负荷	电压、电流	每天几次每隔一定的时间对该电压表、电流表读数并作记录
空气过滤器	灰尘堆积情况	网眼有无堵塞	目测判断
换向器	换向器表面	平滑度	停转时用目测或手摸的感觉来判断
		表面膜层的状态	目测光泽程度
		火花	目测有无火花
电刷	接触状态	振动	用目测或手摸的感觉来判断运转中电刷的振动
	随动性	电刷的紧贴	检查嵌接着电刷线的电刷上下随动性能
	温度	变色	查看电刷线嵌接部位的颜色
同被驱动机械的连接	联轴节	螺栓的松动、损伤、磨损、变形	用目测、手摸的感觉来判断
	皮带	皮带的张力	用手摸的感觉

4.1.2　月度检查

这是每月的例行检查,主要是在电机停转时进行。表4-2列出了月度检查要点。

表 4－2　月度检查要点

检查部位	检查项目	检　查　内　容	检　查　方　法
轴　承	加　油	油的污损	抽取少量油样，检查有无变色、杂质混入、沉淀物
		润滑脂	查明上一次添加润滑脂的日期和内容。同电机铭牌上润滑脂添加的规定进行核对
	轴 绝 缘	测量绝缘电阻	对防止轴电流的绝缘测定其绝缘电阻，用 500V 兆欧表测定轴对大地间的绝缘电阻
	轴 承 架	轴承架的移动	目测判断轴承架有无移动
定子、转子	气　隙	定子、转子间的气隙	用气隙规测定上、下、左、右的气隙尺寸
	绝缘电阻	定子绕组、转子绕组	测定绕组对大地间的绝缘电阻 工作电压 1000V 及以上的绕组用 1000V 兆欧表，其他的用 500V 兆欧表
	外　部	螺栓的松动、各部分的变形损伤	用目测、手摸的感觉来判断
	端　子	接线端子、接地端子有否松动	用手摸的感觉来判断
同被驱动机械的连接	联 轴 节	螺栓的松动、损伤、磨损、变形	用目测、手摸的感觉来判断，并再拧紧一下
		中心偏位	用千分表测定
	皮　带	皮带的张力	用手摸的感觉或弹簧秤检查
换 向 器	换向器表面	换向器表面各段的磨损、椭圆度、局部变色、火花痕迹的程度	用目测、手摸的感觉来判断
	升 高 片	炭尘的附着	目测判断
电　刷	碳刷部分	磨损程度、剥落、龟裂、接触状态、在刷盒内的偏斜	用目测、手摸的感觉来判断，测定磨损量与运行时间的关系
	电 刷 线	断线、端子部分松动	目测判断
刷　握	弹簧机构	弹簧断裂、不自由滑动、弹簧压力	用目测、手摸的感觉来判断，用弹簧秤测定

4.1.3　年度检查

这是每年进行的检查，特别是每隔二年或几年把电机拆卸开来进行仔细检查。表 4－3 列出了年度检查要点。

表 4－3　年度检查要点

检查部位	检查项目	检　查　内　容	检　查　方　法
轴　承	加　油	污损、劣化	目测，必要时进行分析
		异物混入润滑脂	用目测、手摸的感觉来判断
	轴　瓦	剥离、龟裂、轴瓦配合状态	目测判断
		轴瓦间隙	用铅丝、厚薄规等测定
	甩 油 环	变形、磨损	目测判断
	毡垫油密封	变形、磨损	用目测、手摸的感觉来判断
	轴　颈	粗糙、条痕	用目测、手摸的感觉来判断

续表4-3

检查部位	检查项目	检 查 内 容	检 查 方 法
定 子	绕 组	污损、损伤状态	目测判断
	铁心通风槽	污损	目测判断
	螺 栓	螺栓的紧固状态	用手摸的感觉或扳手检查
转 子	绕 组	污损、损伤状态	目测判断
	转子导条端环	断裂、污损	目测判断,检查轴环
	绑 箍	绑箍松动	用目测或检查手锤来检查
	铁 心	铁心松动	用目测或检查手锤来检查
基 础	水 平 度	水平度偏斜	用水平仪测定
	螺 栓	紧固状态	用检查手锤、转矩扳手检查
绝 缘	绝缘电阻	绝缘电阻的测定	用兆欧表测量所有带电部分的绝缘电阻

4.1.4 电动机的具体检查项目

表4-4是将电动机的一般检查项目分别按检查部位和检查类别归类列出。其中的关键是判断标准,此表所列的判断标准相当抽象,判断的基点往往是比较这次所得数据与以往历次检查中观察或测试所得的数据之间有哪些变化。以温升值为例,如果单纯说在标准的容许范围内是不够的,因为对平时运行温升较低的电动机来说,即使其温度在标准允许限度内,若比平时温度高出很多,就有必要仔细调查其原因。从这种意义来说,分析判断检查所得的数据是非常重要的,设法建立数据的连续记录体系并经常使用这些数据,是非常必要的。

表4-4 电动机的检查项目

检查部位	检 查 项 目	检 查 类 别			判 断 的 标 准
		巡视检查	小修	大修	
外 观	污 损	√			没有尘埃的堆积、腐蚀、损伤等
	变 色	√			喷涂的漆不出现变色、剥落等现象
	通 风 道	√			电动机的散热通风道正常
	各部件的松动	√			螺栓没有不拧紧或松动的现象
	周围温度	√			低于规定温度
启动状态	声 音	√			没有碰擦声音等不正常声音
	焦 味	√			没有焦味等不正常气味
	烟	√			没有因绕组在气隙间摩擦,使绕组烧毁而引起冒烟
	转速上升(启动时)	√			加速度没有比平常慢或快的现象
	电 压	√			电压没有显著下降
	启动电流	√			启动电流没有过大
运行状态	声 音	√			没有不正常声音
	焦 味	√			没有焦味等不正常气味
	烟	√			没有因烧损等冒烟的现象
	电 压	√			电压变动在±10%以内
	电 流	√			没有电流过分不平衡和异常脉动等不正常现象
	温 度	√			与平时相比,温度变化不大

续表4-4

检查部位	检查项目	检查类别			判断的标准
		巡视检查	小修	大修	
轴承旋转部分	温　度	√			在规定范围内
	振　动	√			应低于振动容许值,与平常相比,没有不正常现象
	声　音	√			没有不正常声音
滑动轴承	润滑油量	√			在指定流量范围内
	甩油环旋转状态	√			均匀地旋转
	漏　油		√		没有漏油
	轴承衬瓦剥落		√		没有剥落
	轴承衬瓦间隙		√		在规定指标
	擦　碰		√		没有局部显著擦碰
	甩油环变形		√		没有不正常
	润滑油污损		√		没有显著变色、没有水分、异物混入
滚柱轴承	有无不正常的声音、振动	√			没有不正常声音
	润滑脂漏出	√			没有润滑脂漏出
	外座圈周边有无裂纹或变色		√		没有变色
	内座圈和轴的配合		√		没有蠕动迹象
	润滑脂劣化		√		没有凝胶收缩、变色
转　子	尘埃和油气的附着程度			√	没有尘埃的堆积、变色等
	槽楔松动			√	没有松动
	铁心部分松动			√	没有松动
	钎焊部分龟裂			√	没有裂缝、折损部位
	端环变形			√	没有变形
	平衡块的夹紧部件松动			√	没有松动
	同静止部件接触			√	没有接触
	轴颈有裂纹			√	(检查轴承时)无裂纹
定　子	尘埃和油气的附着程度			一年	没有尘埃的堆积、变色等
	槽楔松动			√	没有松动
	铁心部分松动			√	没有松动
	绝缘劣化			√	检查绝缘的结果无不正常
	绝缘电阻		√		高压回路1000V兆欧表、低压回路500V兆欧表测,规定值
	斜楔松动			√	没有不正常
	各部分的变形			√	没有不正常
电　刷	磨　损	√			已磨损到使用限度时更换新的
	火　花	√			没有发生火花
	振　动	√			没有不正常的振动
转子短路装置	损　伤		√		没有因电弧、温度等因素造成损伤
	变　色		√		没有因电弧、温度等因素造成损伤
过滤器	污损程度		√		网眼没有堵塞
空气冷却器	检查防锈蚀片		√		如果消耗了,更换新的
	有无漏水		√		没有漏水
	散热片的损伤		√		没有损伤

4.2　三相异步电动机的故障检测与维护

4.2.1　电动机启动前后的检查与维护

4.2.1.1　电动机启动前的检查

为了保证设备和人身安全,使电动机能够正常启动,对于新购入的(或经过检修及长期未用过的)电动机启动前应做以下检查:

(1) 检查电动机铭牌所示电压、频率与使用的电源是否一致,接法是否正确,电源的容量与电动机的容量及启动方法是否合适。

(2) 使用的电线规格是否合适,电动机引出线与线路连接是否牢固,接线有无错误。端子有无松动或脱落。

(3) 开关和接触器的容量是否合适,触头的接触是否良好。

(4) 熔断器和热继电器的额定电流与电动机的容量是否匹配,热继电器是否复位。

(5) 用手盘车应均匀、平稳、灵活,窜动不应超过规定值。

(6) 检查轴承是否缺油,油质是否符合标准,加油时应达到规定的油位。对于强迫润滑的电动机,启动前还应检查油路有无阻塞,油温是否合适,循环油量是否符合要求。

(7) 检查传动装置,传动带不能过紧或过松,连接要可靠,无裂伤迹象,联轴器螺钉及销子应完整、紧固,不得松动短缺。

(8) 检查电动机外壳有无裂纹,接地是否可靠。

(9) 启动器的开关或手柄位置是否符合启动要求。

(10) 检查旋转装置的防护罩等安全措施是否完好。

(11) 通风系统是否完好,通风装置和空气滤清器等部件应符合有关规定的要求。对于由外部用管道引入空气冷却的电动机,应保持管道清洁畅通,连接处要严密,闸门的位置应正确。

(12) 检查电动机内部有无杂物,可用干燥、清洁的压缩空气(不超过200kPa)或“皮老虎”吹净,但不得碰坏绕组。保持电动机周围的清洁,不准堆放煤灰,不得有水汽、油污、金属导线、棉纱头等无关的物品,以免被卷入电动机内。

(13) 对不可逆运转的电动机,应检查电动机的旋转方向是否与该电动机所标出的箭头的运转方向一致。

(14) 电动机绕组相间和绕组对地绝缘是否良好,测量绝缘电阻应符合规定要求。

(15) 对新电动机或大修后投入运行的电动机,要求三相交流电动机的定子绕组、绕线转子异步电动机的转子绕组的三相直流电阻偏差应小于2%,对某些只更换个别绕组的电动机,其直流电阻偏差应不超过5%。

(16) 绕线转子电动机还应检查电刷接触是否良好,电刷压力是否正常。

4.2.1.2　电动机启动后的检查

(1) 电动机启动后的电流是否正常,在三相电源平衡时,三相电流中任一相与三相平均值的偏差不得超过10%。

(2) 电动机的旋转方向有无错误。

(3) 认真查清有无异常振动和响声。

(4) 使用滚动轴承时,检查带油环转动是否灵活、正常。

（5）有无异味及冒烟现象。

（6）电流的大小与负荷是否相当，有无过载情况。

（7）启动装置的动作是否正常，是否逐级加速，电动机加速是否正常，启动时间有无超过规定。

4.2.2　常见故障与处理

三相异步电动机的故障一般可分为电气故障和机械故障。电气故障主要包括定子绕组、转子绕组，电刷等故障；机械故障包括轴承、风扇、端盖、转轴、机壳等故障。

造成电动机故障的原因很多，仅靠最初查出的故障现象来分析故障原因是很不够的，还应在初步分析的基础上，使用各种仪表（万用表、兆欧表、钳形表及电桥等）进行必要的测量检查。除了要检查电动机本身可能出现的故障，还要检查所拖带的机械设备及供电线路、控制线路。通过认真检查，找出故障点，准确地分析造成故障的原因，才能有针对性地进行处理和采取预防措施，以防止故障再次发生。

表4－5列出了三相异步电动机常见故障现象、故障原因及处理方法，供分析原因和排除故障时参考。

表4－5　三相异步电动机常见故障现象、故障原因及处理方法

序号	故障现象	故障原因	处理方法
1	电动机不能启动	1. 电源未接通	1. 检查电源电压、开关、线路、触头、电动机引出线头，查出后修复
		2. 熔断器熔丝烧断	2. 先检查熔丝烧断原因并排除故障，再按电动机容量，重新安装熔丝
		3. 控制线路接线错误	3. 根据原理图，接线图检查线路是否符合图纸要求，查出错误纠正
		4. 定子或转子绕组断路	4. 用万用表、兆欧表或串灯法检查绕组，如属断路，应找出断开点，重新连接
		5. 定子绕组相间短路或接地	5. 检查电动机三相电流是否平衡，用兆欧检查绕组有无接地，找出故障点修复
		6. 负荷过重或机械部分被卡住	6. 重新计算负荷，选择容量合适的电动机或减轻负荷，检查机械传动机构有无卡住现象，并排除故障
		7. 热继电器规格不符或调得太小，或过电流继电器调得太小	7. 选择整定电流范围适当的热继电器，并根据电动机的额定电流，重新调整
		8. 电动机△联结误接成Y联结，使电动机重载下不能启动	8. 根据电动机上铭牌所示重新接线
		9. 绕线转子电动机启动误操作	9. 检查集电环短路装置及启动变阻器位置，启动时应分开短路装置，串接变阻器
		10. 定子绕组接线错误	10. 重新判断绕组头尾端，正确接线
2	电动机启动时熔丝被熔断	1. 单相启动	1. 检查电源线，电动机引出线、熔断器、开关、触头，找出断线或假接故障并排除
		2. 熔丝截面积过小	2. 重新计算，更换熔丝
		3. 一相绕组对地短路	3. 拆修电动机绕组
		4. 负荷过大或机械卡住	4. 将负荷调至额定值，并排除机械故障
		5. 电源到电动机之间连接线短路	5. 检查短路点后进行修复
		6. 绕线转子电动机所接的启动电阻太小或被短路	6. 消除短路故障或增大启动电阻

续表 4-5

序号	故障现象	故 障 原 因	处 理 方 法
3	通电后电动机嗡嗡响不能启动	1. 电源电压过低 2. 电源缺相 3. 电动机引出线头尾接错或绕组内部接反 4. △联结绕组误接成 Y 联结绕组 5. 定子转子绕组断路 6. 负荷过大或机械被卡住 7. 装配太紧或润滑脂硬化 8. 改极重绕时，槽配合选择不当	1. 检查电源电压质量，与供电部门联系解决 2. 检查电源电压、熔断器、接触器、开关、某相断线或假接，进行修复 3. 在定子绕组中通入直流电，检查绕组极性，判断绕组头尾是否正确、重新接线 4. 将 Y 联结改回△联结 5. 找出断路点进行修复，检查绕线转子电刷与集电环接触状态，检查启动电阻有无断路或电阻过大 6. 减轻负荷，排除机械故障或更换电动机 7. 重新装配，更换油脂 8. 选择合理绕组形式和节距，适当车小转子直径，重新计算绕组参数
4	电动机外壳带电	1. 电源线与地线接错，且电动机接地不好 2. 绕组受潮，绝缘老化 3. 引出线与接线盒相碰接地 4. 绕组端部顶端盖接地	1. 纠正接线错误，机壳应可靠地与保护地线连接 2. 对绕组进行干燥处理，绝缘老化的绕组应更换 3. 包扎或更换引出线 4. 找出接地点，进行包扎绝缘和涂漆，并在端盖内壁垫绝缘纸
5	电动机空载或负荷时电流表指针来回摆动	1. 笼型转子断条或开焊 2. 绕线转子电动机有一相电刷接触不良 3. 绕线转子电动机集电环短路装置接触不良 4. 绕线式转子一相断路	1. 检查断条或开焊处并进行修理 2. 调整电刷压力，改善电刷与集电环接触面 3. 检修或更换短路装置 4. 找出断路处，排除故障
6	电动机启动困难，加额定负荷时转速低于额定值	1. 电源电压过低 2. △联结绕组误接成 Y 联结绕组 3. 绕组头尾接错 4. 笼型转子断条或开焊 5. 负荷过重或机械部分转动不灵活 6. 绕线转子电动机启动变阻器接触不良 7. 电刷与集电环接触不良 8. 定、转子绕组部分绕组接错或接反 9. 绕线转子一相断路 10. 重绕时匝数过多	1. 用电压表或万用表检查电源电压，且调整电压 2. 将 Y 联结改为△联结 3. 重新判断绕组头尾正确接线 4. 找出断条或开焊处，进行修理 5. 减轻负荷或更换电动机，改进机械传动机构 6. 检修启动变阻器的接触电阻 7. 改善电刷与集电环的接触面积，调整电刷压力 8. 纠正接线错误 9. 找出断路处，排除故障 10. 按正确绕组匝数重绕
7	电动机运行时振动过大	1. 基础强度不够或地脚螺栓松动 2. 传动带轮、靠轮、齿轮安装不合适，配合键磨损 3. 轴承磨损，间隙过大 4. 气隙不均匀 5. 转子不平衡 6. 铁心变形或松动	1. 将基础加固或加弹簧垫，紧固螺栓 2. 重新安装，找正、更换配合键 3. 检查轴承间隙，更换轴承 4. 重新调整气隙 5. 清扫转子紧固螺钉，校正动平衡 6. 校正铁心，重新装配

续表 4 - 5

序号	故障现象	故 障 原 因	处 理 方 法
7	电动机运行时振动过大	7. 转轴弯曲 8. 扇叶变形、不平衡。 9. 笼型转子断条，开焊 10. 绕线转子绕组短路 11. 定子绕组短路、断路、接地连接错误等	7. 校正转轴找直 8. 校正扇叶，找动平衡 9. 进行补焊或更换笼条 10. 找出短路处，排除故障 11. 找出故障处，排除故障
8	电动机运行时有杂音	1. 电源电压过高或不平衡 2. 定、转子铁心松动 3. 轴承间隙过大 4. 轴承缺少润滑脂 5. 定、转子相擦 6. 风扇碰风扇罩或风道堵塞 7. 转子擦绝缘纸或槽楔 8. 各相绕组电阻不平衡，局部有短路 9. 定子绕组接错 10. 改极重绕时，槽配合不当 11. 重绕时每相匝数不相等 12. 电动机单相运行	1. 调整电压或与供电部门联系解决 2. 检查振动原因，重新压铁心，进行处理 3. 检修或更换轴承 4. 清洗轴承，添加润滑脂 5. 正确装配，调整气隙 6. 修理风扇罩，清理通风道 7. 剪修绝缘纸或检修槽楔 8. 找出短路处，进行局部修理或更换绕组 9. 重新判断头尾，正确接线 10. 校验定、转子槽配合 11. 重新绕线，改正匝数 12. 检查电源电压、熔断器、接触器、电动机接线
9	电动机轴承发热	1. 润滑脂过多或过少 2. 油质不好，含有杂质。 3. 轴承磨损，有杂质。 4. 油封过紧 5. 轴承与轴的配合过紧或过松 6. 电动机与传动机构联接偏心或传动带过紧 7. 轴承内盖偏心，与轴相擦 8. 电动机两端盖与轴承盖安装不平 9. 轴承与端盖配合过紧或过松 10. 主轴弯曲	1. 清洗后，添加润滑脂，充满轴承室容积的 1/2 ~ 2/3 2. 检查油内有无杂质，更换符合要求的润滑脂 3. 更换轴承，对含有杂质的轴承要清洗，换油 4. 修理或更换油封 5. 检查轴的尺寸公差，过松时用树脂粘合或低温镀铁，过紧时进行车削加工 6. 校正传动机构中心线，并调整传动带的张力 7. 修理轴承内盖，使与轴的间隙适合 8. 安装时，使端盖或轴承盖止口平整装入，然后再旋紧螺钉 9. 过松时要镶套，过紧时要进行车削加工 10. 矫直弯轴
10	电动机过热或冒烟	1. 电源电压过高或过低 2. 电动机过载运行 3. 电动机单相运行 4. 频繁启动和制动及正反转 5. 风扇损坏，风道阻塞 6. 环境温度过高 7. 定子绕组匝间或相间短路，绕组接地 8. 绕组接线错误 9. 大修时曾烧灼铁心，铁耗增加 10. 定、转子铁心相擦 11. 笼型转子断条或绕线转子绕组接线松开 12. 进风温度过高 13. 重绕后绕组浸渍不良	1. 检查电源电压，与供电部门联系解决 2. 检查负荷情况，减轻负荷或增加电动机容量 3. 检查电源、熔丝、接触器，排除故障 4. 正确操作，减少启动次数和正反向转换次数，或更换合适的电动机 5. 修理或更换风扇，清除风道异物 6. 采取降温措施 7. 找出故障点，进行修复处理 8. △联结电动机误接成 Y 联结，或 Y 联结电动机误接成△，纠正接线错误 9. 做铁心检查试验，检修铁心，排除故障 10. 正确装配，调整间隙 11. 找出断条或松脱处，重新补焊或扭紧固定螺钉 12. 检查冷却水装置及环境温度是否正常 13. 要采用二次浸漆工艺或真空浸漆措施

续表 4 - 5

序号	故障现象	故障原因	处理方法
11	集电环发热或电刷火花太大	1. 集电环表面不平，不圆或偏心 2. 电刷压力不均匀或太小 3. 电刷型号与尺寸不符 4. 电刷研磨不好，与集电环接触不良或电刷碎裂 5. 电刷在刷握中被卡住，使电刷与集电环接触不良 6. 电刷数目不够或截面积过小 7. 集电环表面污垢，表面粗糙致使导电不良	1. 将集电环磨光或车光 2. 调整刷压 3. 采用同型号或相近型号，保证尺寸一致 4. 重新研磨电刷或更换电刷 5. 修磨电刷，尺寸要合适，间隙符合要求 6. 增加电刷数目或增加电刷接触面积 7. 清理污物，用干净布蘸汽油擦净集电环表面
12	绝缘电阻低	1. 绕组绝缘受潮 2. 绕组绝缘沾满灰尘、油垢 3. 绕组绝缘老化 4. 电动机接线板损坏，引出线绝缘老化破裂	1. 进行加热烘干处理 2. 清理灰尘，油垢，并进行干燥、浸清处理 3. 可清理干燥、涂漆处理或更换绝缘 4. 重包引线绝缘，修理或更换接线板
13	电动机空载电流不平衡，并相差很大	1. 绕组头尾接错 2. 电源电压不平衡 3. 绕组有匝间短路，某绕组组接反 4. 重绕时，三相绕组匝数不一样	1. 重新判断绕组头尾，改正接线 2. 检查电源电压，找出原因并排除 3. 检查绕组极性，找出短路点，改正接线和排除故障 4. 重新绕制绕组
14	电动机三相空载电流增大	1. 电源电压过高 2. Y 联结电动机误接成△联结 3. 气隙不均匀或增大 4. 电动机装配不当 5. 大修时，铁心过热灼损 6. 重绕时，绕组匝数不够	1. 检查电源电压，与供电部门联系解决 2. 将绕组改为 Y 联结 3. 调整气隙 4. 检查装配情况，重新装配 5. 检修铁心或重新设计和绕制绕组进行补偿 6. 增加绕组匝数

4.3 直流电动机的故障检测与维护

由于直流电动机具有良好的调速特性、调速范围宽广、调速平滑方便，可频繁快速启动、制动和反转、过载能力强、能承受频繁冲击性负荷、能满足生产过程自动化系统所需要的各种特殊运行要求。所以它在可逆转、可调速和高精度的传动领域内一直占垄断地位，广泛用于冶金、矿山、交通运输、机床、化工、造纸印刷、纺织印染和国防工业中。

4.3.1 直流电动机运行与维护

(1) 温度的监视。温升是保证直流电动机安全运行重要条件之一，温升过高，就会引起绝缘加速老化，电动机寿命降低。对 B 级绝缘绕组温升超过允许值 10℃，寿命将会缩短一半。所以在电动机运行时应经常监视温升，使温升不要超过绝缘等级的允许温升。

对绕组中埋有测温元件的电动机，应定期检查和记录电动机内各部位温升。对没有埋设测温元件的电动机，就要经常检查进、出口风温。通常直流电动机允许进、出口风温差为 15 ~ 20℃。对较重要的电动机，在温升较高的部位，需埋设温度计加以经常监视。对于小型直流电动机，一般用手摸来检查，根据机座外表温度进行判断。当电动机温度超过允许温升时，应检查：

1）电动机是否过载。当过载较严重时，应适当减轻负荷或使电动机空转冷却，避免绕组温度过高而烧坏。

2）冷却系统故障。若风机停转，冷却水管堵塞、冷却水温度过高、冷却风温度过高，过滤器积灰过多而风阻增大等，都将引起电动机温度升高，如发现这类故障，应立即检查冷却系统，排除故障。

3）散热情况。电动机因过滤不好，灰尘和油污粘结在绕组表面上，造成电动机散热困难，甚至堵塞了通风沟，应及时清理。

（2）换向状况监视。良好的换向是保证直流电动机可靠运行的必要条件。直流电动机在正常运行时，应是无火花或电刷边缘大部分有轻微的无害火花，氧化膜的颜色应均匀且有光泽。

如换向火花加大，换向器表面状况发生变化，出现电弧烧痕或沟道，应分析原因，是电动机负荷过重还是换向故障，要认真检查，及时处理。

在电动机运行中，应使换向器表面保持清洁，经常吹风清扫，并用干布擦换向器表面，以免引起火花加大和环火事故。

（3）润滑系统监视。直流电动机润滑系统，特别是座式轴承的大型电动机，若润滑系统工作不正常，对电动机安全运行有直接影响。

在电动机运行时，应经常检查油路是否正常，油环转动是否良好，轴瓦温度、油标指示及油面位置是否正常，有无严重漏油或甩油现象。

（4）绝缘电阻监视。直流电动机绕组的绝缘电阻，是确保电动机安全运行的重要因素之一。对较重要的电动机，每班都应检查和记录绝缘电阻数值，一般允许为1MΩ/kV，但不低于0.5MΩ/kV。因受电动机运行温度和空气相对湿度的影响，如在停机时间较长时，由于绕组温度下降和绝缘结构中气孔和裂纹的吸潮，绝缘电阻往往大幅度下降，甚至低于允许值，但经过加热干燥后，绝缘电阻很快就可恢复。

当绝缘电阻值经常波动，其趋势是越来越低，即使加热干燥后，仍难于恢复时，应对绕组表面进行抹擦，并将碳粉、油雾等污染清扫干净。当清扫和加热干燥仍不起作用时，应用洗涤剂清洗。

为了使电动机保持较高的绝缘电阻，电动机内部应定期吹风清扫，过滤器的材料应及时更换。在电动机停机时间较长时，应使加热器通电加热，以避免绝缘电阻降低，一般只要使电动机温度高于室温5℃时，就能防止绕组吸潮而绝缘电阻下降。

（5）异常现象监视。直流电动机在运行中，若发现有异常现象，应立即分析原因并作出处理。

1）异常响声。一般在电动机运行中突然出现一种异常的响声，异声往往是电动机故障信号，可能是轴承损坏、固定螺钉脱落、电动机定心出现变化、电动机内部件脱落刮碰、定转子相擦等故障引起，发现后应立即停机检查，排除故障。

2）异常气味。异味中较多的是绝缘味，当电动机温度过高或绕组局部短路时，都会产生绝缘味，严重时因绝缘焦化还伴有烟雾。异味往往是事故征兆，应立即检查，排除故障。当发现电动机冒烟或起火时，必须立即停机，紧急处理。

3）异常振动。电动机在运行中，振动突然加剧，因共鸣而引起噪声增加，可能是转动部分平衡破坏、轴承损坏和励磁绕组匝间短路所引起过大的振动，会使某些结构部件疲劳损坏，并影响换向性能，应及时处理。

（6）定期检修。直流电动机运行一定时间后，应进行定期检查。主要是测量一些技术状态的数据，排除在运行维护中已发现的小故障，检查和记录一些可以延期解决的故障，清理和擦净灰尘、油污，更换易损件等。

1）对电动机外部和内部进行一次清扫，并对电动机外壳、端盖和其他结构部件等进行一次外观检查，有无损伤和锈蚀现象。

2）检查绕组表面有无变色、损伤、裂纹和剥离现象，定子绕组固定是否可靠，补偿绕组连接线是否距离过近，焊接处有无脱焊现象。若发现问题，应及时处理。

3）检查绕组绝缘电阻、记录数据，并与上次检修的数据进行比较，若绝缘电阻降低，应分析原因。对绕组表面和铁心上的积尘，应清除干净。

4）检查换向器和电刷工作状态，换向器有无变形，表面有无沟道，换向器表面有无烧伤现象，应及时处理。

检查电刷是否已磨损到寿命限度，镜面是否良好，电刷压力是否合适，电刷在刷握内活动是否灵活等，如发现问题，应进行调整。对出现换向不良情况，还应检查片间电阻、刷距和气隙。

5）检查转动部件和静止部件的紧固螺钉有无松动。

6）检查轴承运行温度有无超过允许温度，对注入式换油滚动轴承，应注入适量润滑油，对轴承间隙较大或润滑油使用时间较长的轴承，应更换润滑油或轴承。

4.3.2　直流电动机常见故障与处理

4.3.2.1　直流电动机常见故障与处理见表4-6。

表4-6　直流电动机常见故障与处理

序号	故障现象	故　障　原　因	处　理　方　法
1	绝缘电阻低	1. 电动机绕组和导电部分有灰尘、金属屑、油污 2. 绝缘受潮 3. 绝缘老化	1. 用压缩空气吹净，或用弱碱性洗涤剂水溶液进行清洗，然后干燥处理 2. 烘干处理 3. 浸漆处理或更换绝缘
2	电枢接地	1. 金属异物使绕组与地接通 2. 绕组槽部或端部绝缘损坏	1. 用220V小试灯找出故障点，排除异物 2. 用低压直流电源测量片间压降或换向片和轴间压降找出接地点，更换故障绕组
3	电枢绕组短路	1. 换向片片间或升高片间有焊锡等金属物短接。 2. 匝间绝缘损坏 3. 接线错误	1. 用测量片间压降的方法找出故障点，清除污物 2. 更换绝缘 3. 纠正电枢绕组与升高片的连线
4	电枢绕组断路	1. 绕组和升高片并头套焊接不良 2. 接线错误	1. 补焊连接部分 2. 纠正电枢绕组与升高片的连接
5	电枢绕组接触电阻大	1. 升高片和换向片焊接不良 2. 绕组和升高片并头套焊接不良	1. 补焊和加固升高片与换向片的连接 2. 补焊连接部分
6	电动机过热	1. 负荷过大 2. 电枢绕组短路 3. 电枢铁心绝缘损坏 4. 主极绕组短路 5. 环境温度高，通风散热情况不良，电动机内部不清洁 6. 工作电压高于额定电压	1. 减轻或限制负荷 2. 按上述电枢绕组短路故障处理 3. 进行绝缘处理 4. 找出故障点，排除短路故障 5. 检查风扇是否脱落、风扇转动方向是否正确，通风道有无被堵塞，清理电动机内部，改善周围冷却条件 6. 降低电压到额定值

续表 4－6

序号	故障现象	故障原因	处理方法
7	电动机不能启动或转速达不到额定值	1. 负荷过大 2. 电刷不在中性线上 3. 电枢的电源电压低于额定值 4. 换向极绕组接反 5. 励磁绕组断路、短路、接线错误 6. 启动器接触不良，电阻不合适 7. 电枢绕组或各连接线有短路或接地故障 8. 复励电动机的串励绕组接反	1. 减轻负荷 2. 用感应法调整电刷位置 3. 提高电源电压到额定值 4. 将换向极绕组的端钮相互更换位置 5. 纠正接线错误、消除短路、断路故障。 6. 更换合适的启动器 7. 检查电枢绕组和各连接线，并进行处理 8. 可将串励绕组的两端钮更换即可，或按电动机所附的接线图正确接线
8	电动机转速过高	1. 电枢电压超过额定值 2. 电刷不在中性线上 3. 励磁电流减少过多或励磁电路有断路故障	1. 降低电枢电压到额定值 2. 可用感应法调整电刷位置 3. 增加励磁电流或检查励磁电路是否断路
9	电动机振荡，即电流和转速发生剧烈变化。	1. 电动机电源电压波动 2. 电刷不在中性线上 3. 励磁电流太小或励磁电路有断路 4. 串励绕组或换向极绕组接反	1. 检查电源电压 2. 用感应法重新调整电刷位置 3. 增加励磁电流或查出断路处进行修理 4. 纠正接线
10	电刷下火花严重，换向器和电刷剧烈发热。	1. 电刷型号或尺寸不符 2. 电刷不在中性线上 3. 电刷的压力过大或过小 4. 电刷质量不良 5. 电刷与换向器的接触面未磨好或接触面上有油污 6. 电刷架上各电刷臂之间距离不相等或同一电刷臂上的电刷握不在一直线上 7. 换向器偏心、振摆，换向器表面不平，换向器片间云母突出 8. 换向极绕组接反 9. 电枢绕组有短路或接地故障 10. 主磁极和换向极的顺序不对 11. 电动机过载	1. 应更换电刷 2. 用感应法重新调整电刷位置 3. 调整各电刷压力大小一致 4. 更换质量合格的电刷 5. 磨光电刷接触面或清洗油污 6. 调整各电刷臂或各刷握的位置 7. 修理换向器 8. 改正接线 9. 在电枢绕组中通入低压直流电，测量各相邻两换向片之间直流电压降，检查有无短路，用兆欧表或试灯检查有无接地，进行修理 10. 用指南针检查各磁极的极性 11. 应减轻负荷或换一台容量较大的电动机
11	电动机向某一方向旋转时，电刷下的火花较反方向旋转时大	1. 电刷不在中性线上 2. 电动机未有换向极或换向极的安匝数不够 3. 电刷架上各电刷臂之间的距离不相等	1. 用感应法调整电刷位置，对可逆电动机应将电刷严格固定于中性线上 2. 应更换一台有换向极的电动机或增加换向极的安匝数 3. 调整各电刷臂或各刷握的距离
12	在换向器圆周上，每隔一定角度的换向片烧焦发黑，每次清理修整，仍是这几片发黑	1. 这些发黑烧焦的换向片与电枢绕组之间焊接不良 2. 连接这些换向片上的均压线焊接不良或有断路 3. 连接这些换向片上的电枢绕组有断路	1. 重新焊接 2. 重新焊接或更换断路的均压线 3. 更换或修复断路的电枢绕组

续表4－6

序号	故障现象	故障原因	处理方法
13	电动机内部冒火或冒烟	1. 电刷下火花太大 2. 电枢绕组有短路 3. 电动机过载 4. 换向器的升高片之间及各电枢绕组之间充满了电刷粉末和油垢，引起燃烧 5. 电动机内部各引线的连接点松动或有断路	1. 检查电刷和换向器的工作状况 2. 检查各电枢线自发热是否均匀，或在电枢中通入低压直流电，测量各相邻换向片之间电压降 3. 减轻负荷或更换一台容量较大的电动机 4. 清除油垢和粉末，必要时烘干处理 5. 检查各连接线的连接点
14	电动机振动	1. 电枢不平衡 2. 电动机的基础不坚固或固定不牢 3. 机组，电动机轴线定心不正常	1. 重新校正电枢平衡 2. 增强基础且紧固 3. 重新调整好机组轴线定心
15	滚动轴承发热，有噪声	1. 滚珠磨损 2. 轴承与轴配合太松 3. 轴承内润滑脂充得过满	1. 更换轴承 2. 使轴与轴承的配合精度符合要求 3. 减少润滑脂
16	滑动轴承发热、漏油	1. 油牌号不对，油内含有杂质和脏物 2. 油箱内油位过高 3. 油环停滞，压力润滑系统的油泵有故障，油路不畅通 4. 轴颈与轴瓦间隙太小，轴瓦研刮不好 5. 轴承挡油盖密封不好，轴承座上下接合面间隙大	1. 更换润滑油，清除杂质 2. 减少油量 3. 更换新油环，消除油路故障，保证有足够的油量 4. 研刮轴瓦，使轴颈和轴瓦间隙合适 5. 改进轴承挡油盖的密封结构，研刮轴承座接合面

4.3.2.2 换向故障及处理

换向故障及处理见表4－7。

表4－7 换向故障及处理

序号	故障现象	故障原因	处理方法
1	换向不良	1. 换向器表面状态不良 2. 换向器偏心和变形 3. 电刷振动 4. 电刷型号不符 5. 电刷弹簧压力过小 6. 电刷不在中性线上 7. 刷距不均匀 8. 电动机振动 9. 电动机过载 10. 电枢绕组片间短路 11. 补偿和换向极绕组短路 12. 补偿和换向极绕组接线错误 13. 并头套开焊	1. 经常维护，并进行表面处理 2. 圆整换向器 3. 改善换向器表面，减小电刷与刷握间隙 4. 选用合适型号电刷 5. 调整电刷压力 6. 用感应法重新调整中性线 7. 调整刷距 8. 应校正平衡 9. 减轻负荷 10. 清理片间云母沟中金属物 11. 消除短路故障 12. 改正接线 13. 补焊并头套
2	换向器呈现条纹	1. 电刷型号不对 2. 电刷电流密度过低 3. 刷面镀铜 4. 湿度过高 5. 温度过高 6. 油雾附着 7. 有害气体	1. 更换电刷 2. 避免在2～5A/cm^{2}电流密度下长期运行 3. 防止潮气和尘埃进入，选用合适电刷 4. 防止潮气进入电动机内部 5. 加强通风冷却 6. 防止油雾进入 7. 防止有害气体进入

续表 4 – 7

序号	故障现象	故障原因	处理方法
3	换向器表面烧伤	1. 电刷换向性能差 2. 电枢不在中性线上 3. 换向器变形 4. 并头套开焊 5. 刷距、极距不等	1. 选用抑制火花能力强的电刷 2. 调整电刷到中性线上 3. 车圆换向器 4. 补焊并头套 5. 调整刷距、极距
4	换向器磨损快呈铜本色	1. 电刷磨损率太大 2. 电刷与换向器接触不良 3. 电刷电流密度太低 4. 电刷中含有碳化硅和金刚砂 5. 湿度过低 6. 空气中有耐磨性尘埃	1. 选用润滑性好的电刷 2. 改善接触面 3. 去掉部分电刷 4. 选用合适电刷 5. 人工建立氧化膜 6. 净化周围空气
5	换向片边缘毛刺	1. 电刷卡死在刷握内 2. 刷握加垫太多 3. 电刷振动 4. 高摩擦 5. 维护不当	1. 保证电刷在刷握内自由活动 2. 改用整垫 3. 处理换向器表面,减小电刷与刷握间隙 4. 改善滑动接触或选用润滑性能好的电刷 5. 定期清扫换向器、改善滑动接触
6	环　火	1. 换向不良 2. 片间电压太高 3. 短路或重负荷冲击 4. 电枢绕组开焊 5. 维护不良	1. 改善换向 2. 防止过电压 3. 减轻负荷,排除短路 4. 补焊电枢绕组 5. 加强换向器表面清理
7	氧化膜颜色不正常	1. 换向器温度太高 2. 电刷型号不对 3. 有害性气体 4. 油附着	1. 改善通风条件 2. 更换电刷 3. 防止有害性气体进入 4. 防止油雾进入
8	抖动和噪声	1. 换向器变形、突片 2. 电刷型号不对 3. 电刷压力不合适 4. 电刷与刷握间隙太大 5. 电刷倾斜角不适当 6. 电动机振动 7. 湿度过低	1. 车圆换向器 2. 选用合适电刷 3. 调整电刷压力 4. 调整电刷与刷握间隙 5. 调整倾斜角 6. 校正平衡、消除振动 7. 增加风道湿度
9	电刷异常磨损和破损	1. 换向不良 2. 换向器表面粗糙 3. 电刷压力太大 4. 电刷、刷握振动大 5. 电刷质量不好 6. 接触面温度太高 7. 湿度过低	1. 改善换向 2. 车光换向器 3. 调整电刷压力 4. 改善电刷润滑条件,减小电刷与刷握间隙 5. 更换电刷 6. 改善通风冷却条件 7. 通风道喷雾增加湿度
10	电刷电流分布不均	1. 电刷压力不等 2. 不同型号电刷混用 3. 电刷与刷握间隙太小 4. 电刷粘结在刷握内孔 5. 刷瓣螺钉未拧紧	1. 调整电刷压力,力求一致 2. 改用同一型号电刷 3. 调整间隙 4. 清理刷握内孔 5. 紧固刷瓣螺钉

续表4-7

序号	故障现象	故障原因	处理方法
11	电刷表面镀铜	1. 云母突出或有毛边 2. 温度太高 3. 湿度太低 4. 氧化膜能力差,含研磨成分太多 5. 油污	1. 重新下刻倒棱 2. 改善通风冷却条件 3. 增加风道湿度 4. 选用合适型号电刷 5. 防止油雾进入电动机内
12	电刷与换向器温度高	1. 电动机过载、堵转 2. 电刷压力太大 3. 电刷型号不对 4. 通风不良 5. 强烈火花 6. 高摩擦	1. 改善电动机运行状况、减轻负荷 2. 调整电刷压力 3. 更换电刷 4. 改善通风 5. 改善换向不良 6. 改善滑动接触条件

4.3.2.3 电刷故障及处理

电刷故障及处理见表4-8。

表4-8 电刷故障及处理

序号	故障现象	故障原因	处理方法
1	电刷磨损严重	1. 电刷型号不对 2. 换向器偏心,摆动或云母绝缘片凸起。	1. 更换合适的电刷 2. 进行修理
2	电刷磨损不均匀	1. 刷握上弹簧压力不均匀 2. 电刷质量不一致	1. 调整各弹簧压力 2. 更换电刷
3	电刷或刷握过热	1. 电刷压力过大 2. 电刷型号或质量不一致 3. 电动机过载或通风不良	1. 调整电刷压力 2. 更换电刷 3. 减轻负荷或改善通风
4	电刷在电动机运行中出现噪声	1. 电动机转速超过额定值 2. 电刷工作面未磨好 3. 电刷摩擦系数过大	1. 将电动机转速调整至额定值 2. 重新研磨 3. 更换摩擦系数较小的电刷
5	电刷在运行中破损、边缘碎裂	1. 电动机振动过大 2. 电刷质软或较脆	1. 减轻电动机振动 2. 更换质量合适电刷
6	电刷引线烧坏或变色,引起脱落	1. 各刷握弹簧压力不均匀 2. 电刷与引线之间铆压不好	1. 调整各弹簧压力 2. 更换电刷
7	电刷下火花较大	1. 电动机过载 2. 电刷不在中性线上 3. 换向极绕组接反 4. 换向器偏心、摆动或云母片凸起	1. 减轻负荷 2. 调整中性线 3. 改正接线 4. 修理换向器

4.4 冶金用三相异步电动机的故障检测与维护

冶金用三相异步电动机是用于驱动各种形式的冶金设备中的辅助机械的专用系列产品。它具有较大的过载能力和较高的机械强度,特别适用于短时或断续周期运行,频繁启动和制动。能承受较大负荷及冲击负荷,因此温升较高。

冶金用三相异步电动机的故障检查和处理方法与一般三相异步电动机一样,首先根据电动机事故现象,进行分析检查,确定电动机事故性质,找出故障点,再根据电动机故障及损坏情况进行处理。电动机在运行中出现故障时,根据事故现象对电动机和控制系统同时分析检查,在排除电气线路和控制系统故障之后,再检查电动机故障,并予以排除。

(1) 故障检查。

1) 用兆欧表检查三相绕组之间及其对地的绝缘电阻是否符合要求,并确定绕组有无接地或断线开路现象。

2) 用电桥检查三相绕组的直流电阻是否符合要求(正常时应相等),以确定绕组有无开焊、接触不良或匝间短路现象。

3) 在上述两项检查正常时,可通电进行空载试运行,检查三相电流是否平衡和运行噪声及振动情况,确定电动机装配、轴承磨损、机械零部件损坏及绕组故障等情况。如果检查仪表指示及运行情况不正常,就必须将电动机解体进行检查,找出故障。

(2) 故障原因。

1) 定子绕组绝缘电阻降低、绕组或连接线短路及接地。

2) 出线孔处定子绕组短路

定子出线孔在机座上方,金属粉尘及异物易掉进孔内,当受电磁振动作用,使绕组导线绝缘磨损,引起绕组匝间短路。

3) 转子绕组绝缘电阻降低、绕组或连接线短路及接地。

4) 转子端部绕组甩开。

5) 转子集电环绝缘电阻降低、短路和接地。

(3) 故障处理。

1) 绝缘电阻降低。要经常清扫干燥或彻底清洗干燥,包扎绝缘、浸漆和喷漆处理。

2) 个别绕组接地。若有明显接地点,在清扫和干燥处理后仍无好转时,应更换接地绕组或临时甩掉接地绕组,大修时全部更换新绕组。

3) 三相绕组接地。若绕组灰尘和油污过多、受潮严重,应进行清洗干燥,若仍无好转,可能绝缘老化或有短路接地现象。

4) 三相直流电阻不平衡。若接头接触不良,会引起一相电阻增大,若有匝间短路或原来匝数有问题,将会引起一相电阻小。若接触不良,应重新补焊。若匝间短路,应进行局部修理或做临时"甩掉"处理,最终应全部更换新绕组。

5) 三相定子绕组电流不平衡(且三相绕组直流电阻相等)可检查定、转装配气隙是否平衡。如转子三相绕组电阻也相等,还应检查转子引线外端接头、集电环及外接引线接触是否良好。

复习思考题

1. 通过各种渠道查找资料,统计所在岗位或地区电动机各种故障发生的几率。
2. 日常检查时,看什么,听什么,摸什么,闻什么,问什么?
3. 电动机不能启动如何处置?
4. 哪些故障会造成一启动熔丝就断?
5. 发现电流表指示异常如何处置?

6. 哪些原因造成电动机运行中出现异常振动?
7. 直流电动机故障率高的部位有哪些?
8. 列出换向过程中易出现的故障,如何处置?
9. 电刷易出现的故障及处理方法?
10. 简述冶金用电动机的特点。
11. 造成电动机堵转的原因有哪些?
12. 更换电动机时应注意哪些事项?

5 断路器的故障检测与维护

5.1 断路器的种类

按照工作电压,断路器分为高压断路器和低压断路器。

高压断路器的种类较多,按灭弧和绝缘介质情况可分为:充油、充气、磁吹、真空等;目前6～35kV系统中使用最为广泛的是油断路器和真空断路器。油断路器按油量可分为:少油和多油两类。多油断路器用油来消灭电弧,并使载流部分互相绝缘并与接地的油箱绝缘;少油断路器只能用来灭弧而不作绝缘用。目前应用最广的高压油断路器有DW8－35型多油断路器和SN10－10型少油断路器。在10kV配电装置中,常用少油断路器。由于少油断路器具有结构简单等优点,所以应用较广。

低压断路器又称自动空气开关,可用来接通和分断负荷电路,也可用来直接控制不频繁启动的电动机及操作或转换电路之用;可对交直流低压电网内的设备进行有效保护,使之免受短路、过载和欠电压等不正常情况的危害。

常用的低压断路器有塑料外壳式断路器、框架式断路器、限流式断路器、漏电保护断路器等。

5.2 断路器的维护

断路器依靠经常检查维修来保持其性能,以便及早发现不良部位,使事故防患于未然。检查维修时既要熟悉断路器的结构和性能,又要掌握该断路器的正确维护方法,因此,必须根据具体的计划进行检查维修。而当发现不良部位或发生事故时要仔细地研究其原因,积极地设法采取措施以保持其性能。

具体的方法是备齐断路器的使用说明书、调整方法、试验记录等。每一断路器建立使用记录表,连续认真地在表内记录检查维修和修理过的情况要点以及故障情况,作为维护该断路器和制定改进措施的资料。

断路器的维护一般分为巡视检查、定期检修(小修、大修)、临时检修。

(1) 巡视检查。运行状态下,从断路器的外部监视器判断有无异常。

(2) 小修。停止运行后校核和保持断路器的功能作为主要目的的外部检查维修。

(3) 大修。停止运行后把断路器拆开来进行检查维修,主要目的是校核和恢复断路器的功能,同时根据标准更换部件。

(4) 临时检修。断路器分断故障电流的次数达到规定值后,或者切合符合电流的次数达到规定值后,以及发现有其他不正常现象时采取的临时检查维修。

5.2.1 油断路器的维护

5.2.1.1 日常检查要点

断路器在运行中的巡视检查和进行定期检查维修时发现的故障较多。因而以目测进行日常检查时,需要特别细心。

巡视检查和运行监视时,检查下列部位:

(1) 瓷套管。检查瓷套管的污损、积雪情况。由于瓷套管污损会引起电晕放电,小雨、浓雾、雪融化时容易发生闪络事故,所以应加注意。发现瓷套管有破损、龟裂时应该检查损伤程度,决定是否可以继续使用。

(2) 接线部分。检查有无异常过热,异常过热时多数会产生变色或有异常气味。

(3) 通断位置指示灯。要注意灯泡有否断丝,指示灯的玻璃罩有否破损。

(4) 油位计。目测检查油面的位置、油的颜色。油面的位置显著低于正常位置时应停电并补充油。油的颜色显著炭化或变色时应进行详细检查。

(5) 压力表。检查压力表的读数是否符合规定的值,如果不符合规定时应该检查是减压阀不正常、还是压力表不正常。

(6) 操作机构箱。检查有无雨水侵入、尘埃附着情况,绕组发热是否不正常。

(7) 操作机构。操作机构的连杆有无裂纹,少油断路器的软连接钢片有无断裂。

(8) 有无异常气味、响声。

(9) 接地线。金属外皮的接地线是否完好。

(10) 负荷电流。是否在额定值范围之内。

(11) 多油断路器的钢绳提升机构是否完好。

断路器中结构部件的材质和强度是经过充分试验研究后才采用的,通常不会考虑到部件的破损。但是在极少的情况下也会出现因使用多年而老化,材质不均匀,制造管理上的问题而引起破损的情况。下面列述通过目测可以检查的项目:

(1) 连接各构件的销子、开口销、挡圈等折断、脱落;

(2) 各种弹簧的变形、折断;

(3) 瓷套管等发生破损、龟裂;

(4) 辅助开关中的绝缘材料、结构部件的碎裂;

(5) 传动机构的联板、联杆类的变形、损坏;

(6) 铸件、锻件发生裂纹、损坏;

(7) 阀和阀的密封面变形、发生裂纹;

(8) 断路器的绝缘结构件损坏,外包绝缘层损坏;

(9) 灭弧室、触头发生裂纹、损坏。

5.2.1.2 定期检修

小修、大修等定期性的检查维修是发现断路器故障的极好机会。由于定期检修是在断路器停止运行后进行的,检修时要特别注意安全。图 5-1 列出了压缩空气操作的油断路器进行小修时的作业流程。图 5-2 列出了大修时的作业流程。表 5-1 列出了这些检修的质量标准。

在“操作”时要查明动作不良的原因要做很多工作,对操作机构的检查如能按大修的作业流程以分合特性试验为主来进行更好。

另外,对使用已久的断路器,在定期检修时需要特别关心它的使用寿命。一般断路器的使用寿命在不断进行定期检修的情况下约为 20 年。

不同型号、不同类型的断路器的质量标准存在差异,在检修须应用相应的质量标准进行检查。

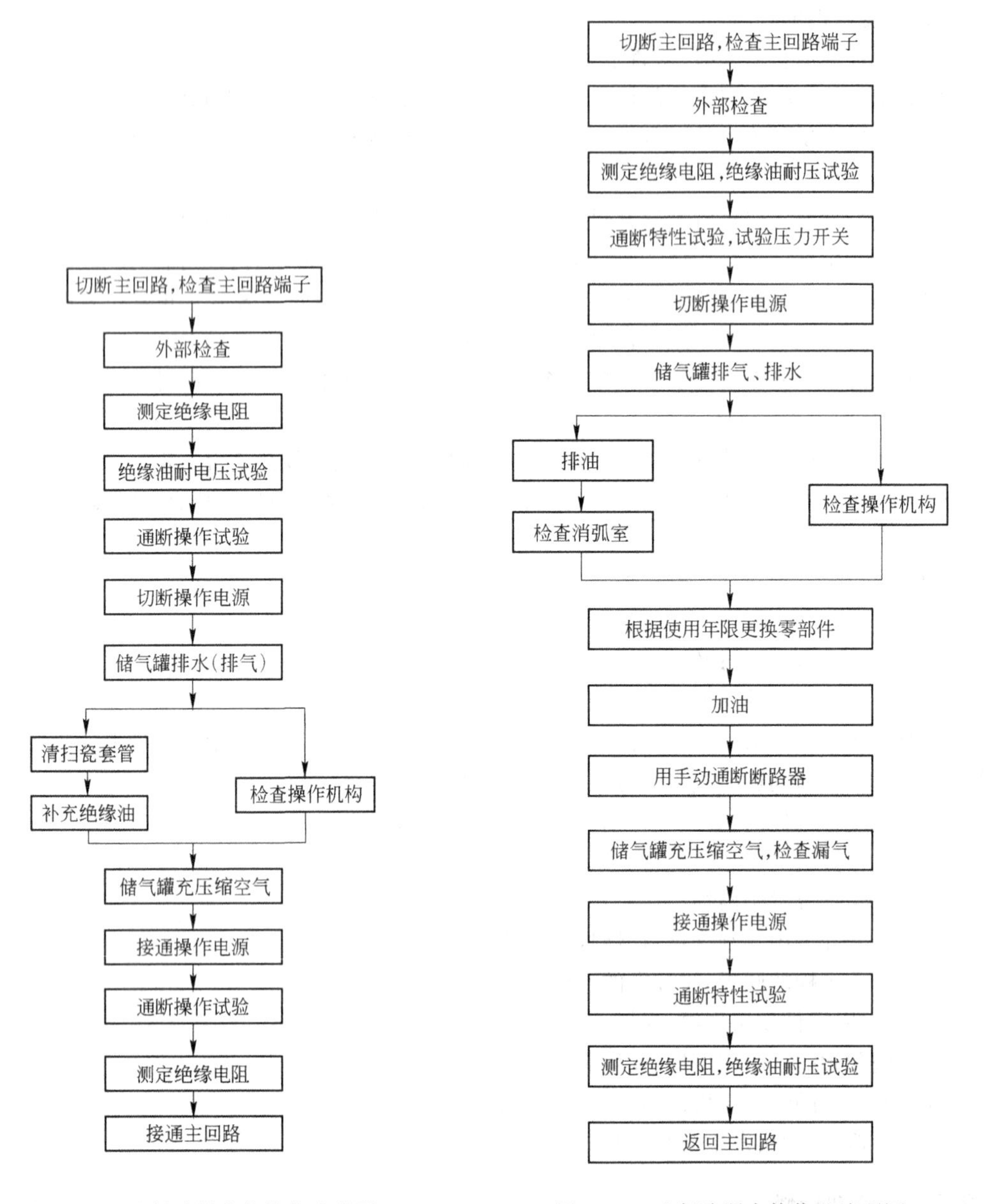

图5－1　油断路器小修作业流程图　　　　图5－2　油断路器大修作业流程图

表5－1　油断路器的检修质量标准

序号	作业名称	作　业　内　容	质　量　标　准	测试仪器
1	切断主回路	把断路器同主回路切断，并把进出线两端接地		
2	检查主回路端子	目测检查主回路端子	外表上应当没有腐蚀、裂缝等不正常现象；核实端子紧固状态	
3	外部检查	检查油位计的指示，分合位置指示器、分合位置指示灯的指示；检查瓷套管的污损状况，有无龟裂、损坏		

续表 5-1

序号	作业名称	作 业 内 容	质 量 标 准	测试仪器
4	测定绝缘电阻	用1000V兆欧表测定主回路导电部分的绝缘电阻;用500V兆欧表测定低压回路的绝缘电阻。	主回路导电部分66kV及以上1000MΩ;66kV以下500MΩ;低压回路2MΩ	1kV、500V兆欧表
5	绝缘油的耐电压试验	测定绝缘油的击穿电压	电压等级: 击穿电压: 66kV以上 20kV以上 22~33kV 15kV以上 22kV以下 10kV以下	绝缘油击穿电压试验器
6	通断操作试验（小修时）	使用通断操作开关进行数次通断操作,判明下述各情况: (1) 通断指示的状态 (2) 操作前后压力表的读数(适用于压缩空气操作的场合) (3) 判明操作计数器的动作 (4) 有无漏气声、漏油		
7	通断特性试验（大修时）	用示波器测定下述特性: (1) 闭合时间 (2) 触头固有断开时间 (3) 三相触头不同时接触的时间 (4) 自由脱扣试验 (5) 最低动作压力,电压 (6) 测定空气消耗量(适用于压缩空气操作的场合) (7) 检查压力表	应与出厂试验或安装时测定的数据无差别	示波器
8	试验压力开关	测定触头的动作情况和复位时的压力值	应在标准规定的压力值以内	
9	排气、排水	储气罐、管道排气的同时排水		
10	排 油	使用滤油机回收绝缘油,清理灭弧室		滤油机
11	检查触头系统	(1) 检修灭弧室、绝缘连杆 (2) 检修触头组件 (3) 调整接触状态		
12	检查操作机构（小修时）	(1) 清理操作机构,加油 (2) 核实低压回路接线的紧固情况		
13	检查操作机构（大修时）	(1) 检修弹簧生锈、变形损伤部分 (2) 调整行程和锁扣部位 (3) 检查各紧固部位、销类有无不正常 (4) 清理操作机构并加油 (5) 检修辅助开关 (6) 调整油缓冲器并换油 (7) 检修各类阀门		

续表5-1

序号	作业名称	作业内容	质量标准	测试仪器
14	根据期限更换部件	把已达到使用年限的零部件更换掉		
15	加　　油	通过滤油机加入新油或滤过的油		滤油机
16	手动通断断路器	手动操作通断断路器，核实触头接通、断开位置		
17	检查漏气	储气罐充压缩空气，检查有无漏气		
18	通断操作试验	同序号6		
19	通断特性试验	同序号7		
20	绝缘油耐电压	同序号5		
21	测定绝缘电阻	同序号4		
22	接通主回路	把主回路接通，拆除接地线		

5.2.2　真空断路器的维护

真空断路器装置以基本上不需要维修的真空开关管（又称真空灭弧管）为主体组装而成，它的操作机构由于动作行程短，结构简单，零部件也少，因而故障少，而其他开关电器的操作机构与之相比故障很多。另一方面，真空断路器装置维修也方便，可以说是理想的断路器装置。不过，除掉一部分杆上真空负荷开关外，真空断路器装置不是完全不需要维修的，适当的检查和维修可以充分发挥它的优越性。

5.2.2.1　真空断路器维修检查的种类

真空断路器的维修检查可以分为巡视检查、定期检查和临时检查。

（1）巡视检查。在巡视检查整套设备过程中，从外部监视处于使用状态下的真空断路器有无异常。

（2）定期检查。为了使真空断路器经常保持良好状态，可靠地履行接通、分断负荷电流，分断故障电流、闭合送电等职能，应该每隔一定时间将真空断路器停役进行检修。根据检修内容可分为小修和大修两类。

（3）临时检修。遇到下述情况，对认为有必要进行检修的部位临时进行检修。

1）通常运行状态下认为有异常现象时；

2）在巡视检查、定期检查中发现有异常现象时；

3）分断过几次事故电流后；

4）完成了预定次数的分断负荷电流和无负荷的断开、闭合后；

5）使用环境的恶劣，由于过多的尘埃、盐雾或有害气体造成显著污秽时；

6）执行了大大超过额定值条件的操作时，或以其他不合理的方法使用时；

7）为防止发生其他同类电器上曾经发生过的同类事故时。

5.2.2.2　真空断路器的检查周期

检查周期是根据真空断路器不同的使用状态、断开/闭合频度、分断电流大小等而异，不同制造厂生产的产品检查周期也多少有所区别,但一般情况下的检查周期如表5-2所示。

表5-2 检查周期

<table>
<tr><td rowspan="2">检查类别</td><td colspan="2">检 查 周 期</td><td rowspan="2">以断开、闭合次数确定的周期</td></tr>
<tr><td>一 般 环 境</td><td>恶 劣 环 境</td></tr>
<tr><td>巡视检查</td><td colspan="2">日常巡视检查时</td><td>1000次</td></tr>
<tr><td rowspan="2">定期检查</td><td>第一次1~2年</td><td rowspan="2">1~2年</td><td rowspan="2">5000次</td></tr>
<tr><td>第二次及以后6年</td></tr>
<tr><td>临时检查</td><td colspan="3">根 据 需 要</td></tr>
</table>

在化工厂、钢铁厂等恶劣气氛的环境中使用的真空断路器,其检查周期必须比一般环境中的要短。另外,像控制电炉用的断开、闭合频度高的真空断路器,检查周期有必要根据断开、闭合次数来决定。

5.2.2.3 真空断路器维修检查时的一般注意事项

检查维修真空断路器时必须注意下列各项:

(1) 对运行状态下真空断路器进行外观检查时,要防止不小心进入危险区域内;

(2) 需要用手直接触及真空断路器进行检修时,真空断路器必须处于"分断"状态,同时还必须断开真空断路器的主回路和控制回路,并将主回路接地后才可以开始检修;

(3) 真空断路器中采用电动的弹簧操作机构时,一定要松开闭合弹簧后才可以开始检修;

(4) 真空断路器上装有浪涌吸收器(又称阻容保护回路)时,一定要按照使用说明书和铭牌上规定的注意事项,根据需要或是把它卸下,或是采取接地等措施;

(5) 必须充分注意,勿使真空开关管的绝缘壳体、法兰的熔接部分和排气管的压接部分碰触硬物而损坏;

(6) 真空开关管外表面沾污时,要用汽油之类的溶剂擦拭干净;

(7) 进行检修操作时,不得麻痹疏忽,掉落工具;

(8) 不允许用湿手、脏手触摸真空断路器;

(9) 绝对不允许将真空断路器当作踏脚平台,也不允许把东西放在真空断路器上面;

(10) 拆卸真空断路器零部件的程度不得超过实际需要;

(11) 必须注意,松动的螺栓、螺帽之类的零件要完全拧紧;弹簧挡圈之类的零件用过之后,禁止再使用;

(12) 检查工作结束时,一定要查清有没有遗忘使用过的工具和器材。

5.2.2.4 真空断路器检查要点

要正确检查真空断路器,就必须阅读专业书籍获得有关基本知识,并且认真阅读制造厂的使用说明书,充分了解它的结构、动作过程和性能,这是极为重要的,对各种电器设备也同样如此。

真空断路器检查的具体内容如下:

A 巡视检查

检查内容见表5-3。

表 5－3 巡视检查

检查项目	检 查 内 容	备 注
一级外部检查	核实通断指示器或指示灯的指示是否正确 核实动作次数计数器上的读数 有无发生不正常声音、臭味等 有无部件损伤、碎片脱落、附着异物 接线端子有无过热变色 绕组有无过热变色	巡视检查时一旦发现不正常现象，应该立刻停用真空断路器，查明原因

B 定期检修

定期检修是在真空断路器停役后进行的，其目的是核实、保持或修复到其原有的功能。以下将真空断路器分为真空开关管、高压带电部分、操作机构和控制部分来叙述各个部分的检查要点。

（1）真空开关管的检查要点。真空开关电器的最大特征是触头封在真空灭弧管的绝缘外壳内，触头寿命长，不需要检查和更换。为此，真空开关管是在严格质量管理下使用现代化设备制造而成的，能保证长寿命。

但是，在下列情况下需要进行检查，必要时可以采取更换真空开关管等措施。

1）真空开关管已达到了制造厂所保证的通断次数时；

2）真空开关管已达到了指定的检查周期时；

3）分断事故电流之后；

4）其他如外观上发现异常时。真空开关管的寿命由触头磨损和真空度这两项指标来判定。检查要点见表 5－4。

表 5－4 真空开关管的检查要点

检查项目	检 修 内 容
外观检查	检查外观有无异常，特别是外表面有无污损 如果真空开关管的绝缘外壳表面沾污，用干布擦干净
触头磨损量的测定	用触头超行程尺寸的变化来判定时： 在真空断路器闭合状态下测定超行程的尺寸，如果小于规定的尺寸（最初触头超行程大小减去触头允许磨损量），则更换真空开关管 在真空断路器闭合状态下用肉眼检查能否看见套着触头超行程弹簧的连杆上的红色标记，如果看不见，则更换真空开关管 根据目标线来判断时： 用肉眼检查真空开关管可动轴部分的目标线。如果看不见目标线，就更换真空开关管
断开、闭合次数	根据计数器的读数确定真空开关管的断开、闭合次数。断开、闭合次数达到一万次时进行真空开关管的耐电压试验，达到二万次时更换真空开关管
真空度的判定	用耐电压试验方法来判定真空度时： 使真空断路器处于断状态，在真空开关管的触头间加上电压来判定真空度。测定方法是用调压器以 20kV/分钟的升压速度一直升到真空断路器的工频耐电压值。如果电压上升过程中，因放电使电流表指针转动，则立即降低电压到零，然后再上升电压。这样重复操作 2～3 次。如果真空开关管能承受工频耐电压值 10s 以上，则认为正常。真空开关管不正常时，随着电压上升，电流也增大，电流表指针偏转就超过刻度 用吸气剂薄膜颜色的变化来判定真空度时： 当真空开关管的玻璃外壳内壁涂着钡吸气剂薄膜时，可用这一吸气剂薄膜颜色的变化来判定真空度是否良好。真空度良好时吸气剂薄膜呈银镜面状态。一旦真空度变差，吸气剂薄膜就呈乳白色。但是在真空度变差的过程中，如果吸气剂薄膜变形，此时要判定真空度是否良好就有困难了

所使用的真空开关管达到保证寿命期限时或者发现有些不正常时，必须更换。更换操作比较简单，但真空断路器和真空负荷开关的制造厂不同，它们的更换程序也会不同，最好按照制造厂的使用说明书规定的程序进行更换。

一般的注意事项列述如下：

1）不可碰伤真空开关管的绝缘外壳、焊接部分、排气管等；

2）应该注意不要使波纹管受到扭力；

3）安装后应对三相的触头接触同期性、触头超行程尺寸等进行必要的调整。

（2）高压带电部分的检查要点。所谓高压带电部分是指把真空开关管的静导电杆和动导电杆接到主回路端子以接通电路的部分，它由支持绝缘子、绝缘套管等绝缘元件支架在真空断路器的框架上。通常，真空开关管的静导电杆固定连接在主回路母线上，而动导电杆是通过软连接或滑动接点之类与可动侧的主回路母线相连接的。

真空断路器处于运行状态时，高压带电部分经常被加上电压，故检查的要点是主回路对地之间、不同相的端子之间必须保持可靠的绝缘，同时保证高压带电部分正常地通过额定电流。因此，检查的主要项目集中到测定绝缘电阻和接触电阻二项。表5-5是高压带电部分的检查要点。

表5-5 高压带电部分的检查要点

检查项目	检修内容
外观检查	主回路导电部分的检查： 检查导电部分有无变色，核实夹紧状态是否正常 主回路端子部分的检查： 可动连接部件——检查接点油膏的附着状态和有无变色。如果油膏变色或硬化，擦掉旧的，涂上新的接点油膏 固定连接部件——核实夹紧状态是否正常。有松动的地方，需要拧紧 核实绝缘外壳、支持绝缘子等有无破损
测定绝缘电阻	使用1kV兆欧表测定绝缘电阻的标准值为： 主回路对地之间、同相接线端子之间、异相接线端子之间都是500MΩ以上。如果测定的绝缘电阻低于标准值，用干布擦干净绝缘件表面后再测定一次，若测得的绝缘电阻仍未提高，应查清原因
测定接触电阻	在真空断路器主回路端子间通过10～100A的直流电流，测定真空开关管两个端子间、主回路端子间等必须检测部位的电压降

（3）操作机构部分检查要点。真空断路器的操作机构同常用的油断路器等交流断路器的操作机构基本上无多大差别，但是前者的动作行程短、动作的冲击力也小，结构可靠性高，维修检查方便。

真空断路器的操作机构一般多采用电磁操作机构和电动的弹簧操作机构。前者用闭合电磁铁操作闭合。后者先用电动机使闭合弹簧储能，再释放这种能量来进行闭合操作。上述两种操作机构随制造厂不同而略有差异。对比这两种操作机构可知，电动的弹簧操作机构要比电磁操作机构复杂，仅这一点在维修时也要注意。

真空断路器的操作机构与一般机械的运动机构不同，前者平时保持在静止的状态，但一旦接到动作指令，必须按规定的断开、闭合特性可靠地动作。因为真空断路器是保护电器，绝对不允许有误动作或动作不可靠。为此，在定期检查时，一定要进行真空断路器的断开、闭合操作，以确保其动作可靠，这是极为重要的。

为了使操作机构经常能良好地动作，必须检查机构部分的润滑状态，根据情况进行清理、注油。表5-6列出了操作机构的一般检查项目。

表 5－6　操作机构的一般检查项目

检查项目	检　修　内　容
外观检查和检修	各紧固部分应拧紧，如有松动，予以拧紧
	元件生锈、变形、损伤的检修。锈得严重的部位用砂纸把锈砂除去，并涂上防锈油。元件变形损伤时应更换
	清理、注油。擦清严重沾污部位，注入制造厂指定的油
断开、闭合操做试验	手动断开、闭合操作试验 采用电磁操作机构的真空断路器： 用手操动手柄进行闭合操作，再用手按脱扣按钮执行脱扣操作。应确保真空断路器断开、闭合动作无异常 采用电动的弹簧操作机构的真空断路器： 用手操动手柄使闭合弹簧储能，然后用手按闭合按钮进行闭合操作，接着按下脱扣按钮进行脱扣操作。应确保真空断路器断开、闭合无异常
	自由脱扣试验 采用电磁操作机构的真空断路器： 用手操动手柄进行闭合操作，并保持在闭合位置上，并按下脱扣按钮使真空断路器脱扣。接着，慢慢地拨回手柄，核实能否进行下一次闭合操作 采用电动的弹簧操作机构的真空断路器： 操动手柄使闭合弹簧储能，然后按下脱扣按钮，接着按下闭合按钮，应确保断路器的脱扣先动作。接着，再次使闭合弹簧储能，核实能否进行下一次闭合操作
	通电断开、闭合操作试验：用导线接到真空断路器上控制回路接线端子，接通控制回路电源，应确认真空断路器能进行断开、闭合操作，无异常
断开、闭合和操作次数	断开、闭合操作试验时应核实真空断路器的断开、闭合指示和操作次数计数器能否正常工作
最低动作电压	测定最低闭合动作电压和最低脱扣动作电压的方法： 在闭合操作回路或脱扣操作回路内串联变阻器和直流电流表，调节变阻器电阻值来测定是小动作电流，再按下式求出最低动作电压 最低闭合动作电压＝最小闭合动作电流×测试中测得的对应电阻值 最低脱扣动作电压＝是小脱扣动作电流×测试中测得的对应电阻值

(4) 控制组件的检查要点。用电来操作真空断路器断开、闭合时所不可缺少的控制元件，例如辅助开关、控制继电器、熔断器、电源开关、端子排等，一般是装配成一个控制组件，安装在真空断路器内，成为它的一个组成部分。由于电磁操作机构与电动的弹簧操作机构的闭合电流大小不同，故两者所用的控制元件也有一部分不相同。也有把微动开关等元件安装在机构内各个部位上的情况。

定期检查时，一定要检查这些控制元件，对操作频度高的真空断路器最好检查各触头的接触电阻。表 5－7 为控制组件的检查要点。

表 5－7　控制组件的检查要点

检 查 项 目	检　查　内　容
控制回路元件	核实控制元件安装部分的夹紧状态，若有松动，予以夹紧
	核实辅助开关的动作，若动作不良，调整行程
	检查辅助开关触头的导通状态，若导通不良，用砂布把触头磨光或更换辅助开关
	检查控制接触器、控制继电器等触头的表面状态，触头表面被严重磨损，应更换触头
测定绝缘电阻	用 500V 兆欧表测定绝缘电阻。标准值：整个控制回路对地的绝缘电阻在 2MΩ 以上

5.2.3 低压断路器的维护

5.2.3.1 巡视检查要点

断路器除了在投入运行前需要进行一般性的解体检查外，在运行了一段时间后，还应经常巡视检查，以保证正常工作状态。

(1) 检查所带的正常最大负荷电流是否超过断路器的额定值。

(2) 检查触点系统和导线连接点处有无过热现象，对有热元件保护装置的更应特别注意。

(3) 检查电流断开/闭合状态、辅助触点与信号指示是否相符。

(4) 监听断路器在运行中有无不正常的响声。

(5) 检查传动机构有无变形、锈蚀、销钉松脱现象，弹簧是否完好。

(6) 检查相间绝缘，主轴连杆有无裂痕，表面剥落和放电现象。

(7) 检查脱扣器工作状态，整定值指示位置与被保护负荷是否相符、有无变动，电磁铁表面及间隙是否正常、清洁，短路环有无损伤，弹簧外观有无腐蚀，脱扣绕组是否有过热现象及不正常响声。

(8) 检查灭弧室的工作位置有无受振动而移动，有无破裂和松动情况，外观是否完整，有无喷弧痕迹及受潮现象，是否有因触点接触不实而发出放电响声。

(9) 当灭弧室损坏时，无论是多相还是一相，都必须停止使用，应修配、装齐后才允许运行，以免在断开时造成飞弧现象，引起相间短路而扩大事故。

(10) 当发生长时间的负荷变动(增加或减少)时，应相应调节过电流脱扣器的整定值，必要时更换开关或附件。

(11) 断路器因发生短路故障而掉闸或有喷弧现象时，应解体检查，重点是检修触点系统和灭弧室。

(12) 检查绝缘外壳和操作手柄有无裂损现象。

(13) 检查电磁铁机构及电动机闭合机构的润滑是否良好，机件有无裂损状况。

(14) 检查辅助触点有无烧蚀现象。

(15) 在运行中发现断路器过热，应立即设法减少负荷，以观察是否继续发热，在允许停电的情况下，停止运行并做好安全措施，对接触部分进行检修。

5.2.3.2 维护与检修

断路器是一种比较复杂的电器，需要经常进行维护与检修，在正常情况下应做到以下几点：

(1) 在使用前必须将电磁铁工作面的防锈油脂抹净，应清洁平滑、无锈蚀、毛刺及污垢，以免影响磁系统的正常动作，并检查衔铁和弹簧活动是否正常，动作应无卡住，热元件的各部位有无损坏，其间隙是否正常。

(2) 操作机构在使用一定次数后(约1/4机械寿命)，应定期在机构的转动部分和摩擦部位(小容量塑料外壳式机构除外)加润滑油。

(3) 在定期检修时，一般每半年检查一次，在断开短路电流后也要进行检查，应清除落到断路器上的灰尘，以保证绝缘良好。

(4) 灭弧室在因短路分断或较长时间使用后，应检查弧栅片的完整性并清除内壁和栅片上的金属颗粒和黑烟。外壳应完整无损，长期未使用的灭弧室，在使用前应先烘烤一次，以保证绝缘良好。

(5) 断路器的触点在使用一定次数后，如果触点表面发现有毛刺、颗粒等，应及时清除或修整，保持触点原有形状，以保证接触良好。

(6) 定期检查各脱扣器的电流额定值，如发现脱扣器动作不准，要改变其整定电流值。

(7) 检查触点的压力，有无因过热而失效，调节三相触点的位置和压力，使其保持三相同时闭合。并保证接触面积完整，接触压力一致。

(8) 用手动缓慢断开、闭合开关，检查辅助触点的常闭、常开触点的工作状态是否符合要求并检查辅助触点表面，如有损坏应更换。

(9) 全部检修后，应做几次传动试验，检查动作是否正常，对有电气联锁系统，必须要确保动作准确无误。

(10) 当断路器损坏后，选配新的断路器时应注意：

1) 断路器的电流、交流或直流、频率、电压和极数等应与原来的相同。

2) 脱扣器的型式、额定电流值和动作特性等应与原来相同。

3) 分断能力应小于原来的断路器。

4) 操作方式也应尽量与原来断路器相同。

5.3　断路器常见故障与处理

5.3.1　高压断路器常见故障及处理

5.3.1.1　油断路器的操作机构合不上闸

(1) 操作机构的控制回路由于熔断器熔体熔断无直流电源，使操作机构合不上闸，应检查并排除故障后更换相同规格的熔体。

(2) 闭合绕组由于操作频繁，温度过高，甚至损坏，应尽量减少操作次数，当闭合绕组温度超过65℃时，应停止操作，待绕组温度降低到65℃以下时再进行操作。

(3) 直流电压低于闭合绕组的额定电压，导致闭合时虽然机构能动作，但不能闭合，应调高直流电源电压，满足闭合绕组的使用电压。

(4) 闭合绕组内部铜套不圆、不光滑或铁心有毛刺而引起卡住，使操作机构合不上闸，可将铜套进行修整，去掉铁心毛刺，并进行调整以排除卡阻。

(5) 闭合绕组内的套筒安装不当或变形，影响闭合绕组铁心的冲击行程，应重新安装，手动操作试验，并观察铁心的冲击行程并进行调整。

(6) 闭合绕组铁心顶杆太短，定位螺钉松动，使铁心顶杆松动变位引起操作机构合不上闸，可调整滚轮与支持架间的间隙，并紧固螺钉。

(7) 辅助开关触点接触不良，使操作机构合不上闸，应调整辅助开关螺钉与连杆的角度及拉杆与连杆的长度，或更换触点。

(8) 操作机构安装不当，使机构卡住不能复位，应检查各轴及连板是否卡住，并进行相应处理。

5.3.1.2　油断路器的操作机构不能断开

(1) 断开绕组无直流电压或电压过低，应检查调整直流电源电压，达到闭合绕组的使用电压。

（2）辅助触点接触不良或触点未予切换，应调整辅助开关或更换触点。

（3）断开铁心被剩磁吸住，可将铁顶杆换成黄铜杆，而黄铜杆必须与铁心用销子紧固。

（4）断开铁心挂在其周围的凸缘，可将铁心周围凸缘的棱角进行修整，使铁心不致挂住。

（5）断开绕组烧坏，应找出原因并更换绕组。

（6）断开绕组内部铜套不圆、不光滑，铁心有毛刺而卡住，应对铜套进行修整，去除铁心毛刺，以消除卡住现象。

（7）连板轴孔磨损，销孔太大使转动机构变位，应检查连板轴孔的公差是否符合要求，超过时必须更换。

（8）轴销窜出，连杆断裂或开焊，可用手动打回冲击铁心使开关分开，再检查连杆、轴销的衔接部分，进行更换或焊接。

（9）定位螺钉松动变位，使传动机构卡住，应将受双连板击打的螺钉调换方向或加设销紧螺母，以免螺钉松动变位。

5.3.1.3 油断路器渗漏油

（1）基座转轴油封漏油。

1）基座中的油封配合太紧将油封挤破，应更换油封圈且配合不宜太紧。

2）转轴上有毛刺将油封圈的内圆划破，应去掉转轴上的毛刺，并更换油封圈。

3）基座孔端面加工粗糙，可用砂布对转轴和孔进行磨光处理。

4）油封垫未压紧，应在外面紧固压紧油封垫。

5）油封变形、磨损或骨架橡胶油封有气孔、裂纹破损，可拆下检查并更换油封垫。

6）断路器断开短路电流时，断路器本身内油压力增高，使油沿轴冲出，造成漏油，可选用双口油封增加油封的抗压力。

（2）放油阀漏油。

1）放油阀的螺钉孔平面有残漆及表面凹凸不平，可用锉刀将螺孔平面修整，并将红纤维板垫片换成橡胶圈，使螺钉旋紧时沟槽处保证可靠密封。

2）放油阀失灵，应将放油阀的尼龙堵头换成金属堵头或更换新的放油阀。

（3）基座缓冲器油封漏油。

橡皮圈与油封配合太紧，橡皮圈压缩后出现永久变形导致密封不严，或橡皮圈与油封配合太松，油封压缩量小使橡皮圈压不紧而造成漏油，可更换油封圈，使橡皮圈压缩到原来尺寸的1/2～2/5为宜，并在油封圈表面涂以少量密封膏来防止加工表面有微小孔引起漏油。

（4）大绝缘筒上下端油封漏油。

1）橡皮圈断裂或移位，应更换密封圈或移动位置。

2）橡皮密封圈与油封槽尺寸配合太紧，被压缩后产生永久变形，甚至压碎，应尽量选用尺寸合适的密封圈或将油封槽重新按密封圈的大小进行加工。

（5）油位计渗漏油。

1）油位计安装位置不当，使橡皮圈的切孔位置不合适或未压紧，可将油位计重新安装，适当压紧橡皮圈。

2）油位计破碎及附件玻璃管端口不平或破裂，应更换油位计及附件。

（6）油箱焊缝渗漏油。对油箱焊缝渗漏油应采取补焊的方法，补焊时应将油箱内的油放干净，并做好防火措施，避免残油炭化燃烧引起事故。

5.3.1.4　油断路器的动作不灵活，动静触点超程过大或三相闭合不一致

（1）动作不灵活。可拆下绝缘拉杆，用手转动底罩上的拐臂使其灵活。

（2）超行程过大。可调节拉杆的长度与油缓冲器塞杆的高度来达到要求。

（3）三相闭合不一致。可调节绝缘拉杆长度来满足同期性，闭合时三相动、静触点不一致程度不得超过3mm。

5.3.1.5　油断路器的导电部分接地

（1）多油断路器引出、引入导电杆绝缘不良或少油断路器支持绝缘子污秽及拉式绝缘子绝缘不良，均能造成导电部分接地。应定期进行预防性试验，清扫或清洗瓷套或绝缘子，必要时涂上防污涂料或采用爬电距离大的绝缘子或瓷套，防止接地故障发生。

（2）多油断路器拉杆螺钉松脱，导电触点碰到油箱，或软铜片折断触及箱壁都会造成导电部分接地，应紧固拉杆螺钉或顶丝，开关在断开、闭合时不要将软铜片受压打折或过于拉紧。

（3）检修后接地线忘记拆除，造成送电后接地。应严格按规程操作，送电前必须有专人检查并拆除接地线，严禁事故发生。

5.3.1.6　断开、闭合速度不符合要求

（1）断开、闭合速度同时减慢，应重新装配或注入润滑油脂。

（2）断开、闭合速度减慢或加快，应调整分闸弹簧触头，压缩弹簧、闭合缓慢弹簧等。

5.3.1.7　操作机构在电压偏低时不能断开、闭合

（1）不能断开。

1）定位止钉位置太低，应调整止钉位置。

2）脱扣器松动，应紧固脱扣器。

3）脱扣器铁心动作不灵活，应调整脱扣器方向，使铁心无卡住现象。

4）分闸电压偏低，操作时当分闸绕组的电压低于60%时，应调整到65%以上。

5）各传动部分不灵活，应进行检查并加润滑剂。

（2）不能闭合。

1）辅助开关切换过早，应调整辅助开关的连杆长度，使主触点接触后再切换。

2）闭合电压偏低，应加大电源容量或加大回路导线截面，以减少线路压降。

3）各传动部分不灵活，应进行检查并加润滑油。

5.3.1.8　操作机构的断开、闭合绕组烧坏

（1）电压过高，应降低电源电压。

（2）绕组绝缘老化或受潮，应更换绕组或将绕组进行干燥。

（3）辅助开关的触点未断开，绕组长时间通电，可调整辅助开关，能准确无误地进行切换。

（4）铁心卡住，应排除卡住现象，使铁心动作灵活。

5.3.2　低压断路器常见故障及处理

低压断路器的常见故障与处理方法见表5-8所示。

表 5－8 低压断路器的常见故障与处理方法

序号	故障现象	故 障 原 因	处 理 方 法
1	手动操作断路器触点不能闭合	1. 失压脱扣器无电压或脱扣绕组烧坏 2. 储能弹簧变形、导致闭合力减小 3. 机构不能复位再扣 4. 反作用弹簧力太大	1. 检查线路电压如正常,应更换绕组 2. 更换储能弹簧 3. 调整再扣接触面至规定值 4. 重新调整弹簧压力
2	电动操作断路器触点不能闭合	1. 操作电源电压不符 2. 电源容量不够 3. 电磁铁拉杆行程不够 4. 电动机操作定位开关失灵 5. 控制器中整流管或电容器损坏	1. 调整或更换电源 2. 增大操作电源容量 3. 重新调整或更换拉杆 4. 重新调整开关 5. 更换元件
3	有一相触点不能闭合	1. 断路器的相连杆断裂 2. 限流开关拆开机构的可折连杆之间的角度变大	1. 更换连杆 2. 调整到原来数值
4	分励脱扣器不能使断路器分断	1. 绕组断路或短路 2. 电源电压过低 3. 再扣接触面太大 4. 螺钉松动	1. 更换绕组 2. 检查电源电压并调节 3. 重新调整 4. 紧固螺钉
5	失压脱扣器不能使断路器分断	1. 反力弹簧力变小 2. 机构卡死 3. 如为储能释放,是储能弹簧断裂或弹簧力变小	1. 调整弹簧弹力 2. 排除卡死故障 3. 调整或更换储能弹簧
6	启动电动机时断路器立即分断	1. 过电流脱扣器瞬时整定值太小 2. 脱扣器反力弹簧断裂或落下 3. 脱扣器的某些零件损坏	1. 调整过电流脱扣器用时整定弹簧 2. 更换弹簧或重新安装 3. 更换脱扣器或更换损坏零件
7	断路器闭合后,一定时间后自行分断	1. 过电流脱扣器长延时整定值不对 2. 热元件或半导体延时电路元件变质	1. 调整或更换 2. 更换元件
8	失压脱扣器噪声	1. 反力弹簧力过大 2. 铁心工作面有污油 3. 短路环断裂	1. 重新调整弹簧力 2. 清除污油 3. 更换衔铁或铁心
9	断路器温升过高	1. 触点压力过分降低 2. 触点表面过分磨损或接触不良 3. 两个导电零件连接螺钉松动 4. 过负荷 5. 触点表面氧化或有污油	1. 调整触点压力或更换弹簧 2. 更换触点或更换断路器 3. 拧紧螺钉 4. 应立即设法减少负荷,观察是否继续发热 5. 清除氧化膜或污油
10	辅助开关发生故障	1. 辅助开关的动触点卡死或脱落 2. 辅助开关传动杆断裂或滚轮脱落 3. 触点不能接触或表面氧化,有污油	1. 拨正或重新安装好触桥 2. 更换传动杆和滚轮或更换辅助开关 3. 调整触点或清除氧化膜与污油
11	断路器跳闸	检查外观有无喷出金属细粒,灭弧室有无损坏	拆下灭弧室进行触点检查,检修或更换、清扫灭弧室
12	半导体过电流脱扣器误动作使断路器分断	在仔细寻找故障,确认半导体脱扣器本身完好后,多数情况下可能是外界电磁干扰	仔细寻找引起误动作的原因,如邻近大型电磁铁的影响、接触器的分断、电焊机等,应予隔离或更换线路

复习思考题

1. 按灭弧和绝缘介质断路器可分为哪几种？
2. 目前应用最广的高压断路器有哪几种？有何特点？
3. 巡视检查和运行监视时，重点检查哪些部位？
4. 接线部分易出现哪些故障？
5. 利用表面现象，如何发现接线有异常？
6. 接通断路器时应注意哪些事项？
7. 断开断路器时应注意哪些事项？
8. 对油断路器维修时，按什么流程进行？
9. 维修检查真空断路器时的一般注意事项？
10. 真空开关管的检查要点是什么？
11. 高压带电部分的检查要点是什么？
12. 操作机构部分检查要点及注意事项是什么？
13. 油断路器的操作机构合不上闸，如何处置？

6 电气线路的维护与检修

近年来,随着用电量的急剧增长,配电线上的负荷密度迅速增大,架空配电线路的电压逐步趋向高压化。而且由于杆上设备超大容量化的发展,架空配电线架设也随之变得愈来愈复杂。另一方面,随着自动化程度的提高,即使短时间的停电,也会给产品的质量和数量造成极大的损失。所以,电气线路的维护和检修是电气工作人员一项重要内容。电气线路是工厂供配电系统的重要组成部分,担负着输送和分配电能及传送信息的重要任务。虽然电气线路中包含的电气设备少且结构简单,但由于担负着重要使命,一旦发生故障,所造成的损失将是巨大的。所以,电气线路的维护比起发生故障后的维修更显重要。

输、配电线路分为架空线路和电缆线路两种。在电力系统中,常用的电缆分为电力电缆和控制电缆两大类。

6.1 架空线路的维护与检修

6.1.1 架空线路的组成

架空线路是指室外架设在电杆上用于输送电能的线路。架空线路的电压在1kV以下称为低压架空线路,超过1kV称为高压架空线路。架空线路由导线、电杆、线路金具、绝缘子和拉线等组成。

(1) 导线在电杆上的排列方式,一般为三角形排列、水平排列或垂直排列等。导线是用来输送电能的,导线架设在电杆顶部,绑扎固定在绝缘子上。架空线路的导线一般采用LJ型硬铝绞线和LGJ型钢芯铝绞线,用于架空线路的铝绞线、钢芯铝绞线截面积应不小于16mm^2。高压架空线路,6~10kV线路的铝绞线截面积应不小于35mm^2;钢芯铝绞线截面积应不小于25mm^2;35kV的线路不应小于35mm^2,以免被风刮断。

(2) 电杆是用来架设导线的,按其作用可分为直线杆、耐张杆、转角杆、终端杆、分支杆、跨越杆、换位杆等。

直线杆(又称中间杆)用于线路的直线段的中间部分,用来支持导线、绝缘子和金具。正常情况下能承受导线的重量及线路侧面的风力,但不能承受线路方向的拉力,这种电杆占全部电杆数的80%左右。

耐张杆(又称承力杆)用于线路直线段的中间部分的几个直线杆之间,或有特殊要求的地方,如与铁路、公路、河流、管道等交叉处。在处理断线事故和架线过程中紧线时,能承受一侧导线的拉力。

转角杆用于线路的转弯处,有直线型和耐张型两种,可根据转角的大小及导线截面的大小而定,能承受转角导线不平衡的拉力。

终端杆用于线路的首端和终端,在正常情况下,能承受线路方向全部导线的拉力。

分支杆用于线路的分路处,是在一根电杆上分出两条方向不同的线路电杆。

跨越杆用于线路与铁路、河流、湖泊、山谷及其他交叉跨越处的两侧。

换位杆用于线路中导线需要换位处。

（3）横担装在电杆的上端，用来固定架设导线用的绝缘子。按材质分为：木横担、铁横担、陶瓷横担等。木横担因易腐烂，使用寿命短，在工业中很少使用；铁横担是用角铁制成的，因坚固耐用，已被广泛使用，但安装前应该镀锌，以免生锈；陶瓷横担是近些年出现的一种比较理想的新型产品，安装时不用任何绝缘子，可将导线直接固定在陶瓷横担上，但存在着受冲击碰撞易破碎的缺点，在施工中应尽量注意，以免损坏。

横担的安装形式有复合横担、正横担、交叉横担、侧横担等。复合横担用于线路起点、端点、耐张力杆上，能承受线路方向导线的拉力；正横担用于线路的中间杆或转角角度不大的杆上，在正常情况下，不承受导线的拉力；交叉横担用于线路分支杆上，承受线路上一定方向导线的拉力；侧横担用于电杆与建筑物的距离小于规定距离时。

（4）线路金具包括架空线路中所用的抱箍、线夹、钳接管、垫铁、穿心螺栓、花篮螺钉、球头挂环、直角挂板和碗头挂板等。

（5）绝缘子用于紧固导线，保持导线对地的绝缘，按外形分为：针式绝缘子、蝴蝶绝缘子、盘形悬式绝缘子、作拉线用的棱形式蛋形绝缘子。安装前应进行交流耐压试验，并将表面的污垢用干布擦拭干净，以防止送电后发生闪络和击穿。

（6）电杆架线后，发生了受力不平衡现象，应采用拉线来稳固电杆，有时由于电杆的埋设基础不牢固，不能维持电杆的稳固，可使用拉线进行补强。还有当负荷超过电杆的极限强度时，可利用拉线来减小弯曲力矩。

6.1.2　架空线路的维护与故障检测

为提高可靠性，必须按规定、定期对线路进行检查和维修。

6.1.2.1　巡视检查的项目

A　运行前的检查

（1）线路有无杆号，相位等标志，影响安全运行的问题是否全部解决。

（2）线路上的临时接地线和障碍物是否全部拆除。

（3）线路上是否有人进行登杆作业，在安全距离内的一切作业是否全部停止。

（4）线路继电保护和自动装置是否调试完好，是否具备投入运行条件。

（5）对线路进行一次仔细的全部巡视检查，确认具备试运行条件后，才能闭合送电。

B　巡视检查周期

根据线路的电压等级、季节特点及周围环境来确定巡视检查的周期，10kV 线路市区线路每月一次；郊区线路每季不少于一次，若遇自然灾害或发生故障等特殊情况，应临时增加巡视检查次数。

C　巡视检查的种类

（1）定期性巡视，定期性巡视是线路运行人员主要日常工作之一，通过定期性巡视能及时了解和掌握线路各部分的运行情况和沿线周围的状况。

（2）特殊性巡视，在导线结冰、大雪、大雾、冰雹、河水泛滥和解冻、沿线起火、地震、狂风暴雨之后，对线路全线或某几段、某些部件进行详细查看，以发现线路设备发生的损伤或损坏。

（3）故障性巡视，为查明线路的接地、跳闸等原因，找出故障地点及情况，无论是否重合良好，都要在事故跳闸或发现有接地故障后，立即进行巡视检查，并注意下列事项：

1）巡视时要详细进行检查，不应中断或遗漏杆塔。

2）夜间巡视时应特别注意导线落地，对线路交叉跨越处应用手电查看清楚后再通过。

3）巡视时若发现断线，不论停电与否，都应视为有电。在未取得联系与采取安全措施之前，不得接触导线或登上杆塔。

4）巡视检查后，无论是否发现故障，都要及时上报。

5）在故障巡视检查中，对一切可能造成故障的物件或可疑物品都应收集带回，作为事故分析的依据。

（4）夜间巡视。检查线路导线连接处、绝缘子、柱上开关套管和跌落熔丝等的异常情况。

（5）监察性巡视。由主管领导或技术负责人进行。目的是在于了解线路及设备状况，并检查、指导运行人员的工作。

（6）预防性检查。用专用工具或仪器对绝缘子、导线连接器、导线接头、线夹连接部分进行专门的检查和试验。

（7）登杆检查。检查杆塔上部各部件连接松动、腐蚀、断裂及瓷瓶裂纹、闪络等情况。带电检查时，应注意与带电设备的安全距离。

D 日常巡视检查要点

（1）沿线有无易燃、易爆物品和强腐蚀性物体，若有应及时搬移。

（2）检查在线路下或防护区内的违章跨越、违章建筑、柴草堆或可能被风刮起的草席、塑料布、锡箔纸等。

（3）有无威胁线路安全的施工工程。

（4）检查线路树木对导线的安全距离是否符合规定。

（5）杆塔有无倾斜、弯曲，各部位有无变形、外力损坏；钢筋混凝土杆有无裂纹、酥松、混凝土脱落、钢筋外露，焊接处有无开裂、锈蚀；木杆有无劈裂、腐朽、烧焦，绑桩有无松动。

（6）杆塔基础有无下沉，周围土壤有无挖掘、被冲刷、沉陷等现象，基础有无严重的裂缝，寒冷地区电杆有无冻鼓现象。

（7）杆塔各部位的螺栓有无松动或脱落，金具及钢部件有无严重的锈蚀和磨损等现象。

（8）杆塔位置是否合适，有无被撞的可能，保护设施是否完好，路名及杆号相位标志是否清晰齐全。

（9）接地引下线是否完好，接地线的并沟连接线夹是否紧固。

（10）导线上有无铁丝等悬挂物，导线有无断股、损伤、腐蚀、闪络烧伤等现象。

（11）导线接头连接是否完好，有无过热而变色现象，不同规格型号的导线连接应在弓子线处连接，跨越档内不准有接头。

（12）线路交叉时，导线间跨越距离及导线对地距离是否符合规定；在交叉跨越处，电压高的电力线应位于电压低的电力线上方；电力线位于弱电流线路上方，其距离和交叉角应符合规定。

（13）气温变化时弧垂的变化是否正常，三相弧垂是否一致，有无过紧、过松现象。

（14）弓子线有无损伤、断股、歪扭，与杆塔、横担及其他引线间的距离是否符合规定。

（15）线夹、护线条、铝带、防振锤、间离棒等有无异常现象。

（16）绝缘子有无裂纹、破损、闪络放电痕迹、烧伤等现象，表面脏污是否严重。

（17）针式绝缘子有否歪斜，铁脚、铁帽有无锈蚀、松动、弯曲现象。

（18）悬式绝缘子的开口销子、弹簧销子是否锈蚀、缺少、脱出或变形。

（19）固定导线用绝缘子上的绑线有无松弛或开断现象。

（20）吊瓷是否缺弹簧销子，开口销子未分开或小于60°。

（21）铁横担有无锈蚀、歪斜、变形。

（22）木横担有无腐朽、烧损、开裂、变形。

(23) 瓷横担有无裂纹、损坏、绑线有无开脱,与金具固定处的橡胶或油毡垫是否缺少。

(24) 金具有无锈蚀、变形;螺栓是否紧固,有无缺帽;开口销子、弹簧销子有无锈蚀、断裂、脱落、变形。

(25) 拉线有无腐蚀、松弛、断脱和张力分配不均等现象。

(26) 水平拉线对地距离是否符合规定,有无下垂现象。

(27) 拉线有无影响交通或被车碰撞。

(28) 拉线固定是否牢固,地锚有无缺土、下沉等现象。

(29) 拉线杆、顶(撑)杆、保护桩等有无损坏、开裂、腐朽或位置角度不符合要求等现象。

(30) 拉线棍有无异常现象和开焊变形。

(31) 上、下把连接是否可靠,附件是否齐全,拉线底把铁线绑扎有无松脱及外力损坏痕迹。

E　风雨天的特殊巡视

(1) 电杆有无倾斜,基础有无下沉及被雨水严重冲刷。

(2) 导线弧垂有无异常变化,与绝缘子绑扎有无松脱,有无打连、断股、烧伤、放电现象。

(3) 横担有无偏斜、移位现象。

(4) 上、下弓子线对地部分的距离有无变化。

(5) 绝缘子有无受雷击损坏及被冰雹砸破的外力损坏现象。

(6) 接户线或引下线有无被风刮断或接地现象。

F　发生故障后巡视

(1) 导线有无打连、烧伤或断线现象。

(2) 绝缘子有无破碎及放电烧伤等现象。

(3) 电杆、拉线、拉桩、戗杆等有无被车辆撞坏现象。

(4) 导线上有无金属导体残留物。

(5) 有无其他外力破坏痕迹。

G　架空线路巡视工作中应注意事项

(1) 不论线路是否停电,都应视为带电,并应沿线路上风侧行走,以免断线落到人身上。

(2) 单人巡视时,不得做任何登杆工作。

(3) 发现导线断落地面或悬挂在空中,应设法防止他人靠近,保证断线周围8m以内不得进人,并派人看守,迅速处理。

(4) 应将巡视中发现的问题,记入巡视线路的记录本内,较重要的异常现象应及时报告上级主管领导,以便采取措施迅速处理。

测试是巡视的必须补充,使用仪器可测得正常巡视无法发现的缺陷。

A　绝缘子测试

为了查明不良绝缘子,一般每年应进行一次测试。其方法是利用特制的绝缘子测试杆,在带电线路上直接进行测量。

(1) 可变火花间隙型测试杆。根据绝缘子串中每片绝缘子上的电压分布是不均匀的,改变测试杆上电极间的距离,直至放电,即可测得每片绝缘子上的电压。当测出的电压小于完好绝缘子所应分布的电压时,就可判定为不良绝缘子。

(2) 固定火花间隙型测试杆。电极间的距离,已预先按绝缘子串绝缘子的最小电压来整定(一般间隙为0.8mm)。由于间隙已固定,而绝缘子串的电压分布不能测出,只能发现零值或低值绝缘子。

测试时应注意:不能在潮湿、有雾或下雨的天气中测试,测试的次序应从靠近横担的绝缘子试起，直到一串绝缘子测试完为止。

B 导线接头测试

导线接头是个薄弱环节，经长期运行的接头，接触电阻可能会增大，接触恶化的接头，夜间可看到发热变红的现象。因此，除正常巡视外，还应定期测量接头的电阻。

(1) 电压降法，正常的接头两端的电压降，一般不超过同样长度导线的电压降的 1.2 倍，若超过 2 倍，应更换接头才能继续运行，以免引起事故。

测量时，可在带电线路上直接测试负荷电流在导线连接处的电压降，也可在停电后，通直流电进行电压降的测量，但带电测试要注意安全。

(2) 温度法，红外线测温仪，可距被测点一定距离外进行测温，通过导线接头温度的测量，来检验接头的连接质量。

6.1.2.2 检修

检修的目的在于恢复线路的完好，延长使用寿命，消除沿线不利于安全运行的因素，改善运行环境，保障安全和经济供电。应在每年春秋两季根据巡视检查与测试情况，对架空线路进行预防性全面检修，消除所发现的各种缺陷，以预防事故发生。

(1) 检修周期。

1) 一般维护应根据架空线路存在的缺陷进行不定期检修。

2) 根据周围环境及运行情况来确定检查周期，一般每年的 2 月和 10 月左右各登杆清扫检查一次。

3) 拉线底把每 5 年检查一次腐朽程度。

(2) 检修。

1) 清除绝缘子上的灰尘，并检查有无裂纹、损伤、放电闪络痕迹，紧固松动的绝缘于绝缘子串的开口销、弹簧销是否完好，针式绝缘子的心棒是否弯曲。

2) 对绝缘电阻低于规定值的绝缘子应更换。

3) 导线连接处的接触是否良好，调整弧垂及交叉跨越距离。

4) 绑线有无松弛，铁绑线是否有锈蚀、糟断、散股等现象，如有应重新绑扎。

5) 弓子线及接户线的并沟线夹和铜、铝过渡线夹的紧固螺栓，如有松动或螺母丢失现象，要及时处理。

6) 更换或修补导线。

7) 更换或扶正横担。

8) 检查或更换柱上熔断器、跌落熔断器及附件。

9) 避雷线的悬挂点是否松动或断开，护线条的卡箍是否松动，是否摩擦导线。

10) 检修的全过程要记在检修记录本上，并注明检修内容，更换项目，变更线路的供电方式等。

6.2 电缆的维护与检修

在电力系统中常用的电缆有电力电缆和控制电缆两大类，现主要介绍 10kV 及以下的电缆。

电力电缆是用来输送和分配大功率电能的，按绝缘材料的不同，可分为油浸纸绝缘电力电缆、橡皮绝缘电力电缆和聚氯乙烯绝缘电力电缆。在工程上应用最广的是油浸纸绝缘电力电缆，其特点是：

(1) 耐压强度较高，最高工作电压可达 66kV。

（2）耐热能力好，热稳定性较高，允许负荷电流最大。

（3）使用寿命长，可达 30 ~ 40 年以上。

（4）电缆的弯曲半径不能很小，敷设时最低环境温度不得低于 0℃，否则，电缆应经预先加热。

（5）工作时电缆中的浸渍剂会流动，而敷设后的电缆两端的高差有一定限制。

缘纸电力电缆额定工作电压有：1kV、3kV、6kV、10kV、20kV、35kV 六种。为了保持电缆设备的良好状态和电缆线路的安全、可靠运行，首先应全面了解电缆的敷设方式、结构布置、走线方向及电缆中间接头的位置等。

电缆线路的运行和维护，主要是线路巡视、维护、负荷及温度的监视、预防性试验及缺陷故障处理等。

6.2.1　日常维护检查

（1）维护检查周期。对电缆线路一般要求每季进行一次巡视检查，对户外终端头每月应检查一次。如遇大雨、洪水等特殊情况及发生故障时，还应增加巡视次数。

（2）维护检查项目及处置。对于直埋电缆线路应重点检查：

1）沿线路地面上有无堆放的瓦砾、矿渣、建筑材料、笨重物体及其他临时建筑物等，附近地面有无挖掘取土，进行土建施工。

2）线路附近有无酸、碱等腐蚀性排泄物及堆放石灰等。

3）对于室外露天地面电缆的保护钢管支架有无锈蚀移位现象，固定是否牢固可靠。

4）引入室内的电缆穿管处是否封堵严密。

5）沿线路面是否正常，路线标桩是否完整无缺。

对于敷设在沟道内的电缆线路应重点检查：

1）沟道的盖板是否完整无缺。

2）沟内有无积水、渗水现象，是否堆有易燃易爆物品。

3）电缆铠装有无锈蚀，涂料是否脱落，裸铅皮电缆的铅皮有无龟裂、腐蚀现象。

4）全塑电缆有无被鼠咬伤的痕迹。

5）隧道内电缆位置是否正常，接头有无变形漏油，温度是否正常，构件有无失落，通风、排水、照明、消防等设施是否完整。

6）线路铭牌、相位颜色和标志牌有无脱落。

7）支架是否牢固，有无腐蚀现象。

8）管口和挂钩处的电缆铅包是否损坏，铅衬有无失落。

9）接地是否良好，必要时可测量接地电阻。

对电缆终端头和中间接头应重点检查：

1）终端头的绝缘套管有无破损及放电现象，对填充有电缆胶（油）的终端头有无漏油溢胶现象，盒内绝缘胶（油）有无水分，绝缘胶（油）不满者应及时补充。

2）引线与接线端子的接触是否良好，有无发热现象。注意铜、铝接头有无腐蚀现象。

3）接地线是否良好，有无松动、断股现象。

4）电缆中间接头有无变形，温度是否正常。

5）清扫终端头及瓷套管，检查盒体及瓷套管有无裂纹，瓷套管表面有无放电痕迹。

对隧道、电缆沟、人井、排管的维护检查：

1）检查门锁开闭是否正常，门缝是否严密，各进出口、通风口防小动物进入的设施是否齐全,出入通道是否畅通。

2）检查隧道、人井内有无渗水、积水。有积水要排除,并修复渗漏处。

3）检查隧道、人井内电缆在支架上有无碰伤或蛇行擦伤,支架有无脱落现象。

4）检查隧道、人井内电缆及接头有无漏油、接地是否良好,必要时测量接地电阻和电缆的电位,以防电蚀。

5）清扫电缆沟和隧道,抽除井内积水,消除污泥。

6）检查人井井盖和井内通风情况,井体有无沉降和裂缝。

7）检查隧道内防水设备,通风设备是否完善,室温是否正常。

8）检查隧道照明情况。

9）疏通备用电缆排管,核对线路名称及相位颜色。

对在维护检查过程中,发现的问题要正确维护和处置:

1）电缆线路发生故障后,应立即进行修理,以免水分大量侵入,扩大损坏范围。对受潮气侵入的部分要割除,绝缘剂有炭化现象者要全部更换。

2）当电缆线路上的局部土壤含有损害电缆铅包的化学物质时,应将该段电缆装于管子内,并在电缆上涂敷沥青。

3）当发现土壤中有腐蚀电缆铅包的溶液时,应采取措施和进行防护。

（3）运行期间对电缆的监视。

1）电缆温度监视。电缆导体的温度应不超过最高允许温度。一般每月检查一次电缆表面温度及周围温度,确定电缆有无过热现象。测量电缆温度应在最大负荷时进行,对直埋电缆应选择电缆排列最密处或散热条件最差处。

2）电缆负荷的监视。电缆负荷应不超过允许载流量、测量负荷可用配电盘电流表或钳形电流表,一般应选择有代表性的时间和负荷最特殊时间内进行测量。过负荷对电缆的安全运行危害极大,当发现异常现象时应紧急减轻负荷,确保电缆正常运行。

3）电线接地电阻的监视。电缆金属护层对地电阻每年测量一次。单芯电缆护层一端接地时,应每季测量一次金属护层对地的电压。测量单芯电缆金属护层电流及电压,应在电缆最大负荷时进行。

4）电压监视。电缆线路的正常工作电压,一般不应超过额定电压的15%,以防止电缆绝缘过早老化,确保电缆线路的安全运行。如要升压运行,必须经过试验,并报上级技术主管部门批准。

5）电缆同地下热力管交叉或接近敷设时,电缆周围的土壤温度,在任何情况下不应高于本地段其他地方同样深度的温度10℃以上。

6）电缆纸端头的引出线连接点,在长期负荷下易导致过热,最终会烧坏接点,特别是在发生故障时,在接点处流过较大的故障电流,更会烧坏接点。因此,运行时对接点的温度监测是非常重要。一般可用红外线测温仪或测温笔进行测量。使用测温笔是带电测温,在操作中应注意安全。

6.2.2 定期试验项目

由于各种原因,电缆在敷设和运行中往往会出现缺陷。如在敷设时过度弯曲、损伤了内部绝缘;或在运行中因散热不良、过载而造成过热,使绝缘水平下降而形成故障。为了及时发现这些缺陷,确保电缆线路的安全运行,一般要在交接、重做电缆头及相隔一定的时间都应进行预防性试验。

（1）测量绝缘电阻。绝缘电阻一般都使用兆欧表来测量，对1kV以下的电缆用1kV兆欧表；对1kV以上的电缆用2500V兆欧表，测量时应注意下列事项：

1）测量前先将电缆放电、接地，以保证安全。

2）在兆欧表未与测量设备连接而空摇时，指针应指在“∞”位置，如果不在这一位置，即表明兆欧表受到碰撞，指针和线圈的位置改变或线圈已受潮，这时测出的电阻值误差较大。

3）电缆终端头套管表面应擦拭干净，测量时，将被测相接于兆欧表“线”（L）上，非被测相都和电缆外皮一同接地。兆欧表的“地”（E）柱也接地。如果电缆接线端可能产生表面泄漏时，应加屏蔽并接于表的“屏蔽”（G）柱上。

4）操作时，应使手摇发电机的转速在120r/min左右，如果速度时快时慢，就会使指针晃动不定。

5）测量完毕后或需要再测量时，应将电缆放电、接地，当电缆线路较长及其绝缘良好时，放电、接地时间不得少于1min。

电缆的绝缘电阻，一般不作规定，仅同以前的测量结果进行比较，从中发现绝缘存在的缺陷。若低于上次测量的30%，应做直流耐压试验，以便做出正确判断。

（2）直流耐压和泄漏电流试验。直流耐压和泄漏电流试验主要用于1kV以上电压等级的电缆，一般每年应试验一次，对新敷设的有中间接头的电缆线路或重新做电缆头的，都应经试验合格后才能投入运行。

1）绝缘电阻测量，电缆直流耐压试验的电压标准可参考有关标准。

电缆的直流耐压试验持续时间：交接或重包电缆头为10min；运行中为5～10min；控制电缆为1min。

2）泄漏电流测量，在进行直流耐压试验的同时，用接在高压侧的微安表测量泄漏电流，其参数如下：

35kV电缆在试验耐压时的泄漏电流为85μA。

10kV电缆在试验耐压时的泄漏电流为50μA。

6kV电缆在试验耐压时的泄漏电流为30μA。

3kV电缆在试验耐压时的泄漏电流为20μA。

泄漏电流三相最大不对称系数一般应不大于2，电缆的泄漏电流只作为判断绝缘情况的参考，不作为决定是否投入运行的标准。

6.2.3　常见故障与处理

（1）高电阻接地故障。电缆的高电阻接地故障是指导体与铅护层或导体与导体之间的绝缘电阻值远低于正常值，但大于100kΩ，而芯线连续性良好。

用高压电桥寻找高阻接地故障，其接线原理图如图6－1所示，由于故障点电阻使用高压直

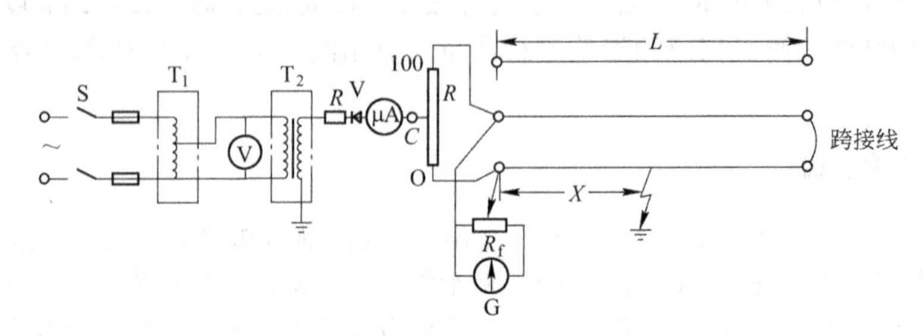

图6－1　测量高电阻接地故障接线图

流电源，以保证通过故障点的电流不致太小。

测量时应注意事项：

1）由于测量是在高压下进行，必须与地可靠绝缘，操作人员应戴绝缘手套，用绝缘杆操作，并与高压引线保持一定距离。

2）同一电缆中不测量的芯线也必须可靠接地，以防感应产生危险高压。

3）测量时应逐渐加压，若发现电流表指针晃动或闪络性故障，要立即停止测量，以免烧毁仪表。

4）当用正接法测量完毕而需要更换接线时，必须降低电压，切断电源。只有将回路中残余电荷放尽，才能调换接线进行反接法测量。

（2）单相低电阻接地故障。电缆的单相低电阻接地故障是指电缆的一根芯线对地的绝缘电阻低于 100kΩ，而芯线连续性良好。

回路定点法原理接线如图 6－2 所示，用电桥测量时使故障芯线与另一完好芯线组成测量回路，一端用跨接线跨接，另一端接电源、电桥或检流计。

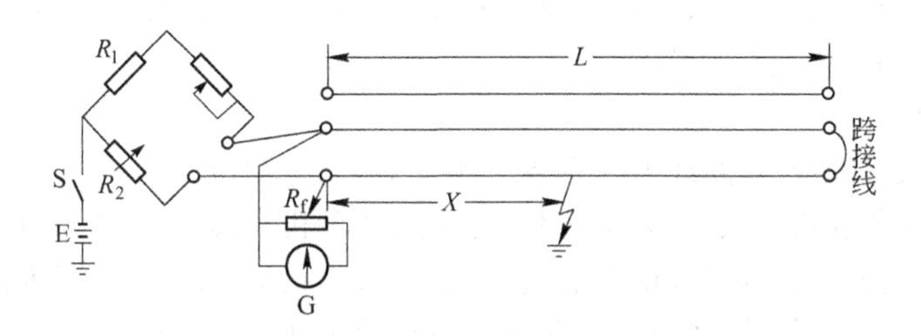

图 6－2　测量单相接地故障原理接线图

测量时注意事项：

1）跨接线的截面应与电缆芯线截面接近，跨越线应尽量短，并保持连接良好。

2）测量回路要尽可能绕开分支箱或变、配电所，越短越好。

3）直流电源电压应不低于 1500V。

4）直流电源负极应经电桥接到电缆导体，正极接电缆内护层并接地。

5）操作人员应站在绝缘垫上，并将桥臂电阻、检流计、分流器等放在绝缘垫上。

（3）两相和三相短路故障。

1）两相短路故障点，测量接线方法如图 6－3 所示，测量时可将任一故障芯线作接地线，另一故障芯线接电桥。

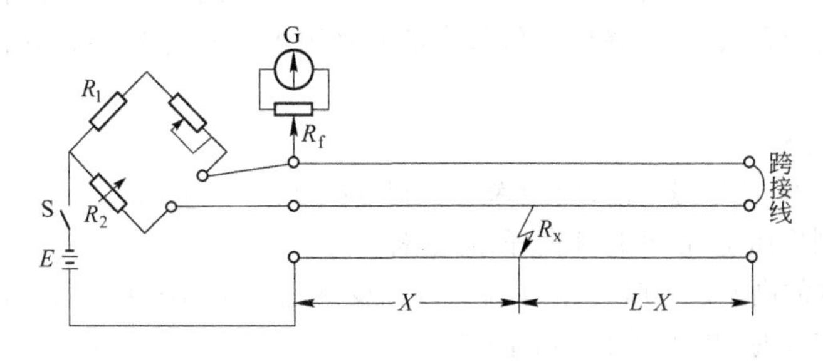

图 6－3　测量两相短路故障原理接线图

2）三相短路故障点，测量时必须借用其他并行的线路或装设临时线路作回路。装设临时线路时，必须精确测量该线路的电阻。测量接线方法与上同。

（4）漏油现象。

1）在敷设时，不要把电缆头碰伤。如地下埋有电缆，动土时必须采取有效措施。

2）制作电缆头，中间接线盒时扎锁不紧，封焊不好。应按工艺要求去做。扎锁处或三叉口处的封焊要合乎工艺要求。

3）过负荷运行、温度太高，产生很大油压。应减轻负荷运行。

4）注油的电缆头套管（瓷或玻璃的）出现裂纹或垫片未垫好，把劲不紧。应将充油的电缆头，接线盒垫片垫好，把劲要紧。

（5）接地。

1）地下动土刨伤、损坏绝缘。应按规定要求施工，不要将电缆头碰伤，并采取有效措施。

2）人为的接地线未拆除。要加强责任心，对工作要极端负责任，拆除接地线。

3）负荷大、温度高，造成绝缘老化。应调节负荷，采取降温措施，按允许负荷、温度运行，必要时更换电缆或绝缘。

4）套管脏污、裂纹造成放电，室外受潮或进水。应加强检查，保证检修质量，定期作预防性试验，清洗脏污的套管，更换有裂纹的套管。

（6）短路崩烧。

1）多相接地或接地线、短路线未拆除，要加强责任心，仔细检查。

2）相间绝缘老化和机械破损，应注意不要造成人为的机械损伤，不要超负荷或超温度运行。

3）电缆头接头松，如铜卡子接得不紧，造成过热，发生接地崩烧，应加强维修。

4）设计时选择不合适，动、热稳定度不够，造成绝缘损坏，发生短路崩烧，要合理选择。

（7）绝缘击穿。

1）机械损伤，应在沿墙敷设时进行遮盖，对厂外线路要加强巡视检查，不允许在电缆线路附近挖土、取土。

2）电缆头发生故障而导致绝缘击穿，应提高电缆头的制作质量，加强该处的绝缘。

3）绝缘受潮，应加强电缆外护层的维护，每隔2～3年在外护层上涂刷一次沥青。

4）过电压，应防止大气过电压或内部过电压，以免造成多根电缆同时被击穿。

5）绝缘老化，应改善通风散热条件，注意过负荷运行。

（8）终端头套管的表面污染。

1）定期清扫套管，一般可在不停电情况下用绝缘棒刷子带电清扫，停电时彻底清扫。

2）用水冲洗套管，一般带电冲洗。

3）增涂防污涂料，在停电或带电时在终端头套管表面，增涂一层有机硅树脂涂料。

4）采用较高等级的套管，将绝缘等级较高的套管用于较低电压系统，在污染严重地区具有良好的防污效果。

（9）终端盒发生爆炸。

1）潮气侵入盒内，使绝缘受潮，或绝缘胶遇到电缆油溶解，电阻下降而击穿，应严格按工艺要求操作，以保证制作质量，使密封性良好，防止潮气侵入。

2）当电缆两端的高差过大时，低的一端终端盒受到电缆油的压力，严重时密封破坏，使绝缘电阻下降而击穿，应及时调整电缆两端的高差。

3）绝缘胶开裂，密封破坏，潮气侵入，应对终端盒加强巡视检查，一旦发现问题，要立即处理，以免泄漏油引起爆炸事故。

6.3　母线和室内配线的维护

6.3.1　母线的日常维护与故障检修

在配电装置中,通常将发电机、变压器及各种电气设备之间连接的裸导线,称为母线。母线是各级电压配电装置不可缺少的中间环节,具有汇集、分配和传送电能的作用,分为硬母线和软母线两类。

母线常见故障:

(1) 母线的接头由于接触不良,接触电阻增大,造成发热,严重时会使接头烧红。

(2) 母线的支持绝缘子由于绝缘不良,使母线对地的绝缘电阻降低。严重时导致闪络和击穿。

(3) 当大的短路电流通过母线时,在电动力和弧光闪络的作用下,会使母线发生弯曲、折断和烧坏,使绝缘子发生崩碎。

硬母线的维护:

(1) 清扫母线,清除积灰和脏污。检查相序颜色,要求颜色显明,必要时应重新刷漆或重新补刷脱漆部分。

(2) 检修母线接头,要求接头应接触良好,无过热现象,其中采用螺栓连接的接头,螺栓应拧紧,平垫圈和弹簧垫圈应齐全。用0.05mm×10mm塞尺检查,局部塞入深度不得大于5mm。采用焊接连接的接头,应无裂纹、变形和烧毛现象,焊缝凸出成圆弧形。铜铝接头应无接触腐蚀,户外接头和螺栓应涂有防水漆。

(3) 检修母线伸缩节,要求伸缩节两端接触良好,能自由伸缩,无断裂现象。

(4) 检修绝缘子及套管,要求绝缘子及套管清洁完好,用1000V摇表测量母线的绝缘电阻应符合规定。若母线绝缘电阻较低,应找出故障原因并消除,必要时更换损坏的绝缘子及套管。

(5) 检查母线的固定情况,要求母线固定平整牢靠。检修其他部件时,要求螺栓、螺母、垫圈齐全,无锈蚀,片间撑条均匀。必要时应对支持绝缘子的夹子和多层母线上的撑条进行调整。

硬母线接头的解体检修:

(1) 接触面的处理。应清除表面的氧化膜、气孔或隆起部分,使接触面平整而略粗糙。处理的方法可用粗锉把母线表面严重不平的地方锉掉,然后用钢丝刷来刷。铝母线锉好之后要先涂一层凡士林油(因为铝表面很容易氧化,需要用凡士林油把母线的表面与空气隔开),然后用钢丝刷再刷。最后把脏的凡士林擦去,再在接触面涂一层薄的新凡士林油并贴纸作为保护。铝母线的接触面不要用砂纸打磨,以免掉下的玻璃屑或砂子嵌入金属内,增加接触电阻。

铜母线或钢母线的接触面,都要搪一层锡。如果由于平整接触面等原因而使锡层被破坏,就应重搪。搪锡的方法为:将焊锡熔化在焊锡锅内,把母线要搪锡的部分挫平擦净,涂上松香或焊油并将它放在锅上。然后多次地把熔锡浇上去,等到母线端部粘锡时,则可直接将端部放在焊锡锅内浸一下,然后拿出用抹布擦去多余部分。搪锡层的厚度约为0.1~0.15mm。焊锡的熔点在183~235℃之间,一般根据其颜色来判别,即锅内的所熔焊锡呈现浅蓝色时,就可以开始搪锡。

(2) 拧紧接触面的连接螺栓。螺栓的拧紧程度要根据安装时的温度而定,温度高时螺栓就应当拧得紧一些,温度低时就应当拧得松一些。拧螺母时,应根据螺栓直径的大小选择尺寸合适的扳手。采用过大的扳手,用力稍大易把螺栓拧断;采用过小的扳手,往往用力很大但螺母仍未拧紧。由于铝在压力下会缓慢地变形,所以螺栓拧紧后,过一些时间还会变松,因此在送电之前再检查一次螺栓的紧度。螺母拧紧后应使用0.05mm的塞尺在接头四周检查接头的紧密程度。

（3）为防止母线接头表面及接缝处氧化，在每次检修后要用油膏填塞，然后再涂以凡士林油。

（4）更换失去弹性的弹簧垫圈和损坏的螺栓、螺母。

（5）补贴已熔化或脱落的示温片。

软母线的维护：

（1）清扫母线各部分，使母线本身清洁并且无断股和松股现象。

（2）清扫绝缘子上的积灰和脏污，更换表面发现裂纹的绝缘子。

（3）绝缘子串各部件的销子和开口销应齐全，损坏者应予更换。

（4）软母线接头发热的处理。

1）清除导线表面的氧化膜使导线表面清洁，并在线夹内表面涂以工业凡士林油或防冻油（由凡士林油和变压器油调和而成，冬季用）。

2）更换线夹上失去弹性或损坏的各个垫圈，拧紧已松动的各种型号的螺丝。根据检修经验证明，母线在运行一段时间以后，线夹上的螺丝还会发生不同程度的松动。所以在检查时应注意螺丝松动的情况。

3）对接头的接触面用 0.05mm 的塞尺检查时不应塞入 5mm 以上。

4）更换已损坏的各种线夹和线夹上的钢制镀锌零件。

5）接头检查完毕后，在接头接缝处用油膏填塞后再涂以凡士林油。

6.3.2 室内配线的维护与检修

室内配线距离工作人员较近，人们接触较多，正确地布线和维护显得尤其重要。

6.3.2.1 室内配线的布线要求

（1）导线的耐压等级应高于线路的工作电压，一般使用电压不低于 500V 的绝缘导线；截面的安全电流应大于用电负荷电流且满足机械强度的要求；单相或二相三线供电时，零线与相线截面相同；三相四线供电的零线截面应不小于相线截面的 1/2。

（2）线路应尽量避开热源和不在发热物体的表面敷设，若必须通过时，导线周围的温度不得超过 35℃，并做隔热处理。

（3）线路敷设用的各种金属构架、铁件和明布铁管等都应作防腐处理。

（4）各种明布线应水平和垂直敷设，导线水平高度距地面不小于 2.5m，垂直线路应不低于 1.8m，若达不到上述要求时，应加穿管或采取其他保护措施，防止损伤。导线与建筑物之间的距离应不小于 10mm。

（5）明布线应将导线调直敷设，当导线与导线交叉、导线与其他管道交叉时，都应套以绝缘套管或作隔离处理。

（6）布线时尽量减少导线接头，对管内、木槽内的导线，一律不允许有接头和分支；导线与电器端子连接时要牢靠压实，以减小接触电阻和防止脱落，在连接和分支处，不应受外力的作用。

（7）导线穿墙时，应装过墙管（铁管或塑料管、瓷管）。过墙管两端伸出墙面应不小 10mm。

（8）各线路间及对地绝缘电阻应不小于 1000Ω/V，对于 500V 线路约 0.5MΩ，若低于此值应作交流 1000V 的耐压试验。

（9）下列场所应采用金属管配线：

1）重要活动场所。

2）有易燃、易爆危险的场所。

3）重要仓库。

（10）腐蚀性场所的配线，应采用全塑制品，所有接头处要密封。

（11）冷藏库配线，应采用护套线明配，照明电压不应超过36V，所有控制设备在库外。

6.3.2.2 室内配线敷设方式

线路敷设方式较多，常用的有：瓷夹板、瓷柱、绝缘子、木槽板、钢管、塑料管、粘结、钢索、插接式母线、铝片卡等布线。布线方式的选择应根据用途，敷设场所的环境条件、安装、维修的方便及安装要求等因素而定。做到安全适用、经济美观和检修方便。

（1）瓷夹板布线，适用于负荷较小的干燥场所。

（2）瓷柱布线，适用于负荷较大的或较潮湿场所。

（3）瓷瓶布线，适用于负荷较大、线路较长的干燥或潮湿场所。

（4）木槽板布线，适用于负荷较小，要求整齐美观的干燥场所。

（5）钢管布线，适用于负荷较大，易碰撞损伤线路发生火灾或有爆炸性的场所。钢管暗配用于要求整齐美观的场所，地面用电设备的线路常用钢管线路埋设在地下。

（6）塑料管布线，适用于负荷较大，有腐蚀性但未有爆炸和机械损伤的场所。

（7）粘结布线，适用于负荷较小，干燥的场所。

（8）钢索布线，适用于厂房较高，要求照度高的干燥场所。

（9）插接式母线，适用于负荷较大，用电设备经常移动的场所。

（10）铝片卡布线，适用于负荷较小的干燥无腐蚀性气体的场所，常作弱电线路的布线。当线路电压为220V或380V时，必须使用带护套的绝缘导线。

6.3.2.3 室内配线的安装要求

瓷夹板：

（1）导线要横平竖直，不得与建筑物接触，线路水平敷设时，导线离地高度不应低于2.5m；垂直敷设时线路不应低于1.8m，若低于1.8m，应加防护装置。

（2）线路中接装的开关、灯座、接线盒和吊线盒等电气器具两侧各50～100mm以内的线路上安装夹板，以固定导线。

（3）线路中直线线段瓷夹板之间的距离不应大于0.6～0.8m。而导线距转角50mm处，距接头60mm处，距电气设备100mm处应各装一副瓷夹板。在木板壁、天花板等木结构上，瓷夹板可用螺栓固定，螺栓长度为瓷夹板厚度的两倍以上；在砖墙和水泥墙上，可先用冲击钻在墙上钻孔，然后用膨胀螺栓固定，也可在墙上埋入木砖或钉入木楔，再用螺栓来固定。

（4）瓷夹板不能拧在不坚固的底子上，如抹灰、苇箔等。

（5）瓷夹板布线，不得在顶棚内及其他隐蔽处敷设。

（6）导线穿墙和楼板时，应使用瓷管（或其绝缘管）加以保护；在线路分支、交叉和转角处，导线不应受机械力的作用，并应加装瓷夹板，导线与导线间应套绝缘管隔离，以防导线绝缘受到损伤而造成短路。

（7）敷线前将导线拉直，再夹在瓷夹板槽内，将导线拉紧后再拧紧螺栓。

瓷柱：

（1）导线走向要与建筑物横平竖直，不得与建筑物接触，线路水平敷设时，离地面高度应在2.5m以上；垂直敷设时应在1.8m以上，低于1.8m时应加防护装置。

（2）根据导线截面的大小，配用相应的瓷柱和绑线。

(3) 用绝缘扎绑线将导线牢固地绑在瓷柱上，受力瓷柱用双绑法；加档瓷柱用单绑法；终端瓷柱要把导线绑回头，并绑在瓷柱两侧。

(4) 线路在分支、交叉和转角处及终端时，导线之间应加装瓷套管或其他绝缘管隔离。

(5) 线路中接装的开关、插座和灯具附近约100mm处，应安装瓷柱，以固定导线。

(6) 拧瓷柱的位置，如是砖墙或混凝土底子，应预留木砖；如是抹灰吊顶，应加木龙骨；在线路穿过墙处应打好过墙眼、下套管，或砌墙时预留套管。

(7) 在隐蔽的天棚内，不得用瓷柱布线。

(8) 瓷柱暗布线时，要便于检修和更换线路。

绝缘子：

(1) 导线要布置整齐，不得与建筑物接触，内侧导线离墙一般为10~15mm，线路一般为水平敷设，导线距地面高度不得低于3m。

(2) 从导线至接地物体之间的距离不应小于30mm。

(3) 瓷瓶上敷设的绝缘导线，铜线截面不应小于1.5mm^2；铝线不应小于2.5mm^2。

(4) 用绝缘扎绑线将导线牢固地绑在绝缘子上，两根导线应置于绝缘子的同侧或同时置于绝缘子的外侧，不得置于绝缘子的内侧。导线水平敷设绑扎在绝缘子靠墙侧颈槽内；导线垂直敷设绑扎在绝缘子上面颈槽内；线路在分支、交叉、转角处导线绑扎在张力的反侧；终端绝缘子用回头绑扎法。

(5) 绝缘子应牢固地安装在支架和建筑物上，若是在木结构上固定，可把直脚螺旋直接旋入，若是在金属结构上固定，应先打孔用铁担直脚绝缘子穿孔固定。

(6) 导线由绝缘子线路引下对用电设备供电时，一般可采用塑料管或钢管明配，导线若要连接应在绝缘子附近进行。

钢管：

(1) 钢管布线的原则是：明布要横平竖直、整齐美观；暗布要管路短、弯曲少。

(2) 钢管及附件要做防腐处理，明敷设时刷防腐漆，暗敷设时用混凝土保护。

(3) 钢管之间的连接处及钢管与接线盒之间都应连接成一个导电整体焊接地线，常用ϕ4mm的镀锌铁线电焊焊接或用两根ϕ2mm的镀锌铁线在每根钢管上缠绕5圈后锡焊焊接。

(4) 钢管内壁要圆滑、无堵塞、无漏洞，且接头要紧密。

(5) 钢管的弯曲半径，不应小于管径的6倍；埋入混凝土中的暗敷设时为10倍，每个弯曲处的角度不得超过90°。若管线通过建筑物伸缩缝时，应在伸缩缝或沉降缝处装设补偿装置。

(6) 管内所穿导线(包括绝缘层)的总面积，不应大于线管内径截面的40%；管内导线不得有接头和绞拧现象，便于检修或更换导线。

(7) 钢管暗敷设埋入混凝土板内时，钢管直径不应超过混凝土板厚的1/3；埋入地下土层内应用厚壁钢管，管外壁及焊接地线处应刷沥青防腐；埋入焦渣垫层内，应用水泥砂浆保护好，再铺焦渣层。

(8) 导线穿管时，同一回路的各相导线，都应穿入一根管内；不同回路和不同电压的线路导线，不准穿在同一根管内；交流和直流线路导线不应穿在同一根管内，一根相线导线不允许单独穿入钢管内，一根管内所穿的导线不宜超过10根。

(9) 钢管连成一体后必须接地或接零。

(10) 钢管在墙上固定时，当钢管为ϕ20mm以下时，管卡之间的距离应不大于1.5m；钢管为ϕ40mm以下时，管卡之间的距离应不大于2.5m；管径超过40mm时，可增加到3.5m。

(11) 穿线时可用ϕ1.2mm弹性钢丝作为引线，而引线不能在配管施工的同时穿入管内，应在配管工程完成后再穿引线。

（12）配管管口应装上用绝缘处理的木制管套，以保护导线；穿线后管口应浇注沥青或电缆胶（或用白布带、塑料带、电工胶布等缠封），以防止粉尘和潮气侵入。

（13）钢管敷设长度超过下列数值时，应在中间装设分线盒或接线盒：

1）管线超过30m且无弯曲时。

2）管线超过20m而有一个弯曲时。

3）管线超过12m而有两个弯曲时。

4）管线超过8m而有三个弯曲时。

（14）管线垂直敷设时，在下列情况下应装设接线盒：

1）导线截面为50mm² 以上，管线长度在20m以上。

2）导线截面为50mm² 以下，管线长度在30m以上。

（15）暗管敷设工程，应将施工中变动的管线路径，弯曲部位和走向在竣工图中标明清楚，以便日后维护管理。

塑料管：

（1）塑料管布线和钢管布线基本相同，所用附件也需要用塑料制品，但埋入墙内时应用水泥砂浆保护，埋入地下时应用混凝土保护。

（2）塑料管的连接可用承插法或焊接法，承插法是先把一根塑料管的端头用炉火烘烤加热软化，再将另一根塑料管插入约30mm即可。

（3）塑料管弯曲时，可在炉火上烘烤加热软化后慢慢弯曲，如管径较大可在管内先填充加热过的砂子，再加热塑料管进行弯曲，弯曲半径不应小于管径的6倍，而弯曲处不能被弯扁，以免影响穿过导线。

（4）塑料管沿墙明敷设时，管径在20mm以下时，管卡间距应不大于1m；管径在40mm以下时，应不大于1.5m；管径在50mm以上时，可增大到2m。

6.3.2.4 室内配线的日常维护与检修

巡视周期：

（1）1kV以下的配线，每月进行一次巡视检查，对重要负荷的配线应增加夜间巡视。

（2）每遇暴风雨后，对室外安装的线路及闸箱应进行特殊巡视，出现故障后也应进行特殊巡视。

（3）1kV以下车间配线的裸导线（母线）及分配电盘和闸箱，每季应进行一次停电检查和清扫。500V以下可进入吊顶内配线及铁管配线，每年应停电检查一次。

巡视检查项目：

（1）检查导线与建筑物是否有摩擦和相蹭，绝缘有无破损，绝缘支持物有无脱落。

（2）车间裸导线各相的弛度和线间距离是否相同，车间裸导线的防护网（板）与裸导线的距离有无变动，必要时可进行调整。

（3）明敷设电线管及木槽板等有无碰裂和砸伤，钢管接地是否良好，检查绝缘子、瓷柱、横担等支撑状态是否良好，必要时进行修理。

（4）钢管或塑料管的防水弯头有无脱落或出现蹭管口的现象。

（5）敷设在地下的塑料管线路上方有无重物积压或冲撞。

（6）三相四线制照明回路、零线回路各连接点的接触情况是否良好，有无腐蚀或脱开。

（7）线路上有无接用不合格的和不允许的其他用电设备，有无乱拉、乱接的临时线路。

(8) 导线有无长期过负荷,导线的各连接点接触是否良好,有无过热现象。

(9) 测量线路的绝缘电阻,应不低于 1000Ω/V,对潮湿车间可降至 500Ω/V。

(10) 检查各种标示牌是否齐全,检查熔断器熔体是否合适。

车间配线定期维护项目:

(1) 清扫裸导线绝缘子上的污垢。

(2) 检查绝缘导线是否残旧和老化,对老化严重或绝缘破裂的导线应进行更换。

(3) 紧固导线的所有连接点。

(4) 补充导线上所有的损坏或缺少的支持物及绝缘物。

(5) 钢管配线的钢管若有脱漆锈蚀现象,应及时除锈刷漆。

(6) 建筑物的伸缩、沉降缝处的接线箱有无异常现象。

(7) 多股导线在第一支持物弓子处有无做了倒人字形接线,雨后有无进水现象。

照明及动力线路的维护项目:

工厂车间照明及动力线路都是室内配线,对线路的维护可进行清扫,更换损坏件,检查线路接头和测量线路的绝缘电阻。

(1) 定期清扫,对于敷设的线路要定期清扫,以除去灰尘及杂物,并可发现线路的缺陷。对于绝缘子应擦除积灰,确保线路的良好绝缘状态。

(2) 更换损坏件,当发现线路的支撑件,如铝片卡、绝缘子等脱落或破损时要及时更换,而线路有断股,绝缘破损等缺陷时要根据情况进行局部修理或全部更换。

(3) 检查线路接头,当发现线路接头局部过热,或有接头的某相线路供电质量不良,应按要求进行妥善连接。

(4) 线路绝缘电阻的测量,当线路的电源机构经常过载跳闸或烧断熔体时,可能是电源线路绝缘不良而造成的,这时应进行绝缘电阻的测量。测量时必须将线路上所有用电设备断开电源,可用兆欧表进行测量。这种故障多发生在线管配线的场合,测量后必须放电,以防电击。

复习思考题

1. 高低压线路是如何划分的?
2. 架空线路有哪些部件组成?
3. 巡视时重点检查哪些项目?
4. 什么情况下要进行特殊检查?
5. 架空线路巡视工作中应注意哪些事项?
6. 在带电的情况下如何检测导线接头处的状况?
7. 定期试验是要进行哪些项目?
8. 巡视时发现出现高电阻接地故障如何处理?
9. 巡视时发现出现低电阻接地故障如何处理?
10. 巡视时发现电缆即将断开接地如何处理?
11. 巡视时发现母线接头处接触不良如何处理?

7　互感器的故障检测与维护

互感器是电流互感器和电压互感器的合称。互感器实质上是一种特殊的变压器，其基本结构和工作原理与变压器基本相同。互感器能够可靠地检测出系统在正常或不正常情况下的状态，并传递给仪表或继电器，它是电力系统的神经，对其可靠性的要求比其他电力设备更高。互感器将高压大电流变换成低压小电流供仪表、继电器测量，使二次测量设备不必直接接入主电路而能测量电气参数，使仪表、继电器等二次设备与一次主电路隔离，保证了二次回路的安全性、可靠性。另一方面，扩大了仪表、继电器等二次设备的应用范围。互感器二次侧的电流或电压额定值统一规定为5A或100V，通过改变互感器的变比，可以测得任意大小的电压和电流值，也使二次设备制造标准化，方便了生产和使用。

7.1　互感器的选择和应用

7.1.1　互感器基本原理和接线方式

7.1.1.1　电流互感器的基本原理和接线方式

电流互感器简称CT，文字符号为TA，是变换电流的设备。电流互感器的基本结构原理如图7－1所示，它由一次绕组、铁心、二次绕组组成。

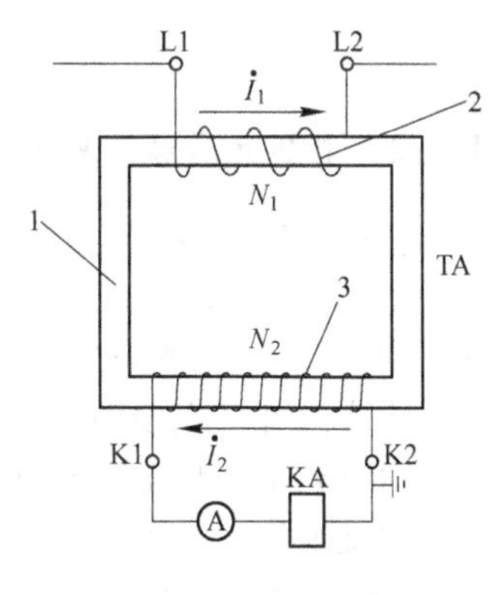

图7－1　电流互感器结构示意图

1—铁心；2——次绕组；3—二次绕组

其结构特点是：一次绕组匝数少且粗，有的型号还没有一次绕组，利用穿过其铁心的一次电路作为一次绕组（相当于1匝）；而二次绕组匝数很多，导体较细。电流互感器的一次绕组串接在一次电路中，二次绕组与仪表、继电器电流线圈串联，形成闭合回路，由于这些电流线圈阻抗很小，工作时电流互感器二次回路接近短路状态。

电流互感器的交流比用 K_i 表示，

$$K_i = I_{1N}/I_{2N} \approx N_2/N_1$$

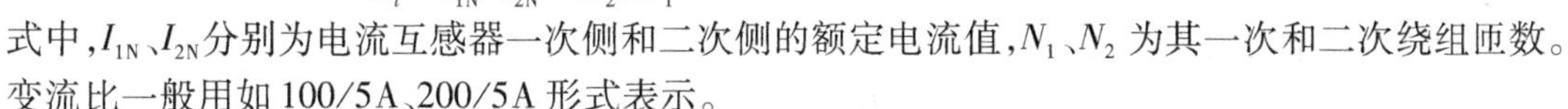

式中，I_{1N}、I_{2N}分别为电流互感器一次侧和二次侧的额定电流值，N_1、N_2为其一次和二次绕组匝数。变流比一般用如100/5A、200/5A形式表示。

电流互感器在三相电路中有四种接线方式：

（1）一相式接线。互感器通常接在B相，电流互感器二次绕组中流过的是对应相一次电流的二次电流值。用于三相负荷平衡系统，供测量电流或过负荷保护装置用如图7－2（a）所示。

（2）两相式接线。这种接线也叫不完全星形接线，在中性点不接地的高压系统中，广泛用于测量三相电流、电能及作过电流保护之用，公共线上的电流为 $I_a + I_c = -I_b$，如图7－2（b）所示。

（3）两相电流差接线。这种接线又叫两相—继电器式接线，流过电流继电器线圈的电流为 $I_a - I_c$，其量值是相电流的$\sqrt{3}$倍。这种接线适用于中性点不接地的高压系统中，作过电流保护之用，如图7－2（c）所示。

（4）三相星形接线。由于每相均装有互感器，能反映各相电流，广泛用于三相不平衡系统中（高压或低压系统）作三相电流、电能测量及过电流继电器保护用，如图 7－2(d)所示。

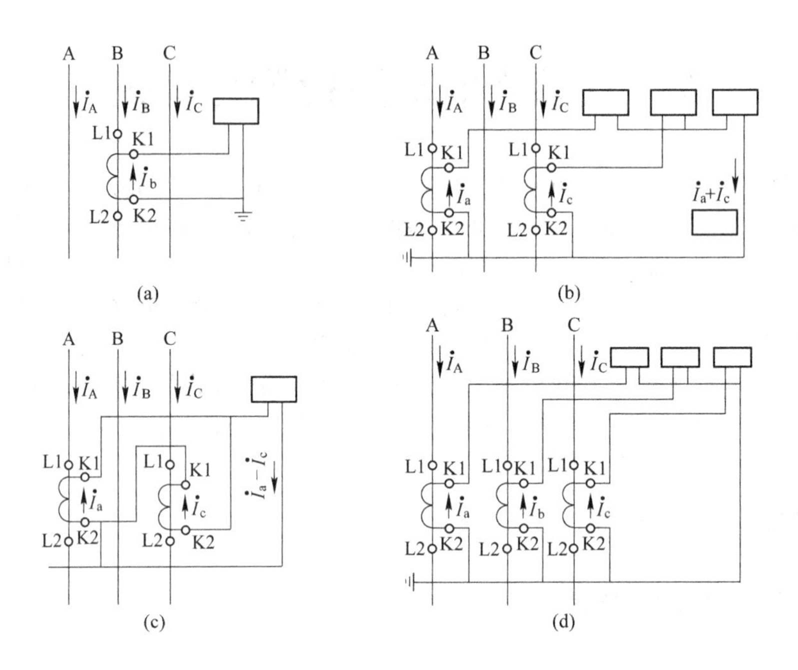

图 7－2　电流互感器接线方式

7.1.1.2　电压互感器的基本原理和接线方式

电压互感器简称 PT，文字符号为 TV，是变换电压的设备。电压互感器的基本结构原理如图 7－3 所示，它由一次绕组、二次绕组和铁心组成。一次绕组并联在线路上，一次绕组的匝数较多，二次绕组的匝数较少，相当于降压变压器。二次绕组的额定电压一般为 100V。二次回路中，仪表、继电器的电压线圈与二次绕组并联，这些线圈的阻抗很大，工作时二次绕组近似于开路状态。

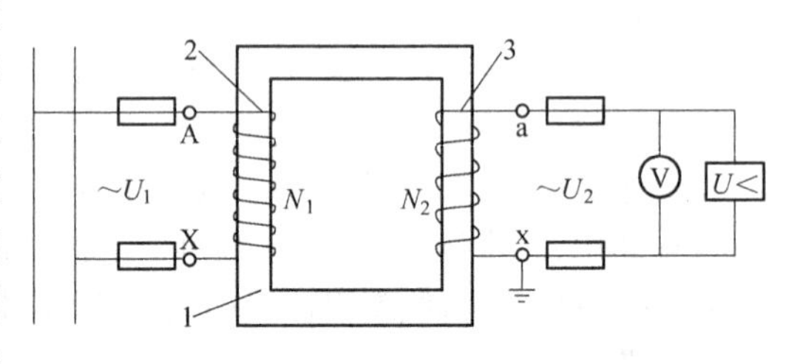

图 7－3　电压互感器结构示意图
1—铁心；2—一次绕组；3—二次绕组

电压互感器的变压比用 K_U 表示

$$K_U = U_{1N}/U_{2N} \approx N_1/N_2$$

式中，U_{1N}、U_{2N}分别为电压互感器一次绕组和二次绕组额定电压，N_1、N_2 为一次绕组和二次绕组的匝数。变压比 K_U 通常表示成如 6/0.1kV、10/0.1kV 的形式。

电压互感器有单相和三相两大类，在成套装置内，采用单相电压互感器较为常见。互感器在三相电路中常见的接线方式如图 7－4 所示。

（1）采用一个单相电压互感器的接线，如图 7－4(a)所示。供仪表和继电器测量一个线电压，如用做备用线路的电压监视。

（2）采用两个单相电压互感器接成 V/V 形，如图 7－4(b)所示。供仪表和继电器测量三个线电压。

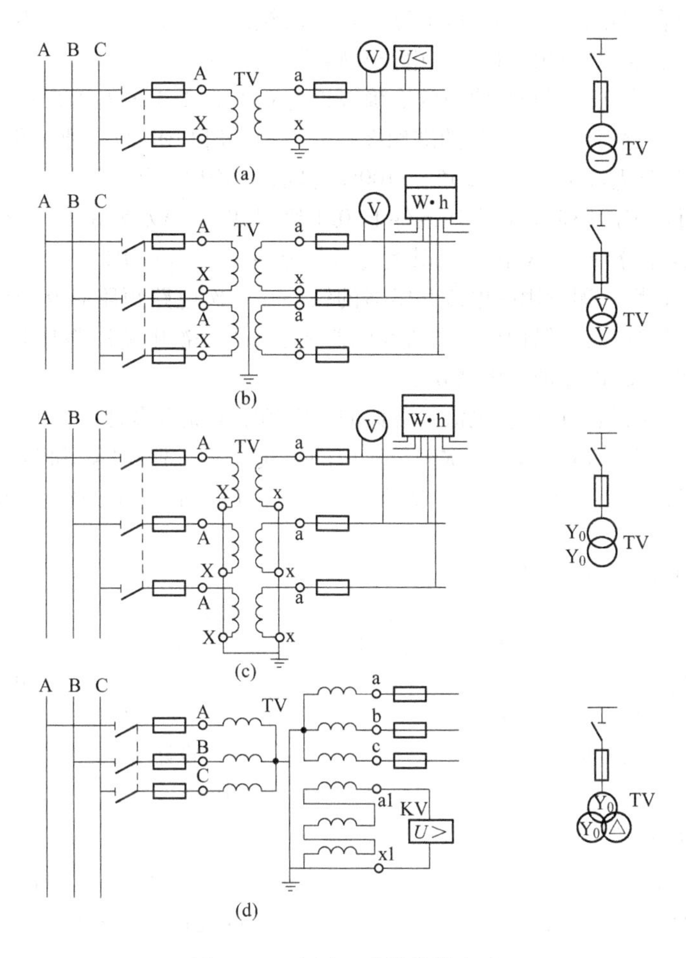

图 7－4 电压互感器接线方式

(3) 采用三个单相电压互感器接成 Y_0/Y_0 形，如图 7－4(c)所示。供仪表和继电器测量三个线电压和相电压。在小接地电流系统中，这种接线方式中的测量相电压的电压表应按线电压选择。

(4) 采用三个单相三绕组电压互感器或一个三相五心柱式电压互感器接成 $Y_0/Y_0/\triangle$ 形，如图 7－4(d)所示。其中一组二次绕组接成 Y_0，供测量三个线电压和三个相电压；另一组绕组(零序绕组)接成开口三角形，接电压继电器，当线路正常工作时，开口三角两端的零序电压接近于零，而当线路上发生单相接地故障时，开口三角两端的零序电压接近 100V，使电压继电器动作，发出信号。

7.1.2 互感器的选择和应用

7.1.2.1 电流互感器的选择和应用

电流互感器的类型很多，按一次电压分，有高压和低压两大类；按一次绕组匝数分有单匝(包括母线式、心柱式、套管式)和多匝式(包括线圈式、绕环式、串级式)；按用途分有测量用和保护用两大类；按绝缘介质类型分有油浸式、环氧树脂浇注式、干式、SF_6 气体绝缘等、在高压系统中还采用电压电流组合式互感器。高压电流互感器二次绕组一般有一至数个不等,其中一个二次绕组用于测量,其他二次绕组用于保护。电流互感器的主要技术指标有:

(1) 准确级。电流互感器测量绕组的准确级设为 0.1、0.2、0.5、1、3、5 六个级别(数值越小越精确),保护用的互感器或保护绕组的准确级一般为 5P 级和 10P 级两种。准确级的含义是:在额定频率下,二次负荷为额定负荷的 25% ~100% 之间,功率因数为 0.8 时,各准确级的电流误差和相位误差不超过规定的限值。在上述条件下,0.1 级,其电流误差为 0.1%,保护用电流互感器 5P,10P 级的电流误差分别为 1% 和 3%,其复合误差分别为 5% 和 10%。

(2) 绕组铁心特性。测量用的电流互感器的铁心在一次电路短路时易于饱和,以限制二次电流的增长倍数,保护仪表。保护用的电流互感器铁心则在一次电流短路时不应饱和,二次电流与一次电流成比例增长,以保证灵敏度要求。

(3) 变流比与二次额定负荷。电流互感器的一次额定电流有多种规格可供用户选择。一次绕组的两个接线端为 L_1 和 L_2,每个二次绕组对应的接线端子分别为 $1K_1$ 和 $1K_2$,以及 $2K_1$ 和 $2K_2$ 等。每个二次绕组都规定了额定负荷,二次绕组回路所带负荷不应超过额定负荷值,否则会影响精确度。

电流互感器型号表示和含义如下:

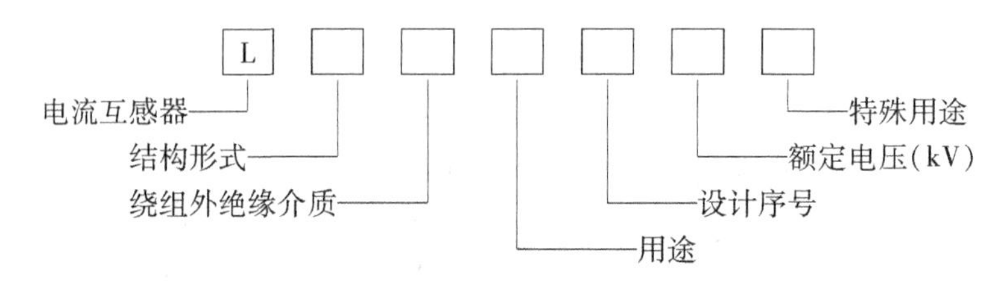

结构形式字母含义:

R——套管式(装入式);F——贯穿式(复匝);K——开合式;Z——支柱式样(瓷箱不表示);D——贯穿式(单匝);V——倒立式;Q——线圈式;M——母线式;A——链式(电容型不表示)。

线圈外绝缘介质字母含义:

J——变压器油不表示;C——瓷(主绝缘,其他不表示);Z——浇注成型固体;G——空气(干式);Q——气体;K——绝缘壳。

用途字母含义:

B——保护用;D——差动保护用;J——接地保护用。

各种型号电流互感器的详细技术数据、外形图和安装尺寸可参考相关资料。要根据具体电路和工作环境正确选择。在选择时要注意:

(1) 电流互感器的额定电压与电网的额定电压应相符。

(2) 电流互感器一次额定电流的选择,应使运行电流为其 20% ~100%;10kV 继电保护用的电流互感器一次侧电流一般应不大于设备额定电流的 1.5 倍。

(3) 所选用电流互感器应符合规定的准确度等级。

(4) 根据被测电流的大小选择电流互感器的变比,要使一次绕组额定电流大于被测电流。

(5) 电流互感器二次负荷所消耗的功率或阻抗应不超过所选用的准确度等级相应的额定容量,以免影响准确度。

(6) 根据系统运行方式和电流互感器的接线方式来选择电流互感器的台数。

(7) 电流互感器选择之后,应根据装设地点的系统短路电流校验其动稳定和热稳定。

电流互感器应用时要注意:

（1）电流互感器在工作时二次侧不得开路。由于电流互感器二次阻抗很小，正常工作时，二次侧接近于短路状态。当二次侧开路时，会感应出很高的电压，危及人身和设备安全。因此，电流互感器二次侧不允许开路，二次回路接线必须可靠、牢固，不允许在二次回路中接入开关或熔断器。配线时要使用圆型压接端子。拆装时先将二次侧两线端短接后，才能进行拆装、更换仪表等操作，以保证人身和设备安全。

（2）电流互感器的一次绕组串联接入被测电路，二次绕组与测量仪表连接，并使一、二次线圈极性正确。

（3）电流互感器一次绕组和铁心均要可靠接地。

（4）二次侧的负荷阻抗不得大于电流互感器的额定负荷阻抗，以保证测量的准确性。

（5）电流互感器不得与电压互感器二次侧互相连接，以免造成电流互感器近似开路，出现高压的危险。

（6）电流互感器二次侧有一端必须接地，以防止一、二次绕组绝缘击穿时，一次侧的高压窜入二次侧，危及人身和设备的安全。

（7）个别电流互感器在运行中损坏需要更换时，应使用电压等级不低于电网额定电压，变比与原来相同、极性正确、伏安特性相近的电流互感器，并测试合格。

（8）由于容量变化而需要成组地更换电流互感器，还应重新审核继电保护整定值及计量仪表的倍率。

（9）更换二次侧电缆时，其截面和芯数必须满足最大负荷电流及回路总负荷阻抗不得超过电流互感器准确等级允许值的要求，并对新电缆进行绝缘电阻的测定，更换后要核对接线有无错误。

（10）更换后的电流互感器和二次回路在运行前必须测定极性。

7.1.2.2　电压互感器的选择和应用

电压互感器按绝缘介质分，有油浸式、环氧树脂浇注式两大主要类型；按使用场所分，有户内式和户外式；按相数来分，有三相和单相两类。在高压系统中，还有如电容式电压互感器、气体电压互感器、电流电压组合互感器等。

电压互感器的二次绕组的准确级规定为0.1、0.2、0.5、1、3五个级别，保护用的电压互感器规定为3P级和6P级，用于小接地系统电压互感器（如三相五心柱式）的零序绕组准确级规定为6P级。

电压互感器型号的表示式如下：

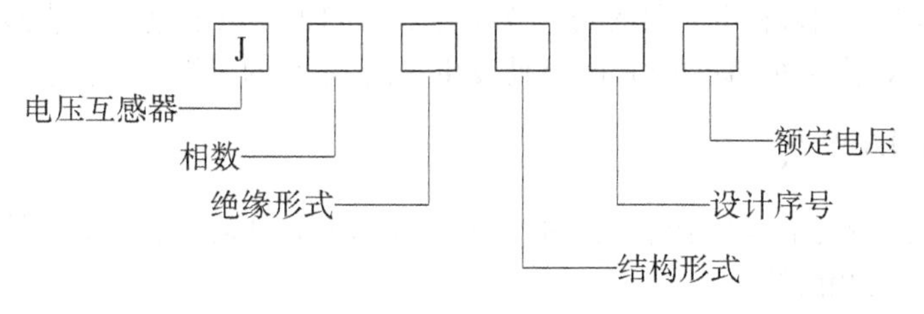

相数字母的含义：

D——单相；S——三相。

绝缘形式字母的含义：

J——油浸式（省略）；O——干式；Z——浇注式；Q——气体。

结构形式字母的含义：

X——带剩余(零序)电压绕组;B——三相带补偿绕组;W——五心柱三绕组。

各种型号电压互感器的详细技术数据、外形图和安装尺寸可参考相关资料。在选择时要根据具体电路和工作环境正确选择。在选择时要注意:

(1) 根据被测电压的高低选择电压互感器的额定变压比,即应该使所用的电压互感器的一次绕组的额定电压大于被测电压。

(2) 与电压互感器配套使用的测量仪表一般选100V的交流电压表。通常板式电压表是按所选用的电压互感器的一次绕组额定电压刻度的,而在该表上标明了所需配用的电压互感器规格,因此按此规格选用电压互感器即可。

(3) 所选用的电压互感器应符合规定的准确度等级。

(4) 测量仪表消耗的功率不得超过电压互感器的额定容量,否则会使误差增大。

电压互感器应用时要注意:

(1) 电压互感器在工作时,其一、二次侧不得短路。电压互感器一次侧短路时会造成供电线路短路。二次回路中,由于阻抗较大近于开路状态,发生短路时,有可能造成电压互感器烧毁。因此,电压互感器一、二次侧都必须装设熔断器进行短路保护。除了装设熔断器外,有时还安装保护电阻,用以减小短路电流。

(2) 电压互感器二次绕组、铁心和外壳都必须可靠接地。这样做的目的是为了防止一、二次绕组的绝缘击穿时,一次侧的高压窜入二次回路中,危及设备及人身安全,通常将公共端接地。

(3) 电压互感器的一次绕组与被测电压的电路并联,而二次绕组则与测量仪表相连接,并使极性正确。三相电压互感器一次绕组两端分别标成A、X,B、Y,C、Z,对应的二次绕组同名端分别为a、x,b、y,c、z,单相电压互感器只标A、X和a、x(或la、lx等),在接线时,若将其中的一相绕组接反,二次回路中的线电压将发生变化,会造成测量误差和保护的误动作(或误信号)。

(4) 检修电压互感器的刀开关或在二次回路上进行工作时,除了按规程填写工作票外,还应考虑切断电压互感器的电源是否会影响继电保护装置;取下一、二次侧熔断器,防止反送电造成高压触电;拉开有关刀开关、验电器和挂接地线。

(5) 电压互感器二次绕组的电压降一般不得超过额定电压的0.5%,接用0.5级电度表时不得超过0.25%。

(6) 对有双母线,两组电压互感器的变配电所,电压互感器二次侧并列前,一次侧必须先经母联开关并列运行,否则,将会由于不平衡电压在二次侧产生大的环流使熔断器熔断,保护失压误动作,造成供电中断。

(7) 对于移相电容器放电用的电压互感器一次侧及110kV以上的电压互感器一次侧,不准装熔断器,主要是考虑到移相电容器的安全放电要求和110kV以上电压互感器一次侧的引线为硬连接,相间距离大,发生短路可能性小,即使发生短路,系统的保护装置将很快动作切除故障。

7.2 检查与维护要点

如前所述,互感器的结构和绝缘方式种类很多,虽各有特征而各有不同的检查标准,但是,检查维护的基本要点是相同的。

7.2.1 电流互感器的检查与维护

7.2.1.1 日常检查

日常检查一般是在每天一次至每周一次的巡视检查中进行的。除了肉眼检查外,还可用耳听或手摸等方式，即以人们直感为主的方法来检查有否异常的声音、气味或发热等。这些日常检查有可能预先防止发展成为重大的事故，确是不可缺少的。因此，日常检查应列为十分重要的工作内容。

用肉眼检查外观有无污损、龟裂和变形，油及浸渍剂有无渗漏，连接处有否松动等。

耳听是否有异常声音：互感器中产生的有游离放电、静电放电等电气的原因引起的声音和铁心磁致伸缩引起的机械振动等声音；有一种放电声音是由于瓷套表面附着有异物而产生的，在电极部位被污染的情况下，就会发生可以听得见的“噼啪、噼啪”，“呲、呲、呲”之类的声音。此外，机械性振动的声音有下列几种情况：设备在额定频率2倍的频率下振动，与机座一起共振发出的声音；因螺栓螺帽等的松动引起共振而能听到大的声音；安装场所的外部环境发生共鸣而能听到很大的声音等。在这些情况下，重要的是迅速查明发出异常声音的原因并及时进行处理。

对于气味也应经常留意，这对预先防止电力设备的重大事故是有价值的。分辨异常气味时，应弄清是哪一类设备发出的，如干式互感器在绝缘物老化后发出烧焦的气味，油浸式设备则是发出所漏出油的气味。

在巡视中要注意以下几个项目的检查：

(1) 绝缘套管是否清洁，有无缺损、裂纹和放电现象，声音是否正常，套管有无裂纹、破损现象。

(2) 充油电流互感器外观应清洁，油位是否正常、无渗漏油现象。

(3) 引线和线卡子及二次回路各连接部分应接触良好，不得松弛。

(4) 外壳及二次回路一点接地良好，接地线应紧固可靠。

(5) 各接头有无过热及打火现象，螺栓有无松动，有无异常气味。

(6) 电流表的三相指示值是否在允许范围之内，电流互感器有无过负荷运行。

(7) 二次绕组有无开路，接地线是否良好，有无松动和断裂现象。

(8) 电流互感器一次端部引线的接头部位要保证接触良好，并有足够的接触面积，以防止接触不良，产生过热现象。

7.2.1.2 定期检查

定期检查应力求每年进行一次，对于无人值班的变电所等无法实行平时检查的设备，定期检查就更为重要。另外，长期积累的检查资料，是做出判断重要的参考资料。

(1) 外观检查项目与日常检查相同。

(2) 除了外观检查外，绝缘性能的检查是定期检查的重要内容。测量绝缘电阻应分别测量设备本身和二次回路的绝缘电阻。设备本身绝缘电阻的判断标准，会因设备结构和一、二次回路的不同而有所差异，同时受到温度、灰尘附着情况等外部环境的影响，所以仅根据电阻的标准值来判断是不充分的，最好以测量数据为基础作如下判断：

1) 把绝缘电阻的标准值作为大致目标；

2) 在记录定期测量的电阻值的同时，要记下温度、湿度，要求这两项没有比前次测量值有显著降低；

3) 测量值应与在同一场所、同一时间测量的相同型号的其他设备相比较，应肯定没有显著的差异；

4) 把瓷管、绝缘套管、出线端子等部位弄干净并达到一定要求后才可测定。

在上述情况下，如确定绝缘电阻有异常，则分析绝缘老化的可能性最大，所以可通过测定 $\tan\delta$ 来判断绝缘是否老化。

(3) 怀疑存在缺陷的电流互感器，应适当缩短试验周期，并进行跟踪和综合分析，查明原因。

(4) 要加强对电流互感器的密封检查(如装有呼吸器的,呼吸系统是否正常,密封胶垫与隔膜是否老化,隔膜内有无积水),对老化的胶垫与隔膜应及时更换。对隔膜内有积水的电流互感器,应对电流互感器绝缘和绝缘油进行有关项目的试验,当确认绝缘已受潮的电流互感器,不得继续运行。

7.2.2 电压互感器的检查与维护

7.2.2.1 日常检查

在巡视中要注意以下几个项目的检查:

(1) 绝缘套管是否清洁、完整,绝缘介质有无损坏、裂纹和放电痕迹。

(2) 充油电压互感器的油位是否正常,油色是否透明(不发黑),有无严重的渗、漏油现象。

(3) 一次侧引线和二次侧引线各连接部分螺钉若有松动,应予以紧固,保证接触良好。

(4) 电压互感器内部是否有异常响声,有无放电声和剧烈振动声;当外部线路接地时,更要注意响声是否正常,有无焦臭味。

(5) 6~35kV 电压互感器的开口三角线圈上安装的灯泡(指示过电压用)有无损坏,若已损坏,应予以更换。

(6) 电压互感器的保护接地是否良好,若有断开或锈蚀,应及时进行更换,防止二次侧绝缘击穿时,使一次侧高压窜入二次侧回路,造成人身和设备事故。

(7) 高压侧导线接头有无过热,低压电路的电缆和导线有无损伤和锈蚀,低压侧熔断器及限流电阻是否完好。

(8) 高压中性点上所串联的电阻是否良好,若已损坏,应立即更换;当无备品时应尽快恢复中性点接地。

(9) 观察接在测量仪表、继电器和自动装置及回路的熔断器熔体有无熔断;电压互感器一、二次侧熔体有无熔断,表计指示是否正常。

(10) 呼吸器内部的吸潮剂是否潮解,若硅胶油由原来的天蓝色变为粉红色,即表明硅胶已受潮,应及时更换。

7.2.2.2 定期检查

定期检查应力求每年进行一次,对于无人值班的变电所等无法实行平时检查的设备,定期检查就更为重要。另外,长期积累的检查资料,是做出判断的重要参考资料。电压互感器的检查项目与电流互感器的检查项目有可参考性。

(1) 外观检查项目与日常检查相同。

(2) 绝缘性能的检查与电流互感器的检查相同。

(3) 检查油位情况,必要时补充加油。

7.3 常见故障与处理

互感器中可能发生的故障其原因大致分类如下:

(1) 因雷电袭击、系统短路、接地等产生的异常电压、电流引起的故障,以及由于周围环境因素引起的故障。主要发生在一次回路上。

(2) 二次回路中的短路、断路及因一次回路上冲击电压等引起二次回路上发生故障。

(3) 因吸潮或漏气、漏油等设备方面的缺陷而引起的故障。

(4) 安装不合标准、维护不当等人为方面引起的故障。

7.3.1 电流互感器常见故障与处理

运行中的电流互感器可能出现开路、发热、冒烟、声响异常、线圈螺钉松动、严重漏油、油面过低等异常现象。维护人员应根据出现的异常情况进行判断处理。

故障现象:所接电流表指示为零,电度表不转,有“嗡嗡”声,电流互感器本身有“吱吱”放电声或异常声音。

若发现上述现象,即认为电流互感器二次回路有开路故障。电流互感器二次回路断线,除了造成上述现象外,最危险的是电流互感器二次绕组中电压升高而把绝缘击穿,而且此高压在测定回路中对操作人员有危险。在运行中,若发现电流互感器二次侧开路,应尽可能及时停电进行处理。如果不允许停电,应尽量减小一次侧负荷电流,然后在保证人体与带电体保持安全距离的情况下,用绝缘工具在开路点前用短路线将电流互感器二次回路短路,再将短路点排除,最后将短路线拆除。在操作过程中要有人监护,注意人身安全。短路时发现比较大的火花,则说明短路有效。若没有火花,则说明断线在线路上或电流互感器的端子上,此时应停用此电流互感器。若短接后故障没有消除,可以断定系电流互感器内部开路,应停电处理。

在紧急处理或停电后,要分析故障原因。

若是二次回路上造成的,在排除故障后,恢复运行。二次回路中,造成开路的原因有:

(1) 接线部分因腐蚀、受力断裂,尤其是接头部位。

(2) 接线螺丝松动。

(3) 所接仪表或负荷出现故障。

若是电流互感器出现故障,先用同型号更换后,将故障互感器进行解体检查。若因使用时间长老化造成的,则无妨;若是新产品质量问题,则要注意同批在线的其他互感器。

故障现象:出现打火、冒烟、发热现象。

导线接头部分虚接、接线螺丝松动、表面灰尘多是造成此现象的主要原因。为防止出现此故障,在配线时要按要求操作,该加垫片时要加垫片,该用压接端子的用压接端子,用导线尤其是多股导线直接接到端子上是打火的主要原因;要经常保持互感器的清洁。

故障现象:运行中出现异常声音或铁心过热。

(1) 运行中的电流互感器在过负荷、二次回路开路、绝缘损坏而发生放电等情况下,都会产生异常声音。

(2) 半导体漆涂刷得不均匀而造成局部电晕,以及夹紧铁心的螺钉松动,也会产生较大的响声。

(3) 电流互感器的铁心过热,可能是由于长时间过负荷或二次回路开路引起铁心饱和而造成的。铁心发热,使绝缘材料产生异味,也产生异常响声。

在运行中,当发现声音不正常或铁心过热时,首先应观察并通过仪表等来判断引起故障的原因。若是过负荷造成的,应将负荷降低至额定值以下,并继续进行监视;若是二次回路开路引起的,应立即停止运行,或将负荷减少至最低限度;若是绝缘破坏而造成放电现象,应及时更换电流互感器。

在维护、维修、清扫时要注意:

(1) 工作中严禁将电流互感器二次回路开路。

(2) 根据工作需要可在适当地点将电流互感器二次侧短路,但必须采用短路片或专用短路线,严禁用熔体或导线缠绕。

（3）严禁在电流互感器与短路端子之间的回路上进行任何工作。

（4）工作中必须有人监护，要使用绝缘工具，并站在绝缘垫上。

（5）工作中应谨慎小心，以免损坏元件或造成二次回路断线，不得将回路的永久接地点断开。

（6）清扫二次回路时，应穿长袖工作服，戴线手套，使用干燥的工具，并将手表等金属物品摘下。

（7）操作时要注意周围环境，防止动作过猛造成其他伤害。

7.3.2　电压互感器常见故障与处理

故障现象：电压互感器回路断线。

电压互感器回路中，容易发生熔断器因接触不良而开路以及其他部分断路的情况，还有因回路中有故障而使熔断器熔断的情况。这时将使电压表及带有电压线圈的仪表指示不正确。发现上述表计不正常指示但无冲击，而电流表及其他表计指示都正常时，则认为是电压互感器回路故障。

有时只有个别仪表指示不正常，则是该仪表本身有故障或其接线断路。

造成回路断线的原因：

（1）电压互感器的高、低侧熔断器熔断造成断线。若高压侧熔体熔断，应拉开电压互感器入口隔离开关，更换熔体，并检查在高压侧熔断器前有无异常现象。测量电压互感器的绝缘电阻，确认良好后，方可送电。若低压侧熔体熔断，应立即更换，并保证熔体容量与原来相同，不得增大。如再次熔断，应查明原因，及时修复。若一时找不出故障原因，应调整有关设备的运行方式。在检查高、低压熔断器时，必须做好安全措施，以确保人身安全，并防止保护装置误动作。

（2）回路接线松动或断线造成断线。应紧固接线螺丝，并找出有无断线现象。

（3）电压切换回路辅助触点及电压切换开关接触不良造成断线。应仔细检查回路各辅助接头及开关本身的接触情况，保证接触良好。

故障现象：电压互感器的高、低侧熔断器熔断。

当熔断器熔断，尤其是连续熔断时，应立即按正常程序断电检修。

（1）电压互感器低压电路发生短路，使低压侧熔体熔断，应立即更换同样规格的熔体，如果再次熔断，应查明原因后再进行处理。

（2）高压电路相间、匝间或层间短路及一相接地等故障，使高压侧熔体熔断，应首先将电压互感器的隔离开关拉开，并取下低压侧熔体检查有无熔断。在排除电压互感器本身故障或二次回路故障后，重新更换与原来相同规格的熔体，是电压互感器投入运行。

（3）熔断器日久磨损也会造成高压或低压侧熔体熔断，应定期进行检查。

（4）由于某种原因，电路中的电流和电压发生突变，此时引起的铁磁谐振，使电压互感器励磁电流增大几十倍，会使高压侧熔体迅速熔断。

（5）电压互感器低压侧发生短路，当低压侧熔体未熔断时，因励磁电流增大，使高压侧熔体熔断。

（6）当系统发生单相间歇性电弧接地故障时，将会产生高压电，使电压互感器的铁心很快饱和，励磁电流急剧增加，使熔体熔断。

（7）高压熔体连续两次熔断，对于6～35kV装有0.5A熔体及合格限流电阻者，可用隔离开关将电压互感器分断；对于110kV以上电压互感器，不得带故障将隔离开关拉开，否则，将导致母线发生故障。

（8）发现熔体熔断，应先将有关保护解除（如低压闭锁、方向闭锁、距离保护、复合电压闭锁等），然后更换熔体，待处理完毕，恢复正常后，再将停用的保护装置投入运行。

故障现象：出现打火、冒烟、发热现象。

导线接头部分虚接、接线螺丝松动、表面灰尘多是造成此现象的主要原因。为防止出现此故障，在配线时要按要求操作，该加垫片时要加垫片，该用压接端子的用压接端子，用导线尤其是多股导线直接接到端子上是打火的主要原因；要经常保持互感器的清洁。

维护、维修时应注意：

（1）个别电压互感器在运行中损坏需要更换时，应选用电压等级与电网电压相符、变比与原来相同、极性正确、励磁特性相近的电压互感器，并经试验合格。

（2）更换成组的电压互感器时，还应对二次侧与其他并列运行的电压互感器检查其接线组别，并核对相位。

（3）电压互感器二次线圈更换后，必须进行核对，以免造成错误接线，特别是防止二次回路短路。

（4）电压互感器及二次绕组更换后必须测定极性。

（5）一般电压互感器的二次侧接有线路的距离保护、方向保护、低电压闭锁过流保护、低电压保护和自动装置。停用电压互感器时，应将有关保护和自动装置停用，以免造成装置失压误动作。

为防止停用的电压互感器从二次侧向一次侧反充电，造成运行电压互感器过流动作，停用时应将二次侧保护取下，再拉开一次侧刀开关。

（6）停用的电压互感器，若一年未带电运行，在带电前应进行试验和检查，必要时可先安装在母线上运行一段时间后，再投入运行。

（7）清扫二次回路时，应穿长袖工作服，戴线手套，使用干燥的工具，并将手表等金属物品摘下。

（8）操作时要注意周围环境，防止动作过猛造成其他伤害。

（9）工作中必须有人监护，要使用绝缘工具，并站在绝缘垫上。

复习思考题

1. 互感器的作用是什么？
2. 电流互感器和电压互感器在结构上各有什么特点？
3. 互感器在使用时有哪些注意事项？
4. 互感器的简称和文字符号分别是什么？
5. 电流互感器有两个二次绕组时，各有何用途？在接线图中，他的图形符号怎样表示？
6. 在选择互感器时要注意哪些事项？
7. 日常巡视时要注意观察哪几种现象？
8. 哪些故障会造成所接电流表指示为零，电度表不转，有嗡嗡声，电流互感器本身有“吱吱”放电声或异常声音？如何处置？
9. 哪些故障会造成电流互感器出现打火、冒烟、发热现象？
10. 哪些故障会造成电压互感器所接电压表指示异常？

8　可编程控制器的使用与维护

可编程控制器即可编程序控制器(Programmable Controller),英文缩写为PC或PLC。它是以微处理器为基础,综合了计算机技术、自动控制技术和通信技术发展起来的一种通用的工业自动控制装置。它具有体积小,功能强,程序设计简单,灵活通用,维护方便等一系列的优点,特别是它的高可靠性和较强的适应恶劣工业环境的能力,更是得到用户的好评。因此,它在冶金、能源、化工、交通、电力等领域中得到了越来越广泛的应用,成为现代工业控制的三大支柱(PLC,机器人和CAD/CAM)之一。

20世纪80年代后,随着大规模和超大规模集成电路技术的迅猛发展,以16位和32位微处理器构成的微机化可编程序控制器得到了惊人的发展,使之在概念上、设计上、性能价格比等方面有了重大的突破。可编程序控制器具有了高速计数、中断技术、PID控制等功能,同时联网通信能力也得到了加强。这些都使得可编程序控制器的应用范围和领域不断扩大。为使这一新型的工业控制装置的生产和发展规范化,国际电工委员会(IEC)制定了PLC的标准,并给出了它的定义:

可编程序控制器是一种数字运算操作的电子系统,专为在工业环境下应用而设计。它采用可编程序的存储器,用来在其内部存储执行逻辑运算,顺序控制、定时、计数和算术运算等操作命令,并通过数字式、模拟式的输入和输出,控制各种类型的机械或生产过程。可编程序控制器及其有关的设备,都应按易于与工业控制系统联成一个整体,易于扩充功能的原则而设计。

值得注意的是,目前国内对可编程序控制器的简称用英文缩写表示有两种:一是PC,二是PLC。因为个人计算机的简称也是PC(Personal Computer),有时为了避免混淆,人们习惯上仍将可编程序控制器简称为PLC(尽管这是早期的名称)。本书采用PLC的称谓。

可编程控制器在工业生产的各个领域里得到了愈来愈广泛的应用。而要正确地应用可编程控制器去完成各种不同的控制任务,首先应从了解可编程控制器的结构特点和工作原理开始。目前,可编程序控制器的产品很多。不同厂家、不同型号的PLC结构也各不相同,但就其基本组成和基本工作原理而言,却大致相同。

8.1　可编程控制器的基本组成和工作原理

8.1.1　可编程控制器的基本组成

通俗地讲,PLC实质上就是一台工业控制计算机。其硬件结构基本上与微机相同,但也有其特殊的地方。即可编程控制器也是由中央处理器(CPU)、存储器(Memory)、输入/输出(I/O)接口及电源组成的。只不过它比一般的通用计算机具有更强的与工业过程相连的接口和更直接的适应控制要求的编程语言。

PLC的基本结构见图8－1。

由图8－1可知,用可编程控制器作为控制器的自动控制系统,就是工业计算机控制系统,它既可进行开关量控制,也可实现模拟量控制。

由于可编程控制器的中央处理器是由通用微处理器、单片机或位片式计算机组成的,且具有各种功能的 I/O 接口及存储器，所以也可将 PLC 的结构用微型计算机控制系统常用的单总线结构形式来表示，如图 8－2 所示。

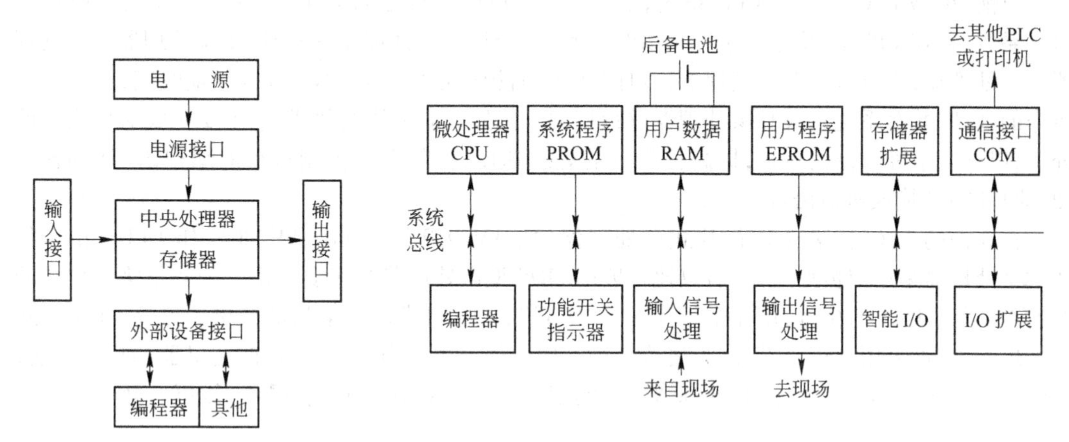

图 8－1 PLC 的基本结构　　　　图 8－2 PLC 的单总线结构图

在图 8－2 中，主机由微处理器(CPU)、存储器(EPROM、RAM)、输入/输出模块、外设 I/O 接口及电源(在上图中未画出)组成。对整体式的 PLC 这些部件都在同一个机壳内，而对于模块式结构的 PLC 各部件独立封装，称为模块。各模块，包括 CPU、电源、I/O(其中也包含特殊功能的 I/O)等，均采用模块化设计，通过机架和电缆线连接在一起。系统的功能和规模可根据用户的实际需求自行组合，根据实际应用的需要配备一定的外部设备，可构成不同的 PLC 控制系统。常用的外部设备有编程器、打印机、EPROM 写入器等。PLC 也可以通过通信接口与上位机及其他的 PLC 进行通信，构成 PLC 工业控制局域网或集散型控制系统。

下面，我们将结合图 8－1、图 8－2 分别说明 PLC 各个组成部分的功能。

8.1.1.1 中央处理器(CPU)

众所周知，CPU 是计算机的核心，因此也是 PLC 的核心。它按照系统程序赋予的功能完成的主要任务是：

(1) 接收与存储用户由编程器键入的用户程序和数据；

(2) 检查编程过程中的语法错误，诊断电源及 PLC 内部的工作故障；

(3) 用扫描方式工作，接收来自现场的输入信号，并输入到输入映像寄存器和数据存储器中；

(4) 在进入运行方式后，从存储器中逐条读取并执行用户程序，完成用户程序所规定的逻辑运算、算术运算及数据处理等操作；

(5) 根据运算结果，更新有关标志位的状态，刷新输出映像寄存器的内容，再经输出部件实现输出控制、打印制表或数据通信等功能。

在模板式 PLC 中，CPU 是一个专用模板，一般 PLC 的 CPU 模板上还有存放系统程序的 ROM 或 EPROM、存放用户程序或少量数据的 RAM，以及译码电路、通信接口和编程器接口等。

在整体式 PLC 中，CPU 是一块集成电路芯片，通常是通用的 8 位微处理器，如 Z80A、8085、6800 等。采用通用的微处理器(如 Z80A)作 CPU，其好处是这些微处理器及其配套的芯片普及、通用、价廉，有独立的 I/O 指令，且指令格式短，有利于译码及缩短扫描周期。

随着大规模集成电路的发展，PLC 采用单片机作 CPU 的越来越多，尤其以 Inter 公司的

MCS—51 系列作 CPU 的居多，它以高集成度、高可靠性、高功能、高速度及低价格的优势，正在占领小型 PLC 的市场。

目前，小型 PLC 均为单 CPU 系统，而大、中型 PLC 通常是双 CPU 或多 CPU 系统。所谓双 CPU 系统，是在 CPU 模板上装有两个 CPU 芯片，一个用于字处理器，一个用于位处理器。字处理器是主处理器，它执行所有的编程器接口的功能，监视内部定时器（WDT）及扫描时间，完成字节指令的处理，并对系统总线和微处理器进行控制。位处理器是从处理器，它主要完成对位指令的处理，以减轻字处理器的负担，提高位指令的处理速度，并将面向控制过程的编程语言（如梯形图、流程图）转换成机器语言。

在高档的 PLC 中，常采用位片式微处理器（如 AM2900、AM2901、AM2903）作 CPU。由于位片式微处理器采用双极型工艺，所以比一般的 MOS 型微处理器在速度上快一个数量级。位片的宽度有二位、四位、八位等，用几个位片进行"级联"，可以组成任意字长的微机。另外，在位片式微处理器中，都采用微程序设计，只要改变微程序存储器中的内容，就可以改变机器的指令系统，因此，其灵活性很强。位片式微处理器易于实现"流水线"操作，即重叠操作，能更有效地发挥其快速的特点。

8.1.1.2 存储器

可编程控制器存储器中配有两种存储系统，即用于存放系统程序的系统程序存储器和存放用户程序的用户程序存储器。

系统程序存储器主要用来存储可编程控制器内部的各种信息。在大型可编程控制器中，又可分为寄存器存储器、内部存储器和高速缓存存储器。在中、小型可编程控制器中，常把这三种功能的存储器混合在一起，统称为功能存储器，简称存储器。

一般系统程序是由 PLC 生产厂家编写的系统监控程序，不能由用户直接存取。系统监控程序主要由有关系统管理、解释指令、标准程序及系统调用等程序组成。系统程序存储器一般由 PROM 或 EPROM 构成。

由用户编写的程序称为用户程序。用户程序存放在用户程序存储器中，用户程序存储器的容量不大，主要存储可编程控制器内部的输入输出信息，以及内部继电器、移位寄存器、累加寄存器、数据寄存器、定时器和计数器的动作状态。小型可编程控制器的存储容量一般只有几千字节的容量（不超过 8KB），中型可编程控制器的存储能力为 2 ~ 64KB，大型可编程控制器的存储能力可达到几百 KB 以上。我们一般讲 PLC 的内存大小，是指用户程序存储器的容量，用户程序存储器常用 RAM 构成。为防止电源掉电时 RAM 中的信息丢失，常采用锂电池做后备保护。若用户程序已完全调试好，且一段时期内不需要改变功能，也可将其固化到 EPROM 中。但是用户程序存储器中必须有部分 RAM，用以存放一些必要的动态数据。

用户程序存储器一般分为两个区，程序存储区和数据存储区。程序存储区用来存储由用户编写的、通过编程器输入的程序。而数据存储区用来存储通过输入端子读取的输入信号的状态、准备通过输出端子输出的输出信号的状态、PLC 中各个内部器件的状态以及特殊功能要求的有关数据。

当用户程序很长或需存储的数据较多时，PLC 基本组成中的存储器容量可能不够用，这时可考虑选用较大容量的存储器或进行存储器扩展。很多 PLC 都提供了存储器扩展功能，用户可将新增加的存储器扩展模板直接插入 CPU 模板中，也有的 PLC 机是将存储器扩展模板插在中央基板上。在存储器扩展模板上通常装有可充电的锂电池，如果在系统运行过程中突然停电，RAM 立即改由锂电池供电，使 RAM 中的信息不因停电而丢失，从而保证来电后系统可从掉电状态开始恢复工作。

目前,常用的存储器有 CMOS—SRAM、EPROM 和 E^2PROM。

(1) CMOS—SRAM 可读写存储器。CMOS—SRAM 是以 CMOS 技术制造的静态可读写存储器,用以存放数据。读写时间小于 200ms,几乎不消耗电流。用锂电池作后备电源,停电后可保存数据 3 ~ 5 年不变。静态存储器的可靠性比动态存储器 DRAM 高,因为 SRAM 不必周而复始地刷新,只有在片选信号(脉冲)有效、写操作有效时,从数据总线进入的干扰信号才能破坏其存储的内容,而这种概率是非常小的。

(2) EPROM 只读存储器。EPROM 是一种可用紫外光擦除、在电压为 25V 的供电状态下写入的只读存储器。使用时,写入脚悬空或接 +5V(窗口盖上不透光的薄箔),其内容可长期保存。这类存储器可根据不同需要与各种微处理器兼容,并且可以和 MCS—51 系列单片机直接兼容。EPROM 一个突出的优点是把输出元件控制(OE)和片选控制(CE)分开,保证了良好的接口特性,使其在微机应用系统中的存储器部分修改、增删设计工作量最小。由于 EPROM 采用单一 +5V 电源,可在静态维持方式下工作以及快速编程等特点,使 EPROM 在存储系统设计中,具有快速、方便和经济等一系列优点。

使用 EPROM 芯片时,要注意器件的擦除特性,当把芯片放在波长约为 400nm 的光线下曝光时,就开始擦除。阳光和某些荧光灯含有 300 ~ 400nm 的波长,EPROM 器件暴露在照明日光灯下,约需三年才能擦除,而在直射日光下,约一周就可擦除,这些特性在使用中要特别注意。为延长 EPROM 芯片的使用寿命,必须用不透明的薄箔,贴在其窗口上,防止无意识的擦除。如果真正需要对 EPROM 芯片进行擦除操作时,必须将芯片放在专用擦除灯下,才能进行擦除。

EPROM 用来固化完善的程序,写入速度为毫秒级。固化是通过与 PLC 配套的专用写入器进行的,不适宜多次反复的擦写。

(3) E^2PROM 电可擦除可编程的只读存储器。E^2PROM 是近年来得到广泛重视的一种只读存储器,它的主要优点是能在 PLC 工作时"在线改写",既可以按字节进行擦除和全新编程,也可进行整片擦除,且不需要专门的写入设备,写入速度也比 EPROM 快,写入的内容能在断电情况下保持不变,而不需要保护电源。它具有与 RAM 相似的高度适应性,又保留了 ROM 不易失的特点。

一些 PLC 出厂时配有 E^2PROM 芯片,供用户研制调试程序时使用,内容可多次反复修改。E^2PROM 的擦写电压约为 20V,此电压可由 PLC 供给,也可由 E^2PROM 芯片自身提供,使用很方便。但从保存数据的长期性、可靠性来看,不如 EPROM。

8.1.1.3 数字量(或开关量)输入部件及接口

来自现场的主令元件、检测元件的信号经输入接口进入到 PLC。主令元件的信号是指由用户在控制键盘(或控制台、操作台)上发出的控制信号(如开机、关机、转换、调整、急停等信号)。检测元件的信号是指用检测元件(如各种传感器、继电器的接点,限位开关、行程开关等元件的触点)对生产过程中的参数(如:压力、流量、温度、速度、位置、行程、电流、电压等)进行检测时产生的信号。这些信号有的是开关量(或数字量),有的是模拟量,有的是直流信号,有的是交流信号,要根据输入信号的类型选择合适的输入接口。

为提高系统的抗干扰能力,各种输入接口均采取了抗干扰措施,如在输入接口内带有光电耦合电路,使 PLC 与外部输入信号进行隔离。为消除信号噪声,在输入接口内还设置了多种滤波电路。为便于 PLC 的信号处理,输入接口内有电平转换及信号锁存电路。为便于与现场信号的连接,在输入接口的外部设有接线端子排。

(1) 数字量(或开关量)输入模板的外部接线方式。数字量(或开关量)输入模板与外部用户输入设备的接线方式可分为汇点式输入和隔离式输入两种基本接线形式。

1) 汇点式输入接线。在汇点式输入接线方式中,各个输入回路有一个公共端(COM)。可以是全部输入点为一组,共用一个电源和公共端;也可以将全部输入点分为几组,每组有一个单独的电源和公共端。

汇点式输入接线方式,可用于直流输入模板,也可以用于交流输入模板。直流输入模板的电源一般可由 PLC 内部的 24V 直流电源提供;交流输入模板的电源则应由用户提供。

2) 隔离式输入接线方式。在隔离式输入接线方式中,每一个输入回路有两个接线端子,由单独的一个电源供电。相对于电源来说,各个输入点之间是相互隔离的。

隔离式输入接线方式一般用于交流输入模板,其电源也应由用户提供。

(2) 数字量输入模板的接口电路。数字量输入模板是将现场送来的开关信号(如按钮信号、各种行程开关信号、继电器接点的闭合或打开信号等),经光电隔离后,将电平转换成 CPU 可处理的 TTL 电平。根据所送来的信号电压的类型,数字量输入模板可分为直流输入模板(通常是 24V)和交流输入模板(通常是 220V)两种类型。

1) 直流数字量输入模板常见的直流数字量输入模板有 +24V 和 +48V 电压两种形式,但这两种形式的模板的基本结构是一样的,只是个别元件的参数有所不同。图 8 - 3 为直流数字量输入模板的原理图,从图中可见,它主要由输入信号处理、光电隔离、信号锁存、端口地址译码和控制逻辑组成。

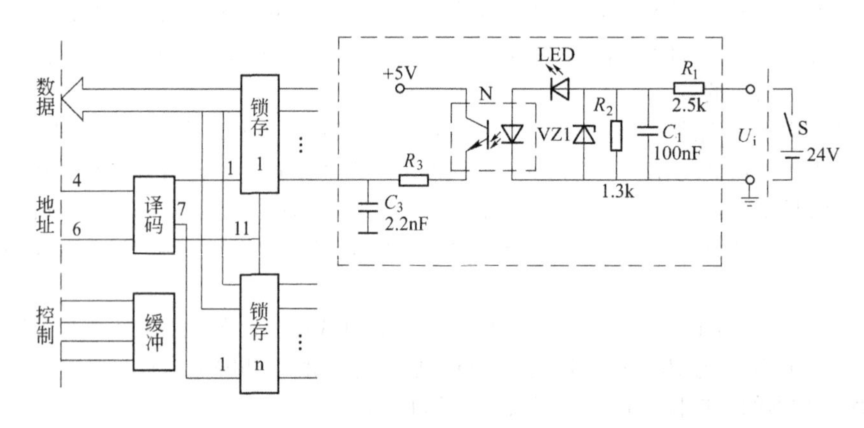

图 8 - 3　直流数字量输入模板原理图

2) 交流数字量输入模板。交流数字量输入模板的电路与直流数字量输入模板是很相似的,唯一不同之处是输入信号处理电路,如图 8 - 4 所示。

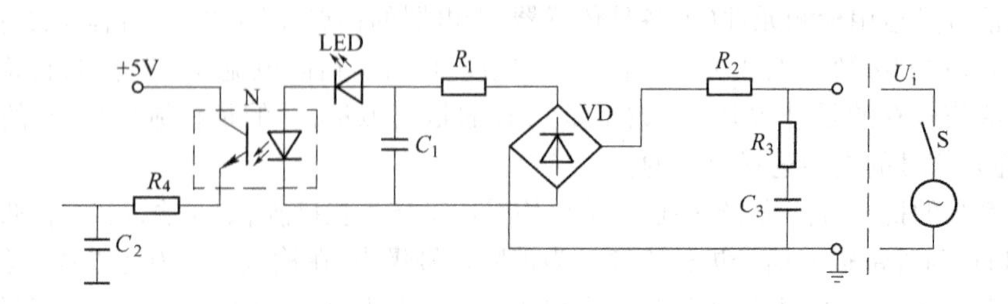

图 8 - 4　交流数字量输入模板的输入信号处理电路

交流输入信号经过整流桥 VD 整流后,所得直流信号作为发光二极管 LED 和光电耦合器 N 的工作电压。电阻 R_1 和电容 C_1 是直流滤波电路。由于交流信号不存在极性问题,故施加到光电耦合器上的直流电压仅与整流桥的方向有关。电阻 R_2 是降压电阻(限制施加到光电耦合器上的电压幅值)。电阻 R_3 和电容 C_3 是交流输入信号 220V 的交流滤波电路,用以滤除高频或尖峰脉冲干扰信号。

8.1.1.4 数字量(开关量)输出部件及接口

由 PLC 产生的各种输出控制信号经输出接口去控制和驱动负荷(如指示灯的亮或灭、电动机的启停或正反转、设备的转动、平移、升降、阀门的开闭等)。所以 PLC 输出接口所带的负荷,通常是接触器的线圈、电磁阀的线圈、信号指示灯等。

同输入接口一样,输出接口的负荷有的是直流量,有的是交流量,要根据负荷性质选择合适的输出接口。

(1) 数字量输出模板的接线方式。数字量输出模板与外部用户输出设备的接线方式,可分为汇点式输出接线和隔离式输出接线两种形式。

1) 汇点式输出接线方式。汇点式输出接线方式,各个输出回路有一个公共端(COM),可以是全部输出点为一组,共用一个公共端和一个电源,也可以将全部输出点分为几组,每组有一个公共端和一个的单独的电源。

负荷电源可以是直流,也可以是交流,它必须由用户提供。汇点式输出接线可用于直流输出模板,也可以用于交流输出模板。

2) 隔离式输出接线方式。在隔离式输出模板中,每个输出回路有两个接线端子,由单独一个电源供电。相对于电源来说,每个输出点之间是相互隔离的。

(2) 数字量输出模板的接口电路。对数字量输出接口,其输出方式分为晶体管输出型,双向晶闸管(可控硅)输出型及继电器输出型。晶体管输出型适用直流负荷或 TTL 电路,双向晶闸管(可控硅)输出型适用于交流负荷,而继电器输出型,既可用于直流负荷,又可用于交流负荷。使用时,只要外接一个与负荷要求相符的电源即可,因而采用继电器输出型,对用户显得方便和灵活,但由于它是有触点输出,所以它的工作频率不能很高,工作寿命不如无触点的半导体元件长。

同样,为保证工作的可靠性,提高抗干扰能力,在输出接口内也要采用相应的隔离措施,如光电隔离和电磁隔离或隔离放大器等措施。

1) 直流数字量输出接口模板(晶体管输出型)。直流数字量输出 +24V、+48V 电压的两种模板基本结构相同,其典型电路如图 8-5 所示。

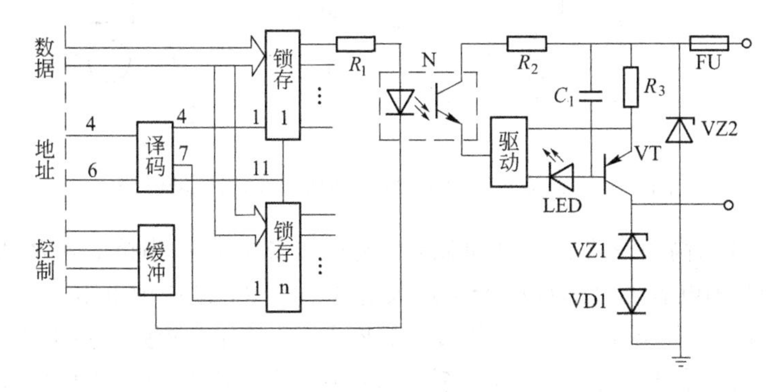

图 8-5 直流数字量输出接口模板原理图

此电路可分为译码、控制逻辑、输出锁存、光电隔离和输出驱动五个部分。其中前四个部分与直流数字量输入模板电路非常相似,所不同之处主要有三点:输出锁存器输入和输出的方向相反;数据流向相反;光电耦合器的原边由标准 TTL 电平驱动,因此驱动电路简单。输出模板和输入模板的最大不同在于输出驱动电路,它也是输出模板的主要部分。

输出驱动电路的核心元件是作开关用的功率管 VT(可以是功率三极管,也可以是功率场效应管或双极型功率管),其主要作用是作电流放大和电平转换。光电耦合器副边侧提供功率管的基极电流。由于光电耦合器输出的电流较小,因此增加一级中间前置放大器,同时还作了相位上的调整作用。在光电耦合器 N 导通时,功率管 VT 也饱和导通,发光二极管导通发光,指示此端口输出高电平。电阻 R_2 是光电耦合器的限流电阻,电阻 R_3 是功率管 VT 的限流电阻,同时在 VT 截止时,对其静态漏电流起负反馈作用,以确保 VT 的可靠截止。熔断器 FU 在输出短路或过流时熔断,以保护 VT 不被损坏。稳压管 VZ2 防止端子上 +24V 电压极性接反,也可防止误接到高电压上或交流电源上而损坏。VZ1 和 VD1 是防止当负荷为感性负荷时,在电感中电流断开瞬间产生反向高压而击穿 VT,它们同时也可防止在多路输出且又共地的情况下产生负荷电流混流现象。

当输出锁存器输出为高电平时,光电耦合器驱动功率管 VT,使它饱和导通。VT 的集电极电压(即输出电压)近似为 +24V,负荷所需要的大电流也由 VT 的集电极提供。当锁存器输出为低电平时,光电耦合器的副边侧不输出电流,VT 因没有基极电流而自动截止,这时负荷上既无电压,也无电流,即端子上的输出为 0。

晶体管输出型每个输出点的最大带负荷能力为 0.5A,但是因为有温度上升的限制,每 4 点输出总电流不得大于 0.8A(每点平均 0.2A)。

晶体管输出型的接口,其响应速度较快,从光电耦合器动作(或关断)到晶体管导通的时间为 2ms 以下。

2) 交流数字量输出接口模板(双向晶闸管或双向可控硅)。交流输出模板的电路大部分与直流输出接口模板相同,只有输出驱动电路不同,如图 8-6 所示。它的主要开关元件是双向晶闸管 VT,可看作两个普通晶闸管的反并联(但其驱动信号是单极性的),只要门极 G 为高电平,就使 VT 双向导通,从而接通 220V 交流电源向负荷供电。

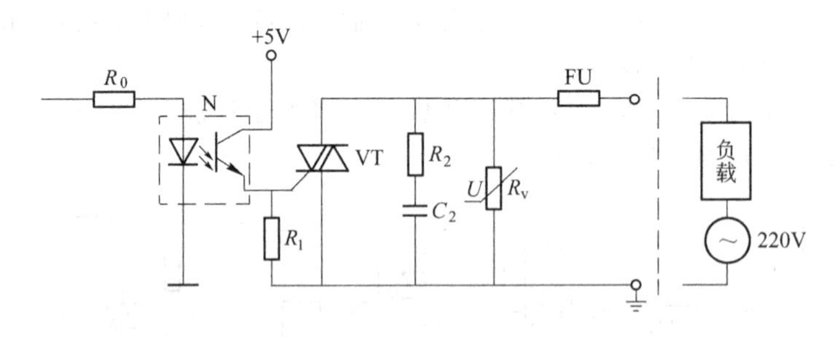

图 8-6　交流数字量输出接口模板的输出驱动电路

图中电容 C_2 作为高频滤波电容,可抑制高尖峰电压击穿 VT。串接电阻 R_2 是限制 VT 由截止转为导通的瞬间,因电容的高速放电产生过大的 di/dt。RV 是压敏电阻,用它来吸收浪涌电压,以限制 VT 两端电压始终不超过一定限度。熔断器 FU 是作为短路或过电流保护而设置的。电阻 R_1 是将光电耦合器副边侧的电流信号转换成电压信号,用以驱动 VT 的门极。光电耦合器副边电流如不足以驱动 VT 正常导通时,可增加一级电流放大电路。

双向晶闸管输出型:每点最大带负荷能力为0.5~1A,每4点输出总电流不得大于1.6~4A。

双向晶闸管输出型的响应速度最快,从晶闸管门极驱动到双向晶闸管导通的时间为1ms以下。

3）继电器输出接口模板。如果采用输出继电器来接通或断开,作为数字量的输出,则更为自由和方便,而且它的适用场合更普遍。因此,在对动作时间和动作频率要求不高的情况下,常常采用继电器输出方式。

继电器输出接口模板的控制部分也与直流输出接口模板相同,只是输出驱动电路不同。如图8-7所示为一种典型的继电器输出驱动电路。

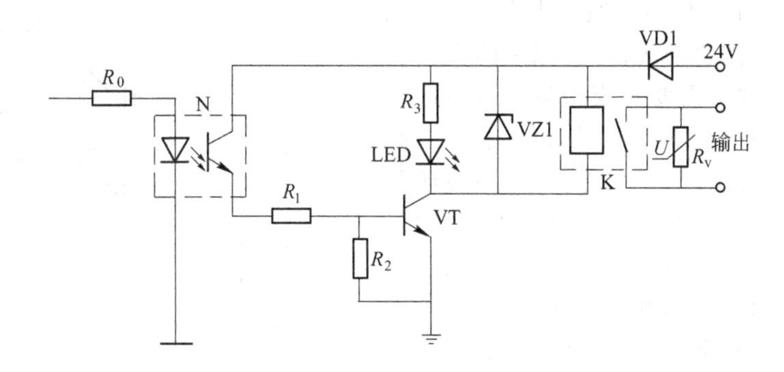

图8-7　继电器输出接口模板的输出驱动电路

图中光电耦合器N的副边电流作为三极管VT的基极驱动电流,从而使VT饱和导通,继电器K吸合,发光二极管LED导通发光并指示现在输出是高电平。R_1是基极限流电阻,R_2是VT基极区电荷释放电阻,以加速VT截止。同时,R_1与R_2组成分压电路,以避免基极过电压。R_3是LED的限流电阻(LED正常发光时,电流约3~5mA)。稳压管VZ1既可防止继电器线圈过电压,同时可以抑制VT截止瞬间使继电器线圈上产生反向高压,从而保护VT以免反向击穿。二极管VD1用来防止电源电压的极性接反。压敏电阻R_v并接在继电器的接点上,用来防止接点之间电压过高,避免接点打开时电感性负荷产生高电压使接点“粘接”。供电电源必须与继电器线圈额定工作电压相同,它只作为输出模板负荷的自用电源,而与PLC的输出能力无关。PLC的输出能力取决于输出继电器输出接点的额定电压与电流参数,即继电器接点闭合时可通过的最大电流和接点打开时可承受的最高电压。

继电器输出型接口在250V AC以下电路电压可驱动的负荷能力为:纯电阻负荷为2A/1点;感性负荷为80VA以下(AC 100V或AC 200V);灯负荷为100W以下(AC 100V或AC 200V)。

继电器输出型接口响应时间最慢,从输出继电器的线圈得电(或断电)到输出接点ON(或OFF)的响应时间均为10ms。

8.1.1.5　模拟量输入/输出接口模板

小型PLC一般没有模拟量输入/输出接口模板,或者只有通道数有限的8位A/D、D/A模板。大、中型PLC可以配置成百上千的模拟量通道,它们的A/D、D/A转换器一般是10位或12位的。

模拟量I/O接口模板的模拟输入信号或模拟输出信号可以是电压,也可以是电流。可以是单极性的,如0~5V、0~10V、1~5V、4~20mA;也可以是双极性的,如±50mV、±5V、±10V、±20mA。

一个模拟量I/O接口模板的通道数,可能有2、4、8、16个。也有的模板既有输入通道,也有输出通道。

在一些高精度和高抗干扰的PLC控制系统中，模拟量I/O接口模板也需要有光电隔离措施。由于模拟信号的隔离问题远比数字信号隔离困难，因此常在模拟量I/O模板上只配置若干具有隔离措施的端口，以降低系统的复杂度和成本。在模拟量I/O接口模板中，一般不能用光电耦合器作隔离，因为它不能保证良好的线性度，所以往往采用成本较高的隔离放大器来实现隔离作用。在模拟量I/O接口模板中的数字逻辑部分可以采用光电耦合器来隔离。

（1）模拟量输入接口模板。模拟量输入接口模板的任务是把现场中被测的模拟量信号转变成PLC可以处理的数字量信号。通常生产现场可能有多路模拟量信号需要采集，各模拟量的类型和参数都可能不同，这就需要对模拟量信号在进入模板前，对模拟量进行转换和预处理，把它们变换成输入模板能统一处理的电信号，经多路转换开关进行多选一，再将已选中的信号进行A/D转换，转换结束进行必要处理后，送入数据总线供CPU存取，或存入中间寄存器备用。见图8－8。

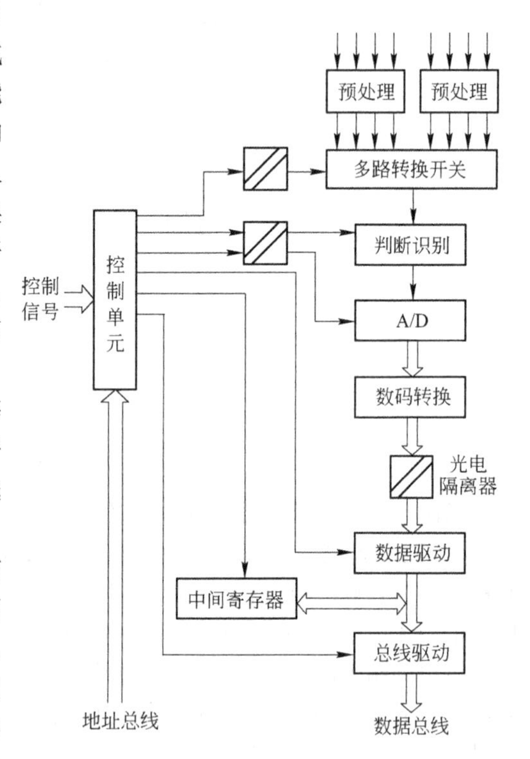

图8－8　模拟量输入模板的结构图

预处理部分主要完成信号滤波、电平转换等功能，先把现场的被测模拟量规范化后，变成适于A/D转换的电压信号，再经过多路转换开关八选一，进入模板的输入端。

判断识别单元的主要任务是判断输入模拟信号的真伪，避免由于输入通道上断线一类故障而造成输入伪信号。识别的方法是在正常测量前，由输入模板向被测试的通道端口反向输出一个恒值电流，并在端子上形成一个对应的定值电压，将此电压进行A/D转换，如果转换结果不符，则给出显示标志，并不再对此通道进行检测。如果通道接线完好，则判断识别结果正常，这时才可以对该通道进行正常测量。

A/D转换器是模拟量输入模板的关键器件，它完成模拟量到数字量的转换。转换时间一般为10～100μs，A/D转换器是在控制单元的控制下，完成启动A/D转换，读取转换结果等工作过程。通常，A/D转换的结果是以带符号的二进制形式出现。

数码转换单元的作用是将A/D转换的结果按运算要求进行码制转换，例如转换成补码或BCD码。转换后的数据经光电隔离，再经数据驱动器，送入中间寄存器。当CPU需要读取本通道输入信号时，再由中间寄存器取出，经总线驱动后送入数据总线。经数据线驱动的输出数据也可以不经中间寄存器而直接进入总线驱动，供CPU立即读取。

控制单元完成模板上各单元的指挥协调任务，它首先根据CPU送来的地址信号确认是否选通本模板，如果确实是选通本模板，则根据CPU送来的端口地址，使多路开关选中相应的输入通道；控制判断识别单元完成信号真伪识别，当确认输入通道正常，信号真实后，再启动A/D，对所选通道的输入信号进行A/D转换，转换结束后，将转换数据经光电隔离器送到中间寄存器或是直接由总线驱动，输出到数据总线。所以，模板的选通、转换、传送都是在控制单元的统一指挥下进行的。

(2) 模拟量输出接口模板。模拟量输出模板的任务是将 CPU 模板送来的数字量转换成模拟量,用以驱动执行机构,实现对生产过程或装置的闭环控制。

模拟量输出模板的结构框图如图 8－9 所示。

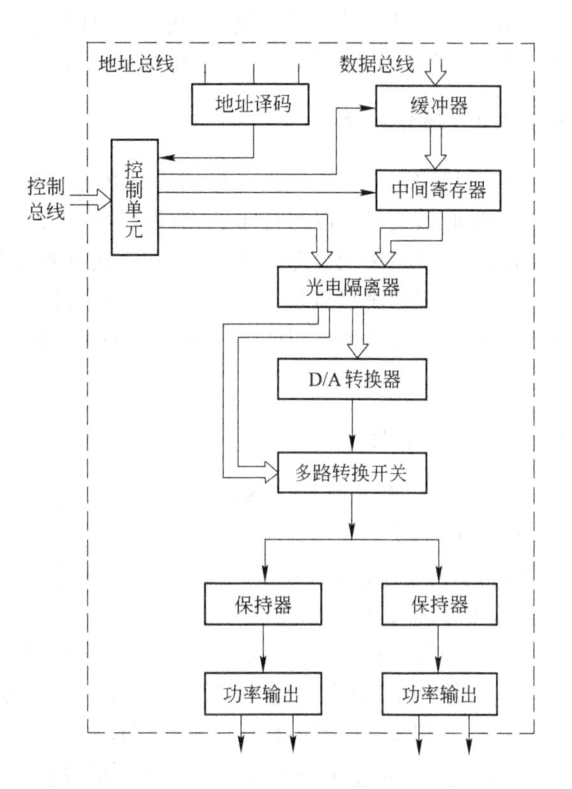

图 8－9 模拟量输出模板的结构框图

CPU 对某一控制回路经采样、计算,得到一个输出信号。在模拟量输出模板控制单元的指挥下,这个输出信号以数字量形式由数据总线经缓冲器存入中间寄存器。这个数字量再经光电耦合器送给 D/A 转换器。D/A 转换器是模拟量输出模板的核心器件,它决定着该模板的工作精度和速度。经 D/A 转换后,控制信号已变为模拟量。通常,一个模拟量输出模板控制多个回路,即模板具有多个输出通道,经 D/A 转换后的信号要送到哪个通道,由 CPU 控制多路开关来实现这一选择。这里的多路选择开关与模拟量输入模板上的多路开关在使用方向上相反,那里是多选一,这里是一选多。D/A 输出的信号经多路开关进入所选中的通道,此信号由保持器保持,以便在新的输出信号到来之前,能维持已有的输出信号不变,从而使执行机构驱动信号得到保持。保持器的输出信号经功率放大后送到执行机构,控制执行机构按要求的控制规律动作。如果执行机构是要求电流驱动的,则在功率放大后还要增加 U/I 变换环节。

控制单元指挥着模板上的各单元工作,它首先根据 CPU 送来的地址信号确认是否选中本模板,如果选中了本模板,则先选通缓冲器和中间寄存器,读入并锁存数据,再启动 D/A 芯片完成数字量到模拟量的转换,然后根据 CPU 送来的通道号,控制多路开关完成选择,将 D/A 输出的模拟信号送到指定的通道上,进行功率放大与变换。

8.1.1.6 智能 I/O 接口

为适应和满足更加复杂控制功能的需要,PLC 生产厂家均生产了各种不同功能的智能 I/O 接口,这些 I/O 接口板上一般都有独立的微处理器和控制软件,可以独立地工作,以便减少 CPU 模板的压力。

在众多的智能 I/O 接口中,常见的有满足位置控制需要的位置闭环控制接口模块;有快速 PID 调节器的闭环控制接口模板;有满足计数频率高达 100kHz 甚至几 MHz 以上的高数计数器接口模板。用户可根据控制系统的特殊要求,选择相应的智能 I/O 接口。

8.1.1.7 扩展接口

PLC 的扩展接口现在有两个含义:一个是单纯的 I/O(数字量 I/O 或模拟量 I/O)扩展接口,它是为弥补原系统中 I/O 口有限而设置的,用于扩展输入、输出点数,当用户的 PLC 控制系统所需的输入、输出点数超过主机的输入、输出点数时，就要通过 I/O 扩展接口将主机与 I/O 扩展单元连接起来。另一个含义是 CPU 模板的扩充，它是在原系统中只有一块 CPU 模板而无法满足系统工作要求时使用的。这个接口功能是实现扩充 CPU 模板与原系统 CPU 模板以及扩充 CPU 模板之间（多个 CPU 模板扩充）的相互控制和信息交换。

8.1.1.8　通信接口

通信接口是专用于数据通信的一种智能模板，它主要用于"人—机"对话或"机—机"对话。PLC 通过通信接口可以与打印机、监视器相连，也可与其他的 PLC 或上位计算机相连，构成多机局部网络系统或多级分布式控制系统，或实现管理与控制相结合的综合系统。

通信接口有串行接口和并行接口两种，它们都在专用系统软件的控制下，遵循国际上多种规范的通信协议来工作。用户应根据不同的设备要求选择相应的通信方式并配置合适的通信接口。

8.1.1.9　编程器

编程器用于用户程序的输入、编辑、调试和监视，还可以通过其键盘去调用和显示 PLC 的一些内部继电器状态和系统参数。它经过编程器接口与 CPU 联系，完成"人—机"对话。可编程控制器的编程器一般由 PLC 生产厂家提供，它们只能用于某一生产厂家的某些 PLC 产品，可分为简易编程器和智能编程器。

（1）简易编程器。简易编程器一般由简易键盘、发光二极管阵列或液晶显示器（LCD）等组成。它的体积小，价格便宜，可以直接插在 PLC 的编程器插座上，或者用电缆与 PLC 相连。它不能直接输入和编辑梯形图程序，只能通过联机编程的方式，将用户的梯形图语言程序转化成机器语言的助记符（指令语句表）的形式，再用键盘将指令语句表程序一条一条地写入到 PLC 的存储器中。当用户程序已正确输入到 PLC 中后，可将编程器的工作方式选择为运行状态（RUN）或监控状态（MONITER），也可将简易编程器从主机上拿下来，这样在 PLC 送电后，直接进入到运行状态。

（2）智能编程器。智能编程器又称图形编程器，一般由微处理器、键盘、显示器及总线接口组成，它可以直接生成和编辑梯形图程序。图形编程器可分为液晶显示的图形编程器和用 CRT 作显示器的图形编程器。

液晶显示的图形编程器一般是手持式的，它有一个大型的点阵式液晶显示屏，可以显示梯形图或指令语句表程序，它一般还能提供盒式磁带录音机接口和打印机接口。

用 CRT 作显示器的图形编程器是一种台式编程器，它实际上是一台专用计算机，它的显示屏一般比液晶显示的要大得多，功能也强得多，使用起来很方便。

用 CRT 作显示器的编程器既可联机在线编程，也可以离线编程，并将用户程序储存在编程器自己的存储器中。它既可以用梯形图编程，也可用助记符编程（有的也可以用高级语言编程），可通过屏幕进行"人—机"对话。程序可以很方便地与 PLC 的 CPU 模板互传，也可以将程序写入 EPROM，并提供磁带录音机接口和磁盘驱动器接口，有的编程器本身就带有磁盘驱动器。它还有打印机接口，能快速清楚地打印梯形图，包括图中的英文注释，也可以打印出指令语句表程序清单和编程元件表等。这些文件对程序的调试和维修是非常有用的。

智能编程器体积大、成本高，适用于在实验室或大型 PLC 控制系统中，对应用程序进行开发和研制。

（3）用 PC 机作编程器。由 PLC 生产厂家生产的专用编程器使用范围有限，价格一般也较高。在个人计算机不断更新换代的今天,出现了使用以个人计算机(IB PC/AT及其兼容机)为基础的编程系统。PLC的生产厂家可能把工业标准的个人计算机作为程序开发系统的硬件提供给用户,大多数厂家只向用户提供编程软件,而个人计算机则由用户自己选择。由PLC生产厂家提供的个人计算机作了改装,以适应工业现场相当恶劣的环境,如对键盘和机箱加以密封,并采用密封型的磁盘驱动器,以防止外部脏物进入计算机,使敏感的电子元件失效。这样,被改装的PC机就可以工作在较高的温度和湿度条件下,能够在类似于PLC的运行环境中长期可靠地工作。

这种方法的主要优点是使用了价格较便宜、功能很强的通用个人计算机,因此,可用最少的投资获取高性能的PLC程序开发系统。对于不同厂家和型号的PLC,只需要更换编程软件即可。这种系统的另一个优点是可以使用一台个人计算机为所有的工业智能控制设备编程。

个人计算机的PLC程序开发系统的软件一般包括以下几个部分:

1）编程软件。这是最基本的软件,它允许用户生成、编辑、储存和打印梯形图程序和其他形式的程序。

2）文件编制软件。它与程序生成软件一起,可以对梯形图中的每一个接点和线圈加上注释,指出它们在程序中的作用,并能在梯形图中提供附加的注释,解释某一段程序的功能,使程序容易阅读和理解。

3）数据采集和分析软件。在工业控制计算机中,这一部分软件功能已相当普遍。个人计算机可以从PLC控制系统中采集数据,并可用各种方法分析这些数据。然后将结果用条形统计图或扇形统计图的形式显示在CRT上,这种分析处理过程是非常快的,几乎是实时的。

4）实时操作员接口软件。这一类软件对个人计算机提供实时操作的“人—机”接口装置个人计算机,被用来作为系统的监控装置,通过CRT告诉操作人员系统的状况和可能发生的各种报警信息。操作员可以通过操作员接口键盘(有时也可能直接用个人计算机的键盘)输入各种控制指令,处理系统中出现的各种问题。

5）仿真软件。它允许工业控制计算机对工厂生产过程做系统仿真,过去这一功能只有大型计算机系统才有。它可以对现有的系统有效地检测、分析和调试,也允许系统的设计者在实际系统建立之前,反复地对系统仿真,用这个方法,及时发现系统中存在的问题,并加以修改。还可以缩短系统设计、安装和调试的总工期,避免不必要的浪费和因设计不当造成的损失。

8.1.1.10　电源

PLC的外部工作电源一般为单相85～260V、50/60Hz交流电源,也有采用24～26V直流电源的。使用单相交流电源的PLC,往往还能同时提供24V直流电源,供直流输入使用。PLC对其外部工作电源的稳定度要求不高,一般可允许±15%左右的波动。

对于在PLC的输出端子上接的负荷所需的负荷工作电源,必须由用户提供。

PLC的内部电源系统一般有三类:第一类是供PLC中的TTL芯片和集成运算放大器使用的基本电源(+5V和±15V直流电源);第二类电源是供输出接口使用的高压大电流的功率电源;第三类电源是锂电池及其充电电源。考虑到系统的可靠性及光电隔离器的使用,不同类电源具有不同的地线。此外,根据PLC的规模及所允许扩展的接口模板数,各种PLC的电源种类和容量往往是不同的。

8.1.1.11　总线

总线是沟通PLC中各个功能模板的信息通道,它的含义并不单是各个模板插脚之间的连线,还包括驱动总线的驱动器及其保证总线正常工作的控制逻辑电路。

对于一种型号的 PLC 而言,总线上各个插脚都有特定的功能和含义,但对不同型号的 PLC 而言,总线上各个插脚的含义不完全相同(到目前为止,国际上尚没有统一的标准)。

总线上的数据都是以并行方式传送的,传送的速度和驱动能力随 CPU 模板上的驱动器不同而异。

8.1.1.12　PLC 的外部设备

PLC 控制系统的设计者可根据需要配置一些外部设备。

(1) 人—机接口装置。人—机接口又叫操作员接口,用于实现操作人员与 PLC 控制系统的对话和相互作用。

人—机接口最简单、最基本和最普遍的形式是由安装在控制台上的按钮、转换开关、拨码开关、指示灯、LED 数字显示器和声光报警等元件组成。它们用来指示 PLC 的 I/O 系统状态及各种信息,通过合理的程序设计,PLC 控制系统可以接收并执行操作员的命令。小型 PLC 一般采用这种人—机接口。

在大中型 PLC 控制系统中,常用带有智能型的人—机接口,可长期安装在操作台和控制柜的面板上,也可放在主控制室里,使用彩色或单色的 CRT 显示器,有自己的微处理器和存储器。它通过通信接口与 PLC 相连,以接收和显示外部信息,并能与操作人员快速地交换信息。

(2) 外存储器。PLC 的 CPU 模板内的半导体存储器称为内存,可用来存放系统程序和用户程序。有时将用户程序存储在盒式磁带机的磁带或磁盘驱动器的磁盘中,作为程序备份或改变生产工艺流程时调用。磁带和磁盘称为外存,如果 PLC 内存中的用户程序被破坏或丢失,可再次将存储在外存中的程序重新装入。在可以离线开发用户程序的编程器中,外存特别有用,被开发的用户程序一般存储在磁带或磁盘中。

(3) 打印机。打印机在用户程序编制阶段用来打印带注解的梯形图程序或指令语句表程序,这些程序对用户的维修及系统的改造或扩展是非常有价值的。在系统的实时运行过程中,打印机用来提供运行过程中发生事件的硬记录,例如用于记录系统运行过程中报警的时间和类型。这对于分析事故原因和系统改进是非常重要的。在日常管理中,打印机可以定时或非定时打印各种生产报表。

(4) EPROM 写入器。EPROM 写入器用于将用户程序写入到 EPROM 中去。它提供了一个非易失性的用户程序的保存方法。同一 PLC 系统的各种不同应用场合的用户程序可以分别写入到几片 EPROM 中,在改变系统的工作方式时,只需要更换 EPROM 芯片即可。

8.1.2　可编程控制器的软件及编程语言

可编程控制器是微型计算机技术在工业控制领域的重要应用,而计算机是离不开软件的。可编程控制器的软件也可分为系统软件和应用软件。

8.1.2.1　系统软件

所谓可编程控制器的系统软件就是 PLC 的系统监控程序,也有人称之为可编程控制器的操作系统。它是每台可编程控制器都必须包括的部分,是由 PLC 的制造厂家编制的,用于控制可编程控制器本身的运行,一般来说,系统软件对用户是不透明的。

系统监控程序通常可分为三个部分:

(1) 系统管理程序。系统管理程序是监控程序中最重要的部分,它要完成如下任务:

1) 负责系统的运行管理,控制可编程控制器何时输入、何时输出、何时运算、何时自检、何时通信等,进行时间上的分配管理。

2) 负责存储空间的管理,即生成用户环境,由它规定各种参数、程序的存放地址,将用户使用的数据参数存储地址转化为实际的数据格式,以及物理存放地址。它将有限的资源变为用户可直接使用的很方便的编程元件。例如,它将有限个数的CTC扩展为几十个、上百个用户时钟(定时器)和计数器。通过这部分程序,用户看到的就不是实际机器存储地址和PIO、CTC的地址,而是按照用户数据结构排列的元件空间和程序存储空间。

3) 负责系统自检,包括系统出错检验、用户程序语法检验、句法检验、警戒时钟运行等。有了系统管理程序,整个可编程控制器就能在其管理控制下,有条不紊地进行各种工作。

(2) 用户指令解释程序。任何一台计算机,无论应用何种语言,最终只能执行机器语言,而用机器语言编程无疑是一件枯燥、麻烦且令人生畏的工作。为此,在可编程控制器中采用梯形图语言编程,再通过用户指令解释程序,将梯形图语言一条条地翻译成一串串的机器语言。这样,因为PLC在执行指令的过程中需要逐条予以解释,所以降低了程序的执行速度。由于PLC所控制的对象多数是机电控制设备,这些滞后的时间(一般是μs或ms级的)完全可以忽略不计。尤其是当前PLC的主频越来越高,这种时间上的延迟将越来越少。

(3) 标准程序模块和系统调用。这部分是由许多独立的程序块组成的,能各自完成不同的功能,如输入、输出、运算或特殊运算等。可编程控制器的各种具体工作都是由这部分程序完成的,这部分程序的多少,就决定了可编程控制器性能的强弱。

整个系统监控程序是一个整体,它质量的好坏,很大程度上决定了可编程控制器的性能。如果能够改进系统的监控程序,就可以在不增加任何硬件设备的条件下,大大改善可编程控制器的性能。

8.1.2.2 应用软件

可编程控制器的应用软件是指用户根据自己的控制要求编写的用户程序。由于可编程控制器的应用场合是工业现场,它的主要用户是电气技术人员,所以其编程语言,与通用的计算机相比,具有明显的特点,它既不同于高级语言,又不同于汇编语言,它要满足易于编写和易于调试的要求,还要考虑现场电气技术人员的接受水平和应用习惯。因此,可编程控制器通常使用梯形图语言,又叫继电器语言,更有人称之为电工语言。另外,为满足各种不同形式的编程需要,根据不同的编程器和支持软件,还可以采用指令语句表、逻辑功能图、顺序功能图、流程图以及高级语言进行编程。

(1) 梯形图。梯形图是一种图形编程语言,是面向控制过程的一种“自然语言”,它沿用继电器的触点(触点在梯形图中又常称为接点)、线圈、串并联等术语和图形符号,同时也增加了一些继电器—接触器控制系统中没有的特殊功能符号。梯形图语言比较形象、直观,对于熟悉继电器控制线路的电气技术人员来说,很容易被接受,且不需要学习专门的计算机知识,因此,在PLC应用中是使用的最基本、最普遍的编程语言。但这种编程方式只能用图形编程器直接编程。

PLC的梯形图虽然是从继电器控制线路图发展而来的,但与其又有一些本质的区别:

1) PLC梯形图中的某些编程元件沿用了继电器这一名称,例如:输入继电器、输出继电器、保持继电器、中间继电器等。但是,这些继电器并不是真实的物理继电器,而是“软继电器”。这些继电器中的每一个,都与PLC用户程序存储器中的数据存储区中的元件映像寄存器的一个具体基本单元相对应。如果某个基本单元为“1”状态,则表示与这个基本单元相对应的那个继电器的“线圈得电”。反之,如果某个基本单元为“0”状态,则表示与这个基本单元相对应的那个继电器的“线圈断电”。这样,我们就能根据数据存储区中某个基本单元的状态是“1”还是“0”,判断与之对应的那个继电器的线圈是否“得电”。

2）PLC 梯形图中仍然保留了动合触点和动断触点的名称，这些触点的接通或断开，取决于其线圈是否得电（这对于熟悉继电器控制线路的电气技术人员来说，是最基本的概念）。在梯形图中，当程序扫描到某个继电器触点时，就去检查其线圈是否“得电”，即去检查与之对应的那个基本单元的状态是“1”还是“0”。如果该触点是动合触点，就取它的原状态；如果该触点是动断触点，就取它的反状态。例如：如果对应输出继电器 0500 的基本单元中的状态是“1”（表示线圈得电），当程序扫描到 0500 的动合触点时，就取它的原状态“1”（表示动合触点接通），当程序扫描到 0500 的动断触点时，就取它的反状态“0”（表示动断触点断开）。反之亦然。

3）PLC 梯形图中的各种继电器触点的串并联连接，实质上是将对应这些基本单元的状态依次取出来，进行“逻辑与”、“逻辑或”等逻辑运算。而计算机对进行这些逻辑运算的次数是没有限制的。因此，可在编制程序时无限次使用各种继电器的触点，且可根据需要采用动合或动断的形式。注意，在梯形图程序中同一个继电器号的线圈一般只能使用一次。

4）在继电器控制线路图中，左、右两侧的母线为电源线，在电源线中间的各个支路上都加有电压，当某个或某些支路满足接通条件时，就会有电流流过接点和线圈。而在 PLC 梯形图，左侧（或两侧）的垂线为逻辑母线，每一个支路均从逻辑母线开始，到线圈或其他输出功能结束。在梯形图中，其逻辑母线上不加什么电源，元件和连线之间也并不存在电流，但它确实在传递信息。为形象化起见，我们说，在梯形图中是有信息流或假想电流在流通，即在梯形图中流过的电流不是物理电流，而是“概念电流”，是用户程序表达方式中满足输出执行条件的形象表达方式，“概念电流”只能从左向右流动。

5）在继电器控制线路图中，各个并联电路是同时加电压，并行工作的，由于实际元件动作的机械惯性，可能会发生触点竞争现象。在梯形图中，各个编程元件的动作顺序是按扫描顺序依次执行的，或者说是按串行的方式工作的，在执行梯形图程序时，是自上而下，从左到右，串行扫描，不会发生触点竞争现象。

6）PLC 梯形图中的输出线圈只对应存储器中的输出映像区的相应位，不能用该编程元件（如中间继电器的线圈、定时器、计数器等）直接驱动现场执行机构，必须通过指定的输出继电器，经 I/O 接口上对应的输出单元（或输出端子）才能驱动现场执行机构。

（2）指令语句表。指令语句就是用助记符来表达 PLC 的各种功能。它类似于计算机的汇编语言，但比汇编语言通俗易懂，因此也是应用很广泛的一种编程语言。这种编程语言可使用简易编程器编程，尤其是在未能配置图形编程器时，就只能将已编好的梯形图程序转换成指令语句表的形式，再通过简易编程器将用户程序逐条地输入到 PLC 的存储器中进行编程。通常每条指令由地址、操作码（指令）和操作数（数据或器件编号）三部分组成。编程设备简单，逻辑紧凑、系统化，连接范围不受限制，但比较抽象，一般与梯形图语言配合使用，互为补充。目前，大多数 PLC 都有指令语句编程功能。

（3）逻辑功能图。这是一种由逻辑功能符号组成的功能块来表达命令的图形语言，这种编程语言基本上沿用了半导体逻辑电路的逻辑方块图。对每一种功能都使用一个运算方块，其运算功能由方块内的符号确定。常用“与”、“或”、“非”等逻辑功能表达控制逻辑。和功能方块有关的输入画在方块的左边，输出画在方块的右边。采用这种编程语言，不仅能简单明确地表现逻辑功能，还能通过对各种功能块的组合，实现加法、乘法、比较等高级功能，所以，它也是一种功能较强的图形编程语言。对于熟悉逻辑电路和具有逻辑代数基础的人来说，是非常方便的。

图 8－10 为实现三相异步电动机启停控制的三种编程语言的表达方式。

（4）顺序功能图（SFC）。顺序功能图编程方式采用画工艺流程图的方法编程，只要在每一

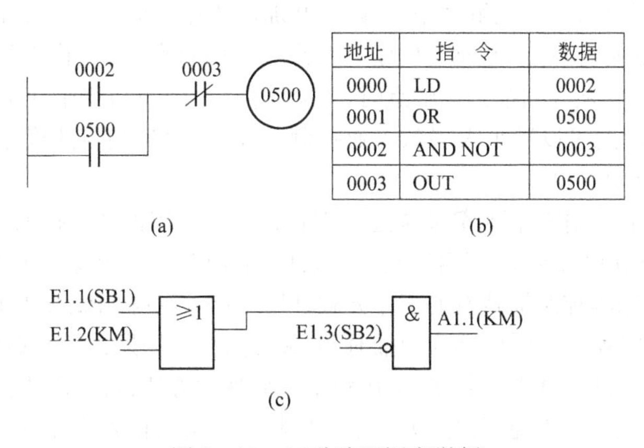

地址	指 令	数据
0000	LD	0002
0001	OR	0500
0002	AND NOT	0003
0003	OUT	0500

(b)

图 8-10 三种编程语言举例

(a)梯形图;(b)指令语句表;(c)逻辑功能图

个工艺方框的输入和输出端,标上特定的符号即可。对于在工厂中搞工艺设计的人来说,用这种方法编程,不需要很多的电气知识,非常方便。

不少 PLC 的新产品采用了顺序功能图,有的公司已生产出系列的、可供不同的 PLC 使用的 SFC 编程器,原来十几页的梯形图程序,SFC 只用一页就可完成。另外,由于这种编程语言最适合从事工艺设计的工程技术人员,因此,它是一种效果显著、深受欢迎、前途光明的编程语言。

(5) 高级语言。在一些大型 PLC 中,为了完成一些较为复杂的控制,采用功能很强的微处理器和大容量存储器,将逻辑控制、模拟控制、数值计算与通信功能结合在一起,配备 BASIC、PASCAL、C 等计算机语言,从而可像使用通用计算机那样进行结构化编程,使 PLC 具有更强的功能。

目前,各种类型的 PLC 基本上都同时具备两种以上的编程语言。其中,以同时使用梯形图和指令语句表的占大多数。不同厂家、不同型号的 PLC,其梯形图及指令语句表都有些差异,使用符号也不尽相同,配置的功能各有千秋。因此,各个厂家不同系列、不同型号的可编程控制器是互不兼容的,但编程的思想方法和原理是一致的。

随着大规模集成电路的发展,生产厂家都选择可靠性高、速度快、功能强、效率高的 CPU 作为可编程控制器的 CPU,使得可编程控制器更具竞争力。很多厂家还普遍采用了冗余技术,即采用双 CPU 或三 CPU 工作,进一步提高了系统的可靠性。采用冗余技术可使 PLC 的平均无故障工作时间达几十万小时以上。

在增强可编程控制器的 CPU 功能的同时,不断推出新的 I/O 模块。例如,数控模块、语音处理模块、高速模块、远程 I/O 模块、通信和人机接口模块,另外,在模块上逐渐向智能化方向发展。因为模块本身就有微处理器,这样,它与可编程控制器的主 CPU 并行工作,占主 CPU 的时间少,有利于可编程控制器扫描速度的提高。所有这些模块的开发和应用,不仅提高了功能,减小了体积,而且也大大扩大了可编程控制器的应用范围。

8.1.3 可编程控制器的工作原理

可编程控制器是一种专用的工业控制计算机,因此,其工作原理是建立在计算机控制系统工作原理的基础上。但为了可靠地应用在工业环境下,便于现场电气技术人员的使用和维护,它有着大量的接口器件,特定的监控软件,专用的编程器件。所以,不但其外观不像计算机,它的操作使用方法、编程语言、工作方式及工作过程与计算机控制系统也是有较大的不同。可编程控制器不是采用微型计算机中的中断处理方式,而是采用循环扫描的工作方式,即可编程控制器对用户程序进行反复的循环扫描，逐条地解释用户程序，并加以执行。例如一个输出线圈或逻辑线圈被接通或断开，该线圈的所有触点（包括它的常开触点和常闭触点）不会像电气继电控制中的继电器那样立即动作，而是必须等扫描到该触点时，才会动作。由于可编程控制器扫描用户程序的时间一般只有几十 ms，因此可以满足大多数工业控制的需要，而且响应速度远远高于继电器控制（继电器动作时间在 100ms 以上）。

下面以小型 PLC 的工作过程来简要描述可编程控制器采用循环扫描的工作方式。

小型 PLC 的工作过程有两个显著特点：一个是周期性扫描，一个是集中批处理。

周期性扫描是可编程控制器特有的工作方式，PLC 在运行过程中，总是处在不断循环的顺序扫描过程中。每次扫描所用的时间称为扫描时间，又称为扫描周期或工作周期。

由于可编程控制器的 I/O 点数较多，采用集中批处理的方法，可以简化操作过程，便于控制，提高系统可靠性。因此可编程控制器的另一个主要特点就是对输入采样、执行用户程序、输出刷新实施集中批处理。这同样是为了提高系统的可靠性。

当 PLC 启动后，先进行初始化操作，包括对工作内存的初始化、复位所有的定时器、将输入输出继电器清零，检查 I/O 单元连接是否完好，如有异常则发出报警信号。初始化之后，PLC 就进入周期性扫描过程中。

小型 PLC 的工作过程流程如图 8－11 所示。

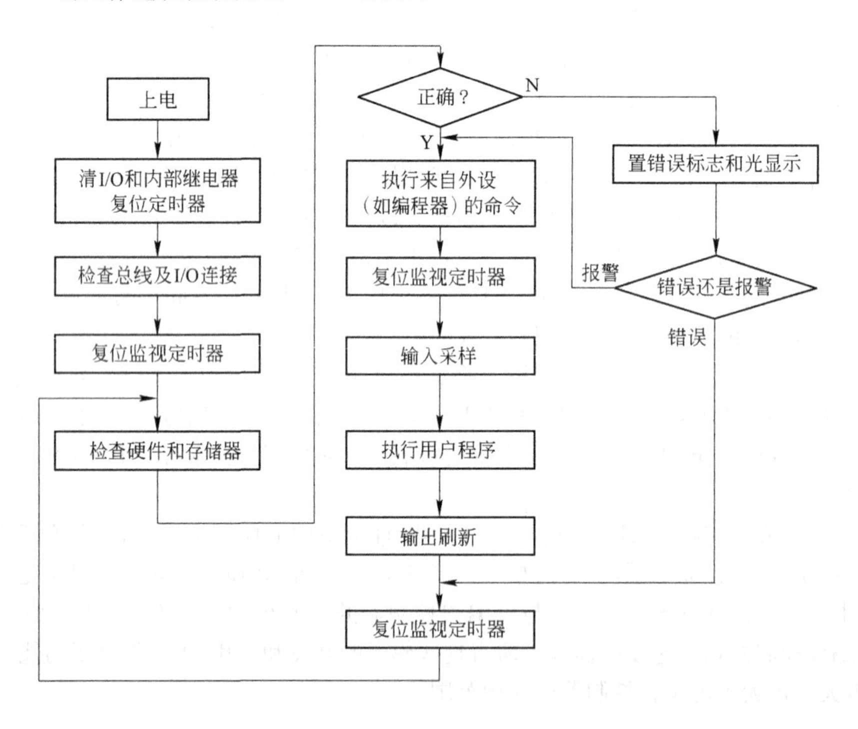

图 8－11　小型 PLC 的工作过程流程图

根据图 8－11，我们可将 PLC 的工作过程（周期性扫描过程）分为四个扫描阶段。

（1）公共处理扫描阶段。公共处理包括 PLC 自检、执行来自外设命令、对警戒时钟又称监视定时器或看门狗定时器 WDT（Watch Dog Timer）清零等。

PLC 自检就是 CPU 检测 PLC 各器件的状态，如出现异常再进行诊断，并给出故障信号，或自行进行相应处理，这将有助于及时发现或提前预报系统的故障，提高系统的可靠性。

在 CPU 对 PLC 自检结束后，就检查是否有外设请求，如是否需要进入编程状态，是否需要通信服务，是否需要启动磁带机或打印机等。

采用 WDT 技术也是提高系统可靠性的一个有效措施，它是在 PLC 内部设置一个监视定时器。这是一个硬件时钟，是为了监视 PLC 的每次扫描时间而设置的，对它预先设定好规定时间，每个扫描周期都要监视扫描时间是否超过规定值。如果程序运行正常，则在每次扫描周期的公共处理阶段对 WDT 进行清零（复位），避免由于 PLC 在执行程序的过程中进入死循环，或者由于 PLC 执行非预定的程序而造成系统故障，从而导致系统瘫痪。如果程序运行失常进入死循环，则 WDT 得不到按时清零而造成超时溢出，从而给出报警信号或停止 PLC 工作。

(2) 输入采样扫描阶段。这是第一个集中批处理过程。在这个阶段中，PLC 按顺序逐个采集所有输入端子上的信号，不论输入端子上是否接线，CPU 顺序读取全部输入端，将所有采集到的一批输入信号写到输入映像寄存器中。在当前的扫描周期内，用户程序依据输入信号的状态（ON 或 OFF），均从输入映像寄存器中去取，而不管此时外部输入信号的状态是否变化。即使此时外部输入信号的状态发生了变化，也只能在下一个扫描周期的输入采样扫描阶段去读取，对于这种采集输入信号的批处理，虽然严格上说每个信号被采集的时间有先有后，但由于 PLC 的扫描周期很短，这个差异对一般工程应用可忽略，所以可认为这一些采集到的输入信息是同时的。

(3) 执行用户程序扫描阶段。这是第二个集中批处理过程。在执行用户程序阶段，CPU 对用户程序按顺序进行扫描。如果程序用梯形图表示，则总是按先上后下、从左至右的顺序进行扫描。每扫描到一条指令，所需要的输入信息的状态均从输入映像寄存器中去读取，而不是直接使用现场的立即输入信号。对其他信息，则是从 PLC 的元件映像寄存器中读取。在执行用户程序中，每一次运算的中间结果都立即写入元件映像寄存器中，这样该元素的状态马上就可以被后面将要扫描到的指令所利用。对输出继电器的扫描结果，也不是马上去驱动外部负荷，而是将其结果写入元件映像寄存器中的输出映像寄存器中，待输出刷新阶段集中进行批处理，所以执行用户程序阶段也是集中批处理过程。

在这个阶段，除了输入映像寄存器外，各个元件映像寄存器的内容随着程序的执行而不断变化。

(4) 输出刷新扫描阶段。这是第三个集中批处理过程。当 CPU 对全部用户程序扫描结束后，将元件映像寄存器中各输出继电器的状态同时送到输出锁存器中，再由输出锁存器经输出端子去驱动各输出继电器所带的负荷。

在输出刷新阶段结束后，CPU 进入下一个扫描周期。

8.2 可编程控制器的安装

可编程控制器正确的安装和试运行是可编程控制系统正常运行的重要保证。各个厂家在销售可编程控制器时，都结合自己产品的特点给用户提供了用户手册。手册中都详细地说明了安装方法。在这里我们就不具体说明安装方法，而把一些在安装时需注意的事项告诉大家。

8.2.1 安放环境

可编程控制器是一种对环境条件适应性很强的电气设备，为了提高可靠性，充分发挥它的功能，在安放时要考虑以下事项：

8.2.1.1 需避免的安放场所

请避免在下列场所安放，否则会造成误动作。

(1) 阳光直射的地方;
(2) 周围温度超过 0 ~ 55℃ 的地方;
(3) 相对湿度超过 10% ~ 90% RH 的地方;
(4) 因温度急剧变化而凝结露水的地方;
(5) 有腐蚀性气体、可燃性气体、盐分的地方;
(6) 有灰尘、铁粉的地方;
(7) 可能触及水、油、药品粉末的地方;
(8) 有直接的振动和冲击的地方。

8.2.1.2 改善环境条件的措施

如果环境条件不符合要求,就必须采取适当的措施,以改善环境条件。下面介绍几种常用可行的有效措施:

(1) 高温对策。如果控制系统的周围环境温度超过极限温度(55℃),必须采取下面的有效措施,迫使环境温度低于极限值。

1) 盘、柜内设置排风扇或冷风机,通过滤网把自然风引入盘、柜内。由于排风扇的寿命不长,必须和滤网一起定期检修。使用冷风机时注意不能结露。

2) 把控制系统置于有空调的控制室内,不能直接放在日光下。

3) 控制器的安装应考虑通风,控制器的上下都要留有 50mm 的距离,I/O 模块配线时要使用导线槽,以免妨碍通风。

4) 安装时要把发热体,如电阻器或电磁接触器等远离控制器,或者把控制器安装在发热体的下面。

(2) 低温对策

1) 盘、柜内设置加热器,在冬季这种加热器特别有效,可使盘、柜内温度保持在 0℃ 以上,或在 10℃ 左右。设置加热器时要选择适当的温度传感器以便能在高温时自动切断加热器电源,低温时自动接通电源。

2) 停运时,不切断控制器和 I/O 模块电源,靠其本身的发热量使周围温度升高,特别是夜间低温时,这种措施是有效的。

3) 温度有急剧变化的场合,不要打开盘、柜的门,以防冷空气进入。

(3) 湿度对策

1) 盘、柜设计成密封型,并放入吸湿剂。

2) 把外部干燥的空气引入盘、柜内。

3) 印刷板上再覆盖一层保护层,如喷松香水等。

4) 在湿度低、干燥的场合进行检修时,人体应尽量不接触模块,以防感应电损坏器件。

(4) 防振和防冲击措施。在有振动和冲击时,应弄清振动源是什么,以便采取相应的防振措施。

1) 如果振动源来自盘、柜之外,可对相应的盘柜采用防振橡皮,以达到减振目的。同时亦可把盘、柜设置在远离振源的地方,或者使盘、柜与振源共振。

2) 如果振动来自盘、柜内,则要把产生振动和冲击的设备从盘、柜内移走,或单独设置盘、柜。

3) 强固控制器或 I/O 模块印刷板、连接器等可能产生松动的部件或器件,连接线亦要固定紧。

(5) 周围环境空气的对策,如果周围环境空气不清洁,可采取下面相应措施
1) 盘、柜采用密封结构。
2) 盘、柜内打入高压清洁空气,使外界不清洁空气不能进入盘、柜内部。
3) 印刷板表面涂一层保护层,如松香水等。
所有上述措施都不能保证绝对有效,有时根据需要可采用综合防护措施。

8.2.1.3 屏蔽措施

在下列场所使用时,请充分考虑屏蔽措施。
(1) 由于静电发生噪声的场所;
(2) 产生强电及磁场的场所;
(3) 有可能发出放射能的场所;
(4) 附近有电源线的场所。

8.2.1.4 控制盘、柜内的安装

安装盘内的可编程控制器,要充分注意操作的正确性,对环境的适应性以及应保持余量等问题。

(1) 对环境温度的要求。可编程控制器使用环境温度为 0 ~ 55℃,安装时应注意如下事项。
1) 应留有充分通风的空间;
2) 避免在发热量很大的器件上(暖气片,变压器,大电阻)安装;
3) 环境温度超过 55℃ 必须安装电扇或空调。
(2) 为保持良好的耐杂波性能应注意以下事项
1) 避免在装配有高压设备的盘内安装;
2) 应离动力线 200mm 以上进行安装;
3) 考虑到保守、操作的安全性,应尽量与高压设备、动力设备分开来安装;
4) 安装在控制盘中离地面 1000 ~ 1600mm 高的地方,安装和操作比较容易。

8.2.2 配线时的注意事项

(1) 配线时不要撕掉防尘标签。如果掉入线头会引起误动作。配线后为了散热的需要,必须撕掉标签。

(2) 外部配线。为防止干扰影响,可编程控制器的输入输出线与动力线应分别在各自的电缆槽中配线。下面是几种配线实例。

1) 利用层叠式电缆槽配线。可编程控制器的输入输出线、可编程控制器的电源线和控制线、动力线分别放在上下线槽中,电缆槽要良好接地。线与线之间相距 300mm 以上,如图 8-12 所示。

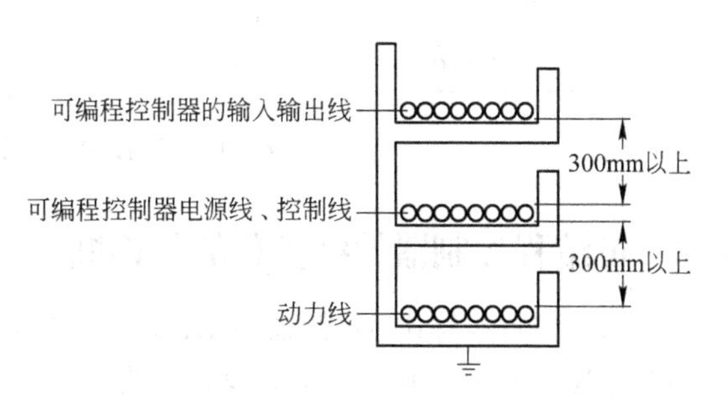

图 8-12 挂式电缆槽配线示意图

2) 利用并行金属电缆槽配线。如果可编程控制器的输入输出线、可编程控制器的电源线和控制线、动力线需要并行布线,那么就将输入输出线、可编程控制器的电源线和

控制线、动力线分别放在一个中间隔开的铁制金属电缆槽中。电缆槽要良好接地，如图8－13所示。

3）利用配线管配线。只要有可能，最好使用配线管来铺设电缆，如图8－14所示。

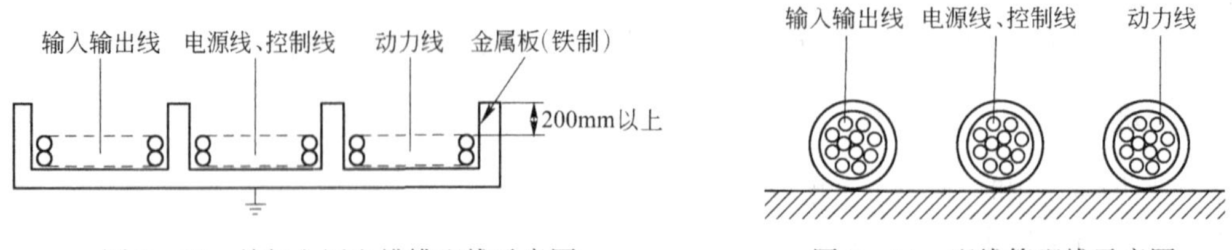

图8－13　并行金属电缆槽配线示意图　　图8－14　配线管配线示意图

（3）接地线的配线。为防止由干扰产生误动作或电击，接地端子必须接地。接地线必须使用1.25mm² 以上的电线。进行工程项目时，必须第三种接地，即各接地线独立接地。否则会引起触电。

注意：耐压试验时，拆除功能接地端子。

可编程控制器的接地线配线必须使用压接端子或单线。多股绞合线直接与端子条连接往往会引起打火。

（4）CPU单元的电源配线。为防止因受其他机器的启动冲击电流的影响而使电压下降，应与动力线分开配线。

使用多台可编程控制器时，为防止因冲击电流而造成的电压下降，断路器的误动作等，建议分开电路配线。

为防止来自电源线的干扰，电源线应使用双绞线。

用1∶1绝缘变压器后，效果比较好。

（5）输入输出线配线。输入输出线配线与端子连接务必要使用压接端子或单线。多股绞合线直接与端子条连接往往会引起打火。

输出配线时的注意事项：

1）输出短路保护。与输出端子连接的负荷发生短路时，有可能会烧坏输出元件、印刷电路板等，应在输出电路中，加上保护用保险丝。

2）电感负荷的考虑。可编程控制器的继电器输出中连接电感负荷的情况下，请连接浪涌抑制器或并接二极管，如图8－15所示。

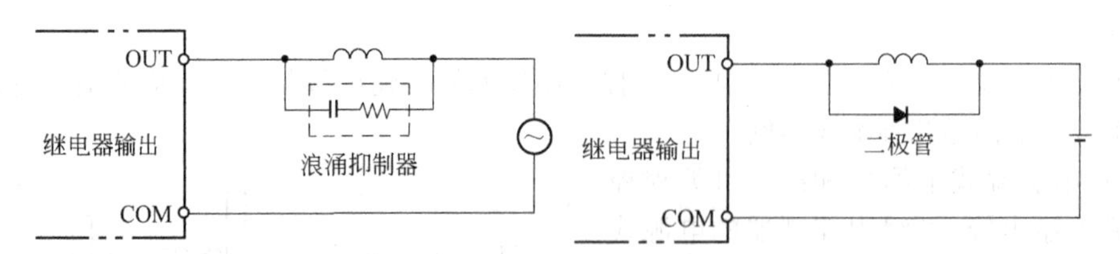

图8－15　连接浪涌抑制器或并接二极管

8.3　可编程控制器的维护和故障诊断

可编程控制器与其他控制器相比，有一个显著的特点就是可靠性高。从其定义可知，可编程控制器专为在工业环境下应用而设计。为了满足可编程控制器“专为在工业环境下应用而设计”的要求，可编程控制器采用了如下硬件和软件的措施：

（1）光电耦合隔离和R－C滤波器，有效地防止了干扰信号的进入。

（2）内部采用电磁屏蔽，防止辐射干扰。

（3）采用优良的开关电源，防止电源线引入的干扰。

（4）具有良好的自诊断功能。可以对CPU等内部电路进行检测，一旦出错，立即报警。

（5）对程序及有关数据用电池供电进行后备，一旦断电或运行停止，有关状态及信息不会丢失。

（6）对采用的器件都进行了严格的筛选和老化，排除了因器件问题而造成的故障。

（7）采用了冗余技术，进一步增强了可靠性。对于某些大型PLC，还采用了双CPU构成的冗余系统，或三CPU构成的表决式系统。

随着构成可编程控制器的元器件性能的提高，可编程控制器的可靠性也在相应提高。一般可编程控制器的平均无故障时间可达到几万小时以上。某些可编程控制器的生产厂家甚至宣布，今后它生产的可编程控制器不再标明可靠性这一指标，因为对可编程控制器来说，这一指标已毫无意义了。

经过大量实践，人们发现PLC系统在使用中发生的故障，大多是由于PLC的外部开关、传感器和执行机构引起的，而不是PLC本身的原因。

尽管在可靠性方面采取了很多措施，但工作环境对可编程控制器影响还是很大的。为了保障系统的正常运行，定期对PLC系统进行检查和维护是必不可少的。

8.3.1 检查与维护

8.3.1.1 日常维护

可编程控制器除了锂电池和继电器输出型触点外，基本上没有其他易损元器件。由于存放用户程序的随机存储器（RAM），计数器和具有保持功能的辅助继电器等均用锂电池保护，锂电池的寿命大约为5年，当锂电池的电压逐渐降低到一定限度时，PLC基本单元上电池电压跌落指示灯亮。这就提示用户注意，由锂电池所支持的程序还可保留一周左右，必须及时更换锂电池，这是日常维护的重要内容。

调换锂电池的步骤：

（1）在拆装之前，应先让PLC通电15s以上（这样可使作为存储器备用电源的电容充电，在锂电池断开后，该电容可对PLC做短暂供电，以保护RAM中的信息不丢失）；

（2）断开PLC的交流电源；

（3）打开基本单元的电池盖板；

（4）从电池支架上取下旧电池，装上新电池；

（5）盖上电池盖板。

从取下旧电池到换上新电池的时间要尽量短，一般不允许超过3min。如果时间过长，RAM中的程序将消失。

8.3.1.2 定期检查

可编程控制器的主要构成元件为半导体，基本上没有寿命问题，但要考虑由于环境条件会导致元件劣化以及对其他方面的影响，有必要进行定期维护检查。

标准的维护检查时间为6个月～1年进行一次，对应周围环境，有时需缩短维护检查间隔。定期检查的项目、内容等参见表8－1。

表 8-1　定期检查一览表

检查项目	检查内容	判断标准	备注
供给电源	在电源端子上判断电压变动是否在基准范围内	在各产品规定的范围内	万用表
周围环境	周围温度(盘内温度)是否适当	0～55℃	温度计
	周围湿度(盘内湿度)是否适当	10%～90% RH 无结露	湿度计
	是否有积灰	没有	目视
输入输出用电源	在输入输出端子上判断电压变动是否在基准范围内	在各产品规定的范围内	万用表
安装状态	各单元是否固定好	没有松动	螺丝刀
	连接电缆是否插紧	没有松动	目视
	外部配线螺丝有无松动	没有松动	螺丝刀
	外部配线电缆是否有断裂	没有外观异常	目视
寿命元件	锂电池	5 年左右	使用纪录
	输出继电器	各产品说明	

8.3.2　故障查找

PLC 有很强的自诊断能力，在万一发生异常时，将进行各种各样的自诊断，并通过故障码和相应指示灯给予显示。我们以 OMRON 公司生产的 SYSMAC 系列的可编程控制器为例说明。

当发生异常时，可编程控制器上的“ERR/ALM”LED 会点亮或者闪烁(其他品种的可编程控制器也有类似的指示灯，故障状态可查用户手册)。有的故障造成可编程控制器运行停止，此时“ERR/ALM”LED 会点亮。只有重新接上电源或者用外围设备转换到编程模式读出异常并解除，才能使可编程控制器重新恢复。有的故障只提示而不中止可编程控制器的运行，此时“ERR/ALM”LED 闪烁。

当 PLC 的工作发生异常情况时，无论是自身故障还是外围设备故障，都可用 PLC 上具有诊断指示功能的发光二极管的亮灭结合故障码，找到故障发生的部位，然后分析故障发生的原因。没有找到故障产生的原因而排除的故障，不能算彻底解决了问题，很可能还会发生相同的故障，甚至造成更大的故障。

故障查找是一件较麻烦而复杂的工作。下面给出了一套操作流程，运行中如果有故障发生，按以下流程操作，可迅速解决。

8.3.2.1　故障查找主流程图

当发生故障时，按主流程图找出故障的大方向，逐步细化，以找出具体故障，如图 8-16 所示。

8.3.2.2　电源检查流程图

电源检查流程如图 8-17 所示。

8.3.2.3　运行停止异常检查流程图

当“RUN”LED 灭，“ERR/ALM”LED 点亮，说明系统因某种故障造成可编程控制器运行停止，可根据图 8-18 所示流程图进行检查。

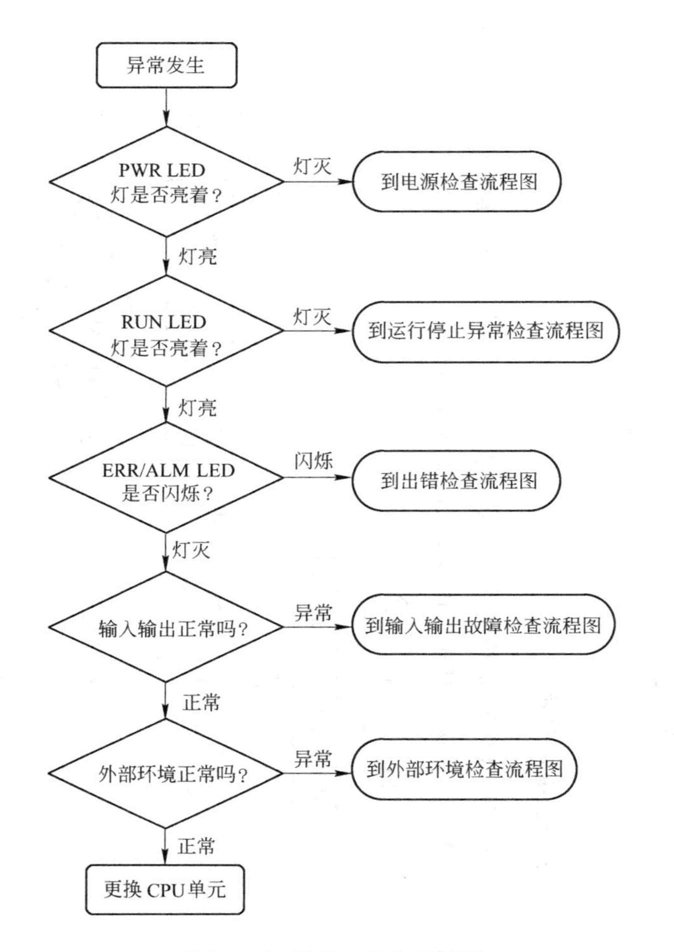

图 8－16 故障查找主流程图

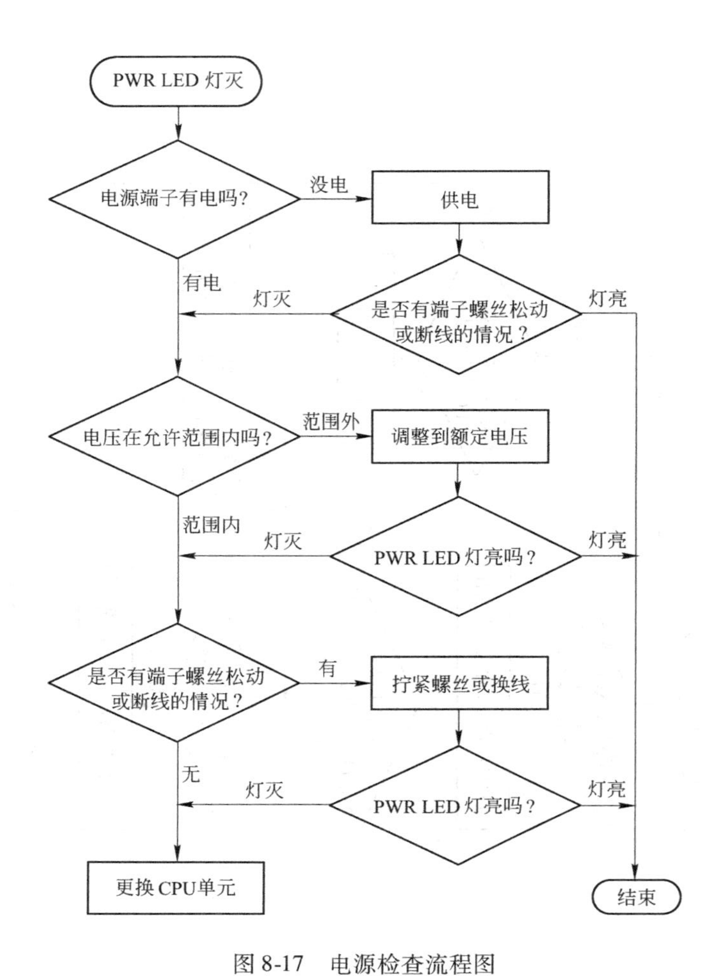

图 8-17 电源检查流程图

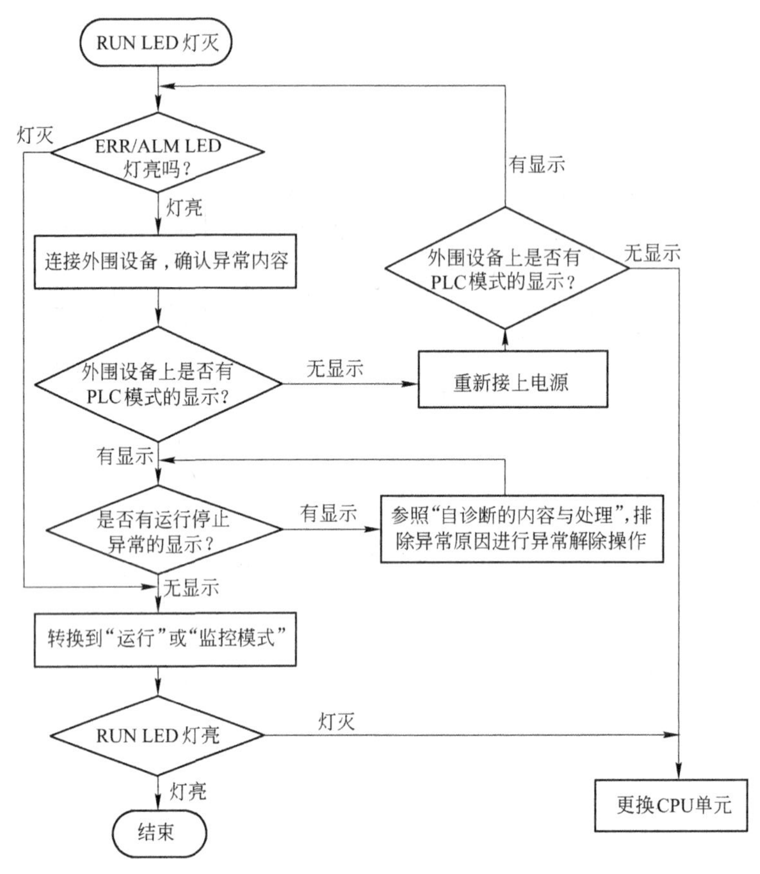

图 8－18　运行停止异常检查流程图

8.3.2.4　出错检查流程图

当“ERR/ALM”LED 闪烁，说明系统出现某种故障。虽然该故障不造成可编程控制器的停止运行，但也应及时排除故障，使系统转为完全正常运行。此时可根据图 8－19 所示流程图进行检

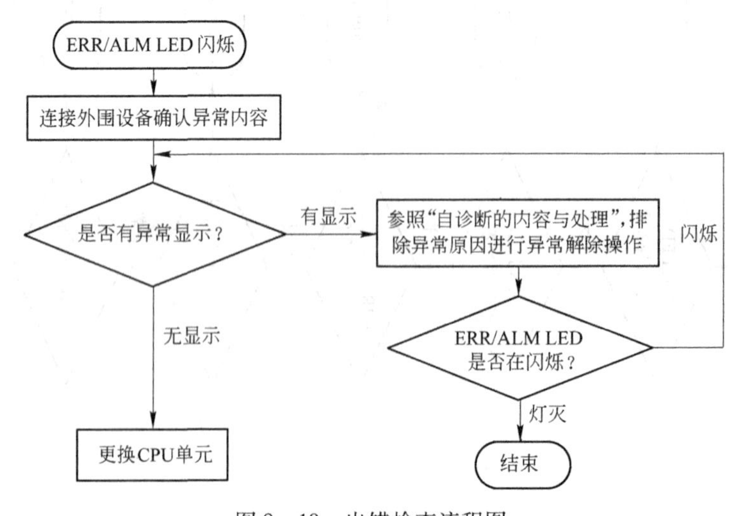

图 8－19　出错检查流程图

查,排除异常原因,不致造成更严重的故障。

8.3.2.5 输入输出故障检查流程图

输入输出口是可编程控制器与生产过程联系的渠道,也是最易受到干扰的部件,任何与它们相连的设备出现故障都可能影响到它们,相对而言,也是出现故障较多的部位。在检查输入输出部位故障时的一个原则是:应首先排除外围设备的故障,在确认该故障不是由外围设备引起后,才检查控制器本身。

输入输出故障的主要表现是与某一输出端子相连的执行器件发生误动作或发生异常。据此,可逐步查找具体原因。图 8-20 给出了输入和输出故障检查流程图。

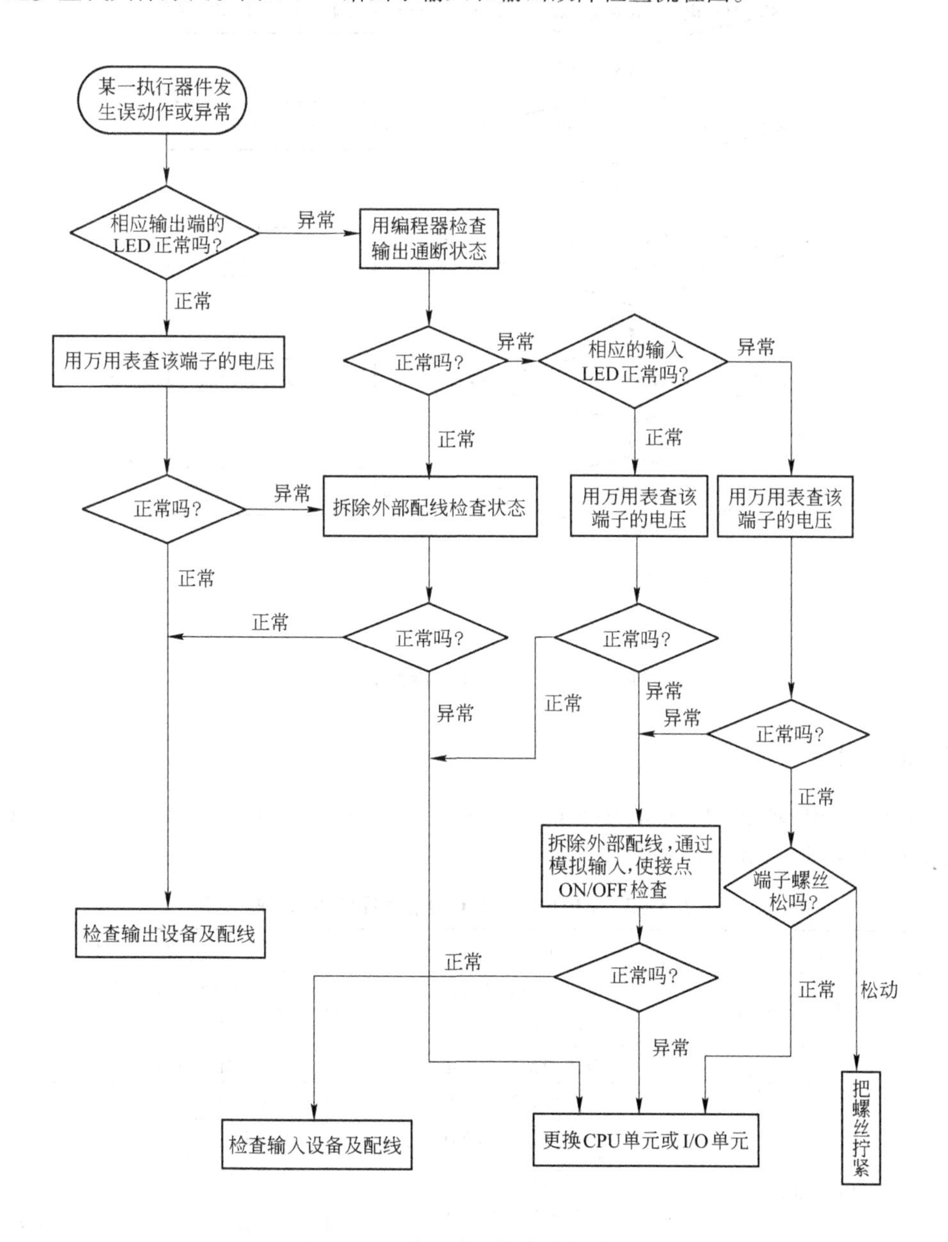

图 8-20 输入输出故障检查流程图

8.3.2.6　外部环境检查流程图

影响可编程控制器的环境因素主要是温度、湿度、噪声与粉尘，个别环境还存在腐蚀性等因素。环境因素对可编程控制器工作的影响是各自独立的，因此，检查流程关系不密切。参考性的外部环境检查流程图，如图 8－21 所示。

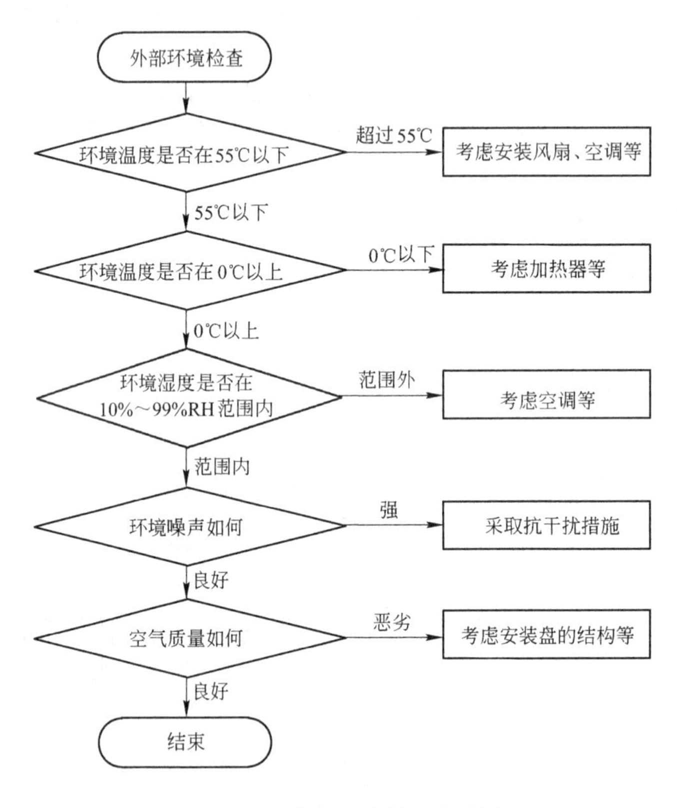

图 8－21　外部环境检查流程图

8.3.3　故障处理

下面仍以 OMRON 公司生产的 SYSMAC 系列的可编程控制器为例，给出一些故障及处理方法，见表 8－2、表 8－3 和表 8－4。

表 8－2　CPU 单元、I/O 扩展装置故障处理

序号	异常现象	可能原因	处理
1	POWER LDE 灯不亮	电压切换端子设定不良	正确设定电压切换端子
		保险管坏	更换保险管
2	反复烧保险管	电压切换端子设定不良	正确设定电压切换端子
		电路板有短路或有故障	更换 CPU 单元电源单元
3	RUN LED 灯不亮	程序错误（无 END 命令）	修改程序
		电源线路不良	更换 CPU 单元
		远程 I/O 从站的电源 OFF、无终端站	接通远程 I/O 从站电源，设定终端站

续表 8-2

序号	异常现象	可能原因	处理
4	(运转中输出)端没闭合([POWER]灯亮)	电源回路不良	更换 CPU 单元
5	某一编号以后的继电器不动作	I/O 总线不良	更换基板单元
6	特定编号的继电器的输出(入)接通	I/O 总线不良	更换基板单元
7	特定单元的所有继电器不接通	I/O 总线不良	更换基板单元

表 8-3 输入单元故障处理

序号	异常现象	可能原因	处理
1	输入全部不接通(动作指示灯也灭)	未加外部输入电源	供电
		外部输入电压低	加额定电源电压
		端子螺钉松动	拧紧
		端子板连接器接触不良	把端子板补充插入、锁紧。更换端子板连接器
2	输入全部断开(动作指示灯也灭)	输入回路不良	更换单元
3	输入全部不关断	输入回路不良	更换单元
4	特定编号继电器的输入不接通	输入器件不良	更换输入器件
		输入配线断线	检查输入配线
		端子螺钉松动	拧紧
		端子板连接器接触不良	把端子板充分插入、锁紧。更换端子板连接器
		外部输入接通时间短	调整输入器件
		输入回路不良	更换单元
		程序的 OUT 指令中用了输入继电器编号	修改程序
5	特定编号继电器的输入不关断	输入回路不良	更换单元
		程序的 OUT 指令中用了输入继电器编号	修改程序
6	输入不规则的 ON/ OFF 动作	外部输入电压低	使外部输入电压在额定值范围
		噪声引起的误动作	抗噪声措施 安装绝缘变压器 安装尖峰抑制器 用屏蔽线配线等
		端子螺钉松动	拧紧
		端子连接器接触不良	把端子板充分插入、锁紧。更换端子板连接器

表 8-4　输出单元故障处理

序号	异常现象	可能原因	处理
1	输出全部不接通	未加负荷电源	正确加电源
		负荷电源电压低	使电源电压为额定值
		端子螺钉松动	拧紧
		端子板连接器接触不良	端子板充分插入、锁紧，更换端子板连接器
		保险管熔断	更换保险管
		I/O 总线接触不良	更换单元
		输出回路不良	更换单元
2	输出全部不关断	输出回路不良	更换单元
3	特定编号继电器的输出不接通（动作指示灯灭）	输出接通时间短	修改程序
		程序中指令的继电器编号重复	修改程序
		输出回路不良	更换单元
4	特定编号继电器的输出不接通（动作指示灯亮）	输出器件不良	更换输出器件
		输出配线断线	检查输出线
		端子螺钉松动	拧紧
		端子连接器接触不良	端子板充分插入、锁紧。更换端子板连接器
		输出继电器不良	更换继电器
		输出回路不良	更换单元
5	特定编号继电器的输出不关断（动作指示灯灭）	输出继电器不良	更换继电器
		由于漏电流或残余电压而不能关断	更换负荷或加假负荷电阻
6	特定编号继电器的输出不关断（动作指示灯亮）	程序 OUT 指令的继电器编号重复	修改程序
		输出回路不良	更换单元
7	输出出现不规则的 ON/OFF 现象	电源电压低	使电压为负荷电压额定值
		程序中 OUT 指令的继电器编号重复	修改程序
		噪声引起误动作	抗噪声措施 装抑制器 装绝缘变压器 用屏蔽线配线
		端子螺钉松动	拧紧
		端子板连接器接触不良	端子板插入锁紧
8	输出正常指示灯不亮（动作正常）	LED 坏	更换单元

复习思考题

1. 可编程序控制器的定义?
2. 可编程序控制器有哪几部分组成? 各部分的作用及功能是什么?
3. 可编程序控制器的数字量有几种输出形式? 各有什么特点? 都是用于什么场合?
4. 可编程序控制器的工作方式是什么? 其工作过程有什么显著特点?
5. 试说明可编程序控制器的工作过程。
6. 给可编程序控制器配线时注意什么事项?
7. 在可编程序控制系统出现故障时,我们遵循一个什么原则?
8. 巡视时主要通过观察哪里发现故障?
9. 发现故障后的工作流程有哪些?
10. 可编程序控制器在实际应用时注意哪些事项?
11. 出现反复烧保险管故障时,如何处理?

9　变频器使用与维护

9.1　变频技术概述

随着微机技术的日新月异、现代电力电子技术的迅速发展和现代调速控制理论的长足进步，通用变频器不仅用于一般性能的节能调速控制，而且已经用于高性能、高转速、大容量调速控制。变频器作为一种智能调速“元件”，因其多用途、高可靠性和明显的节电效果，广泛地应用于各种大型自动化生产线上，如轧钢、造纸、印染和机械加工等生产线。变频器不仅可以单台工作，也可多台分别控制各自的被控对象，并相互串联，与计算机进行通讯，采用计算机对变频器网络的集中控制，形成连续生产线的调速控制系统。因此，通用变频器在各行业得到了普及。所谓“通用”，是指能与通用的鼠笼电动机配套使用，能适用各种不同性质的负荷并具有多种可供选择的功能。通用变频器是组成调速控制系统的主要部件，如图 9－1 所示。

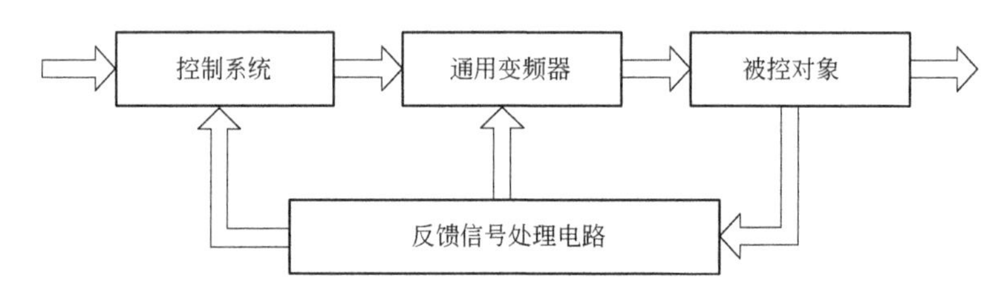

图 9－1　典型调速控制系统示意图

由交流异步电动机的基本原理可知，转差功率 $P_S = SP_M$ 与转差率 S 成正比。从能量转换的角度看，通用变频器的调速类型属于转差功率不变型，因此在种类繁多的调速类型中它的效率最高。它的结构形式主要由应用最广的交－直－交变压变频方式构成。通用变频器的基本构成如图 9－2 所示。

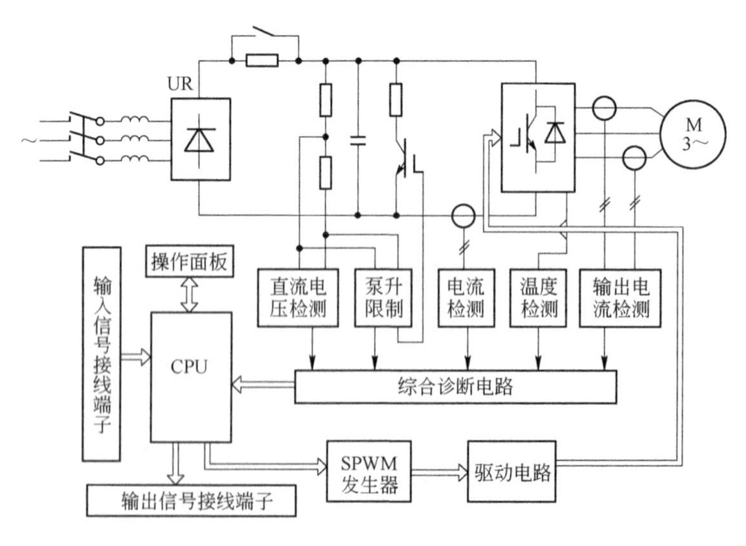

图 9－2　通用变频器的基本结构

要想很好理解通用变频器的结构、工作原理、用通用变频器如何构造一个调速控制系统等问题,就必须从通用变频器所使用的电力电子器件开始探讨。

9.1.1 变频器常用电力半导体器件及其应用

变频器的功能是将频率、电压都固定的交流电变换成频率、电压都连续可调的三相交流电源。由于把直流电逆变成交流电的环节比较容易控制,并且在电动机变频后的特性等方面比其他方法具有明显的优势,所以通用变频器采用了先把频率、电压都固定的交流电整流成直流电,再把直流电逆变成频率、电压都连续可调的三相交流电,即交 - 直 - 交方式,如图 9 - 3 所示。

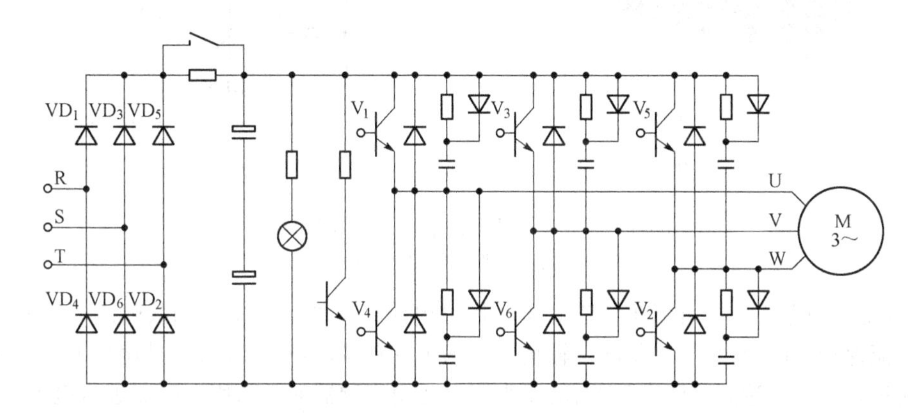

图 9 - 3 交 - 直 - 交变频器主电路原理

其中,电力半导体器件 V_1 ~ V_6 是变频器的关键器件,在中小功率通用变频器中使用最多的是双极晶体管(BJT)和绝缘栅双极晶体管(IGBT)两种,在大中功率通用变频器中使用最多的是集成门极换流晶闸管(IGCT)、GTO 及 IGBT 三种。要想了解变频器的工作原理,首先应该了解变频器的核心器件电力半导体器件的一些基础知识。

9.1.1.1 双极晶体管 BJT(GTR)

双极晶体管 BJT 也称巨型晶体管(Giant Transistor,简称 BJT),是一种高反压晶体管。它具有自关断能力,并有开关时间短、饱和压降低和安全工作区宽等优点。由于 BJT 实现了高频化、模块化、廉价化,因此被广泛用于交流电机调速、不停电电源和中频电源等电力变流装置中,并且在中小功率(600kVA 以下)应用方面取代了传统的晶闸管。

(1) BJT(GTR)的外形与等效电路。用在通用变频器中的双极晶体管 BJT(GTR)是模块型结构。这种模块型电力晶体管的三个极与散热片隔离,因此散热片上不会带电。使用模块型电力晶体管的变频器,其散热更容易、更均匀,结构也更趋于合理。模块型电力晶体管的内部结构一般都是达林顿晶体管,其容量范围从 450V/30A ~ 1400V/800A 不等。为了使用上的方便,使装置集成度更高、体积更小,根据变频器的工作特点,在晶体管旁还并联了一个反向联接的续流二极管。又根据逆变桥的特点,常做成二单元模块(见图 9 - 4)。对于小容量变频器,一般使用六单元模块(即六个单元做在一起的模块)。

(2) BJT(GTR)的保护方法。BJT 使用的关键在于驱动电路的合理设计及灵敏、快速的保护方法。随着技术的进步,BJT 可承受能力的提高和波形的改善,在由 BJT 构成的通用变频器中,影响系统可靠性的主要问题是 BJT 的过电流和过热。

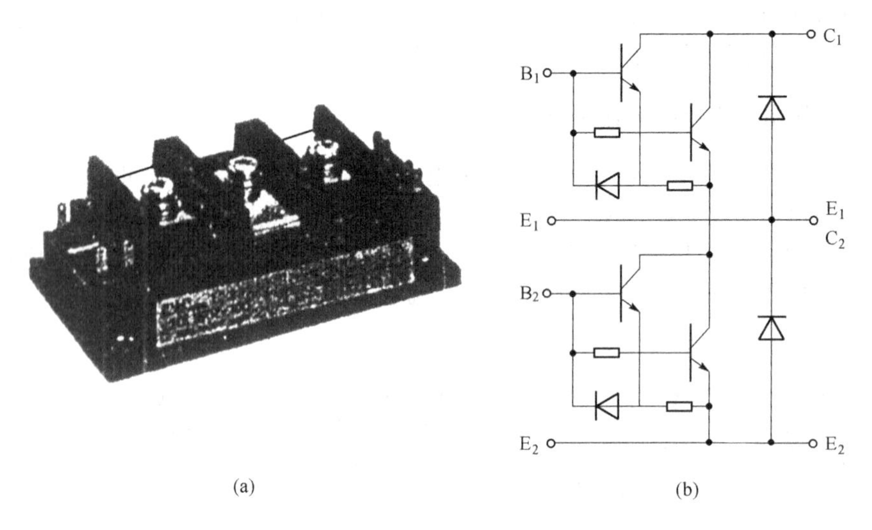

图 9－4　二单元双极晶体管 BIT(GTR)模块
(a)模块外形;(b)等效电路

1) 过流保护方法。在通用变频器中,BJT 因过电流而损坏是最常见的故障之一。通用变频器设置过流保护有两个目的:一是限定输出电流满足变频器用户的要求;二是避免 BJT 发生不正常的过流现象。为了达到这两个目的,对于小容量通用变频器通常采用电阻器进行电流检测;对于中、大容量的通用变频器通常采用有电流隔离作用的,延时时间小于 1μs 的霍尔电流传感器。

2) 过热保护方法。中小功率通用变频器大多都采用强迫冷却方式。如果发生冷却系统故障(风扇堵转或冷却水管堵塞),BJT 的结温就会急剧上升,如不及时采取保护措施,很容易烧坏 BJT。通常是将具有正温度系数的热敏电阻装于 BJT 模块散热器上。热敏电阻上的电位是比较器的输入端,在冷却系统工作正常时热敏电阻的阻值较小,其电位也低,过热保护电路输出不发生逻辑翻转。如果发生冷却系统故障,BJT 模块散热器的温度急剧上升,热敏电阻迅速增大。当热敏电阻上的电位超过设定电位时,过热保护电路输出发生逻辑翻转,迫使通用变频器停止工作并发出过热报警信号。

9.1.1.2　绝缘栅双极晶体管 IGBT

IGBT 是在电力 MOSFET 工艺技术基础上的产物。它是兼有 MOSFET 高输入阻抗、高速特性和 BJT 大电流密度特性优点的混合器件。与电力 MOSFET 一样,IGBT 的栅极是绝缘的,驱动功率很小,IGBT 在 600 ~ 1800V 范围内的通态压降与 BJT 相似,约为 1.5 ~ 3.5V,这要比类似额定电压的电力 MOSFET 的通态压降小得多。IGBT 的开关速度要比电力 MOSFET 的低,但要比 BJT 的快。IGBT 的关断存储时间和电流下降时间分别为 0.2 ~ 0.4μs 和 0.2 ~ 1.5μs。IGBT 较高的工作频率、宽而稳定的开关安全工作区及简单的驱动电路,使 IGBT 在 600V 以上的通用变频器中替代了 BJT。由于 IGBT 组成的变频器噪声低,其容量已经覆盖了 BJT 的功率范围,加上驱动简单、保护容易,而且成本已逐渐降低到接近 BJT 的水平,因此世界各大电力电子器件公司的 IGBT 产品多采用模块的形式。有一单元(一个 IGBT 与一个续流二极管反向并联)、二单元(两个一单元串联构成一个桥臂)、四单元、六单元等模块。国内生产厂家有西安电力电子技术研究所和北京电力电子新技术研究开发中心等。目前,3300V、1200A 的 IGBT 已有商品。智能 IGBT 模块具有集成的驱动电路和保护电路。几百安、1200V 的半桥和三相桥智能 IGBT 模块也有商品。

IGBT 的外形：

IGBT 在外形上有模块型和芯片型（用在谐振型变频器中）两种，在通用变频器中使用的 IGBT 一般是模块型结构。模块型已有 600V/(10～600)A、1200V/(8～400)A 的产品。为了使用上的方便，使装置集成度更高、体积更小，根据变频器的工作特点，在 IGBT 管旁还并联了一个反向连接的续流二极管。又根据逆变桥的特点，又常做成二单元模块和六单元模块形式，如图 9－5 所示。

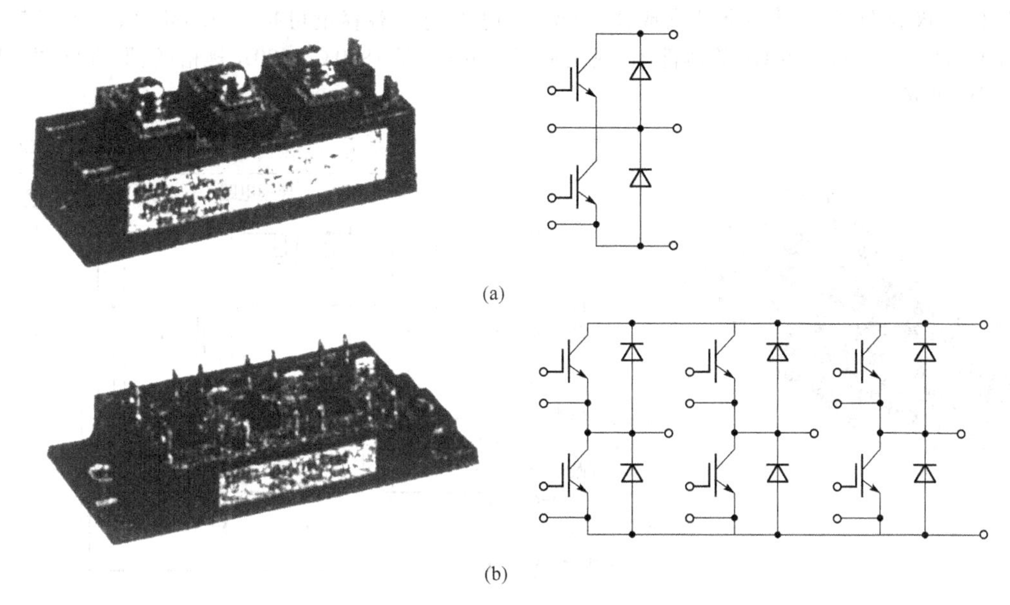

(a)

(b)

图 9－5　IGBT 的外形和等效电路

(a)二单元 IGBT 模块和等效电路；(b)六单元 IGBT 模块和等效电路

IGBT 主要有以下几个特点：

IGBT 在开通过程中，大部分时间是作为 MOSFET 来运行的。只是在 U_{CE} 下降过程后期，PNP 晶体管由放大区至饱和区，又增加了一段延缓时间，使 U_{CE} 波形变为两段。

在关断过程中，电流 I_C 的波形也分为两段。这主要是因为 MOSFET 关断后，PNP 晶体管中的存贮电荷不能迅速消除，造成 I_C 有较长的尾部时间。

在 IGBT 导通的大部分电流范围内，I_C 与 U_{CE} 呈线性关系，U_{CE} 越大则 I_C 越大。

由于 IGBT 的四层结构，使其体内存在一个寄生晶闸管，它会在某种情况下发生擎住效应导致器件损坏。在 IGBT 的关断过程中，如果 dU_{CE}/dt 过高，则会在 C、G 结的结电容中引起较大的位移电流。从而使 IGBT 产生动态擎住效应。

由于 IGBT 内部存在电导调制效应，所以 IGBT 的通态压降很小，1200V 的 IGBT 的通态压降约 3V。

对使用 IGBT 时，我们还需掌握：IGBT 的主要参数及特性的测量方法、对 IGBT 驱动电路的基本要求、IGBT 驱动模块的工作原理及特点及 IGBT 模块的过流保护等知识（详细知识读者可参阅参考文献 9）。

9.1.1.3　其他电力半导体器件

(1) 集成门极换流晶闸管 IGCT。集成门极换流晶闸管 IGCT（integrated gate－commutated thyristor）是 1996 年问世的一种新型半导体开关器件。该器件是 GTO 和 IGBT 相互取长补短的结果，非常适合用于6kV和10kV的中压开关电路。现在已有这类器件构成的变频器系列产品。

IGCT的结构原理：

IGCT是在GTO基础上发展起来的新器件，它保留了GTO导通压降小、电压电流高（4500～6000V，4000～6000A）的优点，又克服了其开关性能差的缺点，是一种较理想的兆瓦级、中压开关器件。IGCT芯片在不串不并的情况下，二电平逆变器容量0.5～3MVA，三电平逆变器1～6MVA。若反向二极管分离，不与IGCT集成在一起，二电平逆变器容量可扩至4.5MVA，三电平扩至9MVA。图9-6（a）是IGCT的器件图，现在常用的IGCT是1800V、1200A规格的，原理框图如图9-6（b）所示。

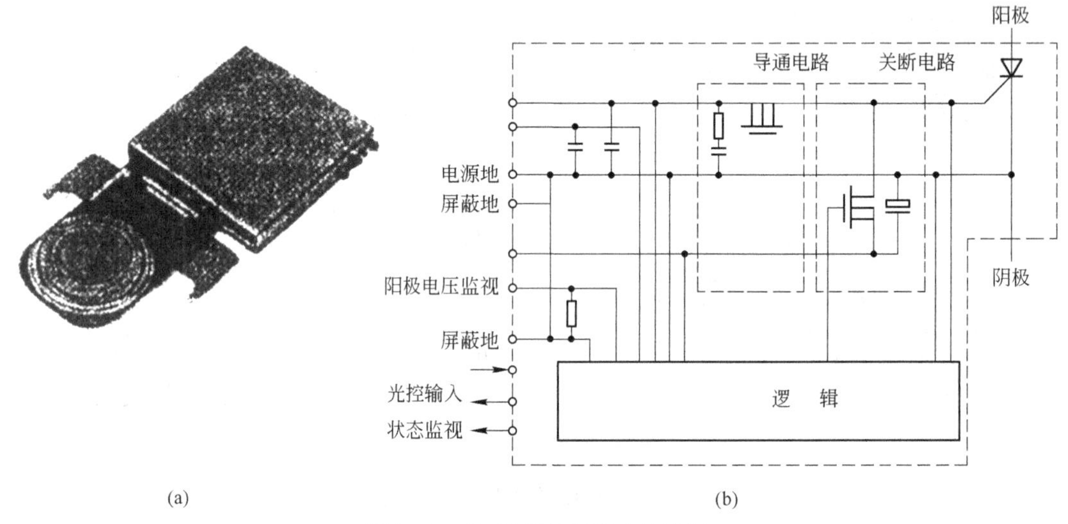

图9-6　IGCT器件与原理示意图

（a）IGCT器件图；（b）IGCT原理框图

IGCT主要特点如下：

IGCT采用一种新的低电感封装技术，在门极20V偏置情况下，可获得4000A/μs电流变化率，使得在大约1μs时间内全部阳极电流经门极流出，不通过阴极，晶闸管的p—n—p—n四层结构暂时变为p—n—p晶体管三层结构，有了稳定的中间状态，一致性好，可以无缓冲电路运行。

IGCT触发功率小，可以把触发及状态监视电路和IGCT管芯做成一个整体，通过两根光纤输入触发信号，如图9-6（b）所示。

IGCT开关过程一致性好，可以方便地实现串并联，进一步扩大功率范围。

（2）功率场效应晶体管（MOSFET）。尽管IGBT的开发及应用在某些场合代替了功率场效应晶体管MOSFET，但是，就目前来看，电力MOSFET在变频器等方面仍然有很多应用场所。

1）MOSFET的外形与特点。MOSFET（Metal Oxide Semicon-duc-tor Field Effect Transistor）可分为N沟道和P沟道两种。其外形和等效电路见图9-7所示。其中图9-7（a）是常用MOSFET外形结构的一种。

MOSFET主要有如下特点：

① 开关频率高。MOSFET的开关时间为几微秒至几十微秒，而BJT的开关时间为50～500μs。因此，MOSFET开关频率要比BJT高得多，可达500kHz以上。

② 容易引起静电击穿。由于MOSFET的输入阻抗高，因此在静电较强的场合难以泄放电荷，造成静电击穿，MOSFET出现栅源极、栅漏极短路或开路。

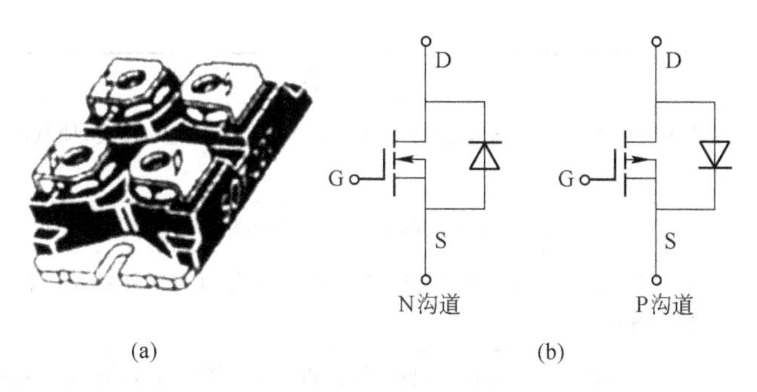

图9－7 MOSFET的外形与等效电路
(a)MOSFET的外形图;(b)MOSFET的等效电路图

③ 驱动电路简单。功率MOSFET在稳定状态下工作时,栅极无电流流过,只有在动态开关过程中才有位移电流出现。因此所需驱动功率小,栅极驱动电路简单。

2) MOSFET的使用注意事项。

① MOSFET器件应该存放在抗静电包封袋、导电材料或金属的容器中。取用器件时,应该接触器件的外壳部分而不是引线部分。

② 栅极不能开路工作。

③ 当器件接有电机负荷,在启动和停止时,可能产生过电流而烧毁管子或可能产生过电压而击穿管子。因此,对过电压或过电流都应有适当的保护措施。

(3) IGBT智能模块(IPM)。IGBT智能模块器件(简称IPM)如图9－8所示,它将IGBT器件和驱动电路、保护电路、检测电路等集成在一个模块内。

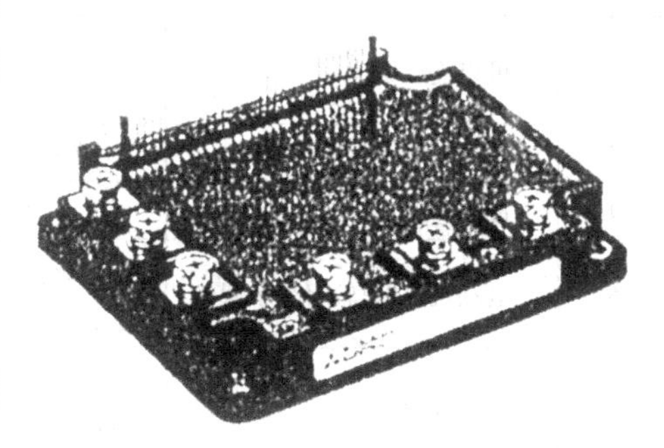

图9－8 日本三菱公司IPM智能模块器件外形

IPM的主要特点如下:

模块内集成了电流传感器,可以检测过电流及短路电流。不需要以往电流检测用的电流互感器,为降低成本、实现小型化打下了基础。

驱动回路与保护回路等均做到了集成化,大幅度缩短了设计与开发时间。

为了提高可靠性,智能功率模块内带有过流、短路、电源电压不足、过热等保护功能。如果某种保护功能动作的话,输入信号即使是导通信号,输出也变为关断状态。同时向外部输出故障信号,以保证安全使用。

9.1.2 使用变频器的目的

变频器应用可分为:用于传动调速和用于各种静止电源两大类。根据工业特点,我们只讨论调速方面的应用。应用变频器的目的见表9－1。

表9－1 调速传动的目的

使用目的	内容
节能	风机、泵类机械根据要求流量调节转速;挤压机、搅拌机等根据负荷状态调节转速
自动化	提高搬运机械停止位置精度,提高生产线速度控制精度,采用有反馈装置的流量控制实现自动化

续表 9 - 1

使用目的	内　　容
提高产品质量	生产加工实现最佳速度控制及协调生产线内各装置的速度，使其同步、同速提高产品质量和加工精度
提高生产率	根据产品种类，实现生产线的最佳速度和加减速度，提高生产率
提高产品合格率	不损害产品质量条件下，设备加速时间最小化，实现对外界各种干扰速度的稳定性来提高产品合格率
增加设备使用寿命	采用对设备不产生冲击的启动、停止和空载时低速运转，增加设备使用寿命
设备小型化	采用高速化的设备小型化变频增高，体积减小
增加舒适性	电梯、电车等，采用平滑加速、减速，以提高乘坐的舒适性
环境舒适	改变空调位式控制为速度控制，使空调小功率连续运转，实现环境舒适
低 噪 声	根据负荷降低转速，以减小机械和风机的噪声

表 9 - 2 列出变频器传动的特点。

表 9 - 2　变频器传动的特点

序 号	变频器传动的特点	效　　果	用　　途
1	可以使标准电动机调速	可以使原有电动机调速	风机、水泵、空调、一般机械
2	可以连续调速	可选择最佳速度	机床、搅拌机、压缩机、游梁式抽油机
3	启动电流小	电源设备容量可以小	压缩机
4	最高速度不受电源影响	最大工作能力不受电源频率影响	泵、风机、空调、一般机械
5	电动机可以高速化、小型化	可以得到用其他调速装置不能实现的高速度	内圆磨床、化纤机械、运送机械
6	防爆容易	与直流电动机相比，防爆容易、体积小、成本低	药品机械、化学工厂
7	低速时定转矩输出	低速时电动机堵转也无妨	定尺寸装置
8	可以调节加减速的大小	能防止载重物倒塌	运送机械
9	可以使用笼型异步电动机，不需维修	不需要维护电动机	生产流水线、车辆、电梯

变频器由于引入矢量控制实现了调速快速响应和高精度，可以与直流电动机调速相比。根据这些特点，我们按应用效果、用途、应用方式和以前的调速方式归纳于表 9 - 3 中。之后按节能、提高产量、提高质量和其他四大类评述。

表 9 - 3　变频器应用效果

应用效果	用　　途	应用方法	以前的调速方式
节　　能	鼓风机、泵、搅拌机、挤压机、精纺机	1）调速运转 2）采用工频电源恒速运转与采用变频器调速运转相结合	1）采用工频电源恒速运转 2）采用挡板、阀门控制 3）机械式变速机 4）液压联轴器

续表 9－3

应用效果	用　　途	应用方法	以前的调速方式
省力化、自动化	各种搬运机械	1）多台电动机以比例速度运转 2）联动运转,同步运转	1）机械式变速减速机 2）定子电压控制 3）电磁转差离合器控制
提高产量	机床、搬运机械、纤维机械、游梁式抽油机	1）增速运转 2）消除缓冲启动、停止 3）对稠油降低冲次	1）采用工频电源恒速运转 2）定子电压控制 3）带轮调速
提高设备的效率(节省设备)	金属加工机械	采用高频电动机进行高速运转	直流发电机—电动机
减少维修(恶劣环境的对策)	纤维机械(主要为纺纱机)、机床的主轴传动、生产流水线,车辆传动	取代直流电动机	直流电动机
提高质量	机床、搅拌机、纤维机械、制茶机	选择无级的最佳速度运转	采用工频电源恒速运转
提高舒适性	空调机	采用压缩机低速运转,进行连续温度控制	采用工频电源的通、断控制

(1) 节能。变频器最典型应用的例子是,各种机械以节约能源为目的。目前我国仍然是一个处于工业化前期社会,在工业上表现出来的特征是能源消耗大,原材料消耗多,生产效率低,产品质量差。与一些国家产生每一美元国民生产总值的能耗比较,我国的能耗较高,其中工业消耗占64%,而其他国家占30%,这是我国工业装备和技术落后的结果。如果我国在工业中普遍采用变频调速的话,可以缓解电力供应不足的矛盾,为发电厂的建设节约资金。下面分别以风机、电动机、水泵为例论述使用变频器节能的情况。经统计发现,风机和水泵用电占整个电量的30%。又经过对部分企业调查发现,这些单位拥有的风机、电动机、水泵的年耗电量占年总耗电量的40.2%,而且效率为57%,负荷是极不满的,“大马拉小车”现象居多。而且根据实际管网运行情况来看,风机、泵耗电率仅占30%～40%,60%～70%的电能都消耗在调节风门、阀门及管网的压力降上。又由于用量常有变化及工程设计裕量大,造成“大马拉小车”增加阀的压力降,因此,风机、泵的实际效能是很低的。采用变频器调速能有效地提高风机、泵的效率。

(2) 省力化、自动化及提高生产率。变频器在省力化、自动化及提高生产率方面的应用与在节能领域同样重要。以前是采用各种调速电动机,虽然其控制原理、转矩特性有一些优势,但其固有的缺点也很突出。直流电动机在特性方面与交流电动机控制方式相比,优点多;但维修性差,在恶劣环境中使用困难,所以在各领域中交流调速的倾向非常显著。交流电动机控制方式中定子电压控制、电磁转差离合器等方式,虽然被广泛采用,但在节电、节省空间方面存在劣势,而无换向器电动机不能采用标准电动机,在这一点上不如变频器控制方式。

在变频器中采用转差频率控制、矢量控制可使其特性能与直流电动机相媲美,在节能以及省力、自动化和提高生产率方面用途越来越广。

1)在传送带等搬运机械中的应用。传送带大体可分为带式、链条式和螺旋桨式三类,是一种连续输送各种材料或物品的装置。其特点是结构较简单、功率消耗小、输送能力大。

传送带采用变频器传动的目的,可列举如下。

① 自动化、省力化。根据传送带前后生产机械的处理速度，采用变频器控制传送带的搬运速度，很容易实现自动化、省力化。对于烤炉、干燥炉等设备的传送带，检出炉内温度，根据温度调节传送带的速度，除实现自动化外，还可消除产品的不一致性，提高质量。

② 提高生产率。传送带采用定速电动机传动时，电动机容量由搬运材料的最大重量决定。但当搬运物重量轻时，或者电动机容量有裕量，采用变频器使电动机增速（超过电网频率），则很容易提高生产率。

③ 防止载物倒塌。作为防止载物倒塌的手段，从前不用调速电动机而采用转子电阻大、启动转矩受到抑制的电动机。但由于这种电动机特殊，转子损耗大，不能高效率运转。采用变频器使标准电动机调速运转，在启动、减速时也能进行平滑无冲击的运转，从而防止载物倒塌。另外，它与机械式变速机、定子电压控制等以前的调速电动机相比，其运转效率可以提高。

④ 其他。传送带等搬运机械有时要多台电动机同时启动，当电源容量不足时，需要考虑顺次启动。如果采用变频器，可以在低频（3Hz 以下）启动，所以即使与变频器容量相当的多台电动机同时启动，启动电流也可以受到抑制。因此，电源设备容量可以按变频器容量考虑。与采用工频电网同时启动相比，容量可以减小。

另外，采用变频器传动笼型异步电动机，即使在恶劣环境下使用也很方便。耐压、防爆等电动机的制作，与直流电动机相比成本低，维修也很便利。

2）机床。机床大体分为两类，以车床为代表的工件旋转和以钻床、铣床、磨床为代表的刀具或磨具旋转进行加工。

机床以前是采用带轮、齿轮等切换进行机械式调速，这在操作上有问题。为了大幅度简化机械式变速机构，多采用直流电动机调速传动。要解决直流电动机电刷维修问题，各种机床正在采用变频器实现交流化。

① 车床主轴。从调速范围、加减速特性、转速精度等各方面来看，通常选用通用变频器是困难的。特别是数控（NC）车床以及最近的高级车床，具有旋转工具轴辅助加工功能，有时把工件固定进行辅助加工。此时，采用主轴控制装置进行工件角度分度控制，这种角度分度控制称为定向控制，是一种伺服动作，所以变频器也要用高性能的。但是车床中也有采用通用变频器的，由于电动机转矩脉动的减少、转速环的采用（提高转速精度、扩大调速范围）等，通用变频器在车床中的应用范围将会扩大。

② 机械加工中心。同车床一样，在调速范围、加减速性能、转速精度方面难以应用通用变频器，需要采用专用变频器。特别是在机械加工中心要自动交换工具，进行一个接一个的不同的加工，为了提高作业效率，加减速性能是一个重要的因素。另外，在工具交换上，工具的键槽总是要同主轴的键相吻合才能交换，为了使主轴精确定位停止，需要定位控制。

③ 铣床、钻床。特别是在要求调速范围广的场合，需要同机械变速机构配合，但从加减速特性、转速精度方面来看，采用通用变频器是足够的，进行切削螺纹等特殊加工时，要求转速精度高。

④ 磨床。平面磨床很早便采用变频器了，其调速范围较窄，加减速特性和转速精度采用通用变频器都能充分满足。另外，对于最新的高级磨床，电动机转矩脉动的降低是一个课题，但提高通用变频器的特性还是可以应用的。

（3）提高质量。一般说来，机械、装置的性能提高的结果为质量提高，所以把应用例、机械和装置的性能提高、质量提高归纳成表 9－4。另外，我们常常与前面所述节能效果、提高生产率效果合起来看总的效果，因此表中也记入相关效果。

表 9－4 采用变频器传动提高质量

用途	实例	机械、装置的性能提高	质量提高	相关效果
机床	数控车床、自动车床等主轴传动	要求精度高的转速，容易控制高速化容易	降低表面粗糙度，工具寿命延长	生产效率提高
	磨床的磨具传动	磨具磨损后，直径变小，也能保持转速一定	降低表面粗糙度	生产效率提高
	圆台平面磨床的工作台传动	响应性好，容易控制转速的精度		
风机	制茶机	用风机控制热风调节温度	茶味改善，均匀	节能
	畜舍换气	可以安静地实现最佳换气	可以更密集地饲养健康的家畜	节能、生产率提高
泵	无槽给水系统	不需要贮水量，可以控制水压恒定	可以经常供水，水的流出良好	维护性提高
传送带	食品机械	多条传送带可以同步运转	食品的形状均匀	均匀
	定寸进给位置	利用低速下的到位决定定寸位置	尺寸精度高	均匀
搬运机械	起重机	升降速度可精细调整，位置精度提高	定位精度高	维护性提高
压缩机	住宅空压机，标准空压机	由于高速运转最大能力提高，可以快速冷暖房间。由于系连续控制，温度变化小，使用 50 或 60Hz 电源供电能力不变，启动电流小，电源设备容量小	舒适性提高	节能

（4）其他。除上面所述效果外，采用变频器传动还能取得下列效果：维护性提高，机械的标准化、简单化，电动机的防爆化、高速化，电源设备容量的减小等。这些效果、具体例、应用上的注意点见表 9－5。

1）维护性提高。不论哪一个例子，性能上都是在以前要求使用直流电动机，由于笼型异步电动机变频器传动的性能提高，使笼型异步电动机取代直流电动机成为可能，因而省去了对直流电动机的换向器、电刷的维护。

2）机械的标准化、简单化。以前使用笼型异步电动机的机械，当电源频率不同（50Hz 或 60Hz），电动机转速改变时，采用变换机械零件的方法来保证最大能力不变。如果采用变频器则对电源频率无要求（50 或 60Hz 均可）。

表 9－5 其他目的

应用变频器的目的	具体例	效果
维护性提高	钢铁、造纸	高速响应、高精度、高可靠性
	车辆	容许电源电压变动大，电动机并联运转
	电梯	低振动、低噪声、高快速响应、高效率
	精纺机	高效率、防尘

续表 9－5

应用变频器的目的	具 体 例	效 果
机械的标准化和简单化	印刷机	低振动，低噪声
	工业用洗涤机	低噪声、调速范围大
高 速 化	与化学药品有关的设备	根据变频器的型号进行安全检查
	内圆磨床等	低振动，电动机轴承的寿命延长
电源设备容量的减小	住宅空压机	低噪声、没有无线电干扰
	电梯	低噪声、没有无线电干扰
	机床主轴	低振动、低噪声

9.1.3　变频器的发展概况

纵观通用变频器技术发展历程，不难得出如下结论：每当新一代的电力电子器件出现时。体积更小、功率更大的新型通用变频器就会产生；每当出现新的微机控制技术时，功能更全、适应面更广和操作更加方便的一代新型通用变频器就会出现在市场上。目前 2000kVA 以下的变频器已经实现了通用化。从世界通用变频器应用市场的角度来看，大致可分为日本、美国、欧洲三大部分，但目前国内引进的通用变频器中，比较多的是由日本和德国生产的。

(1) 通用变频器的发展过程。从 20 世纪 80 年代初通用变频器问世以来，经过近 20 年，通用变频器更新换代了五次：第一代是 20 世纪 80 年代初的模拟式通用变频器，第二代是 20 世纪 80 年代中期的数字式通用变频器，第三代是 20 世纪 90 年代初的智能型通用变频器，第四代是 20 世纪 90 年代中期的多功能型通用变频器，最近研制上市第五代集中型通用变频器。通用变频器的发展情况可从几个方面来说明。

1) 通用变频器的应用范围不断扩大。通用变频器不仅在工业各个行业广泛应用，就连家庭也逐渐成了通用变频器的应用市场。由于通用变频器应用范围的不断扩大，其产品正向三个方面发展变化：其一，向无需调整便能得到最佳运行的多功能与高性能型变频器方向发展；其二，向通过简单控制就能运行的小型及操作方便的变频器方向发展；其三，向大容量、高启动转矩及具有环境保护功能的变频器方向发展。

2) 通用变频器使用的功率器件不断更新换代。通用变频器对功率晶体管的基本要求是：能承受足够大的电压和电流；允许长时间频繁地接通和关断；接通和关断的控制必须十分方便。

在 20 世纪 80 年代初只有大功率晶体管(GTR)能够满足上述基本要求条件，后来随着工作频率比 GTR 提高了一个数量级的绝缘栅双极晶体管(IGBT)的出现，使变频调速技术又向前迈进了一步。目前，中小容量的新系列变频器中的逆变部分，已基本被 IGBT 垄断了。时至 20 世纪 90 年代末又出现了一种新型半导体开关器件——集成门极换流晶闸管 IGCT(integrated gate commutated thyristor)，该器件是 GTO 和 IGBT 相互取长补短的结果，非常适合用于中压(1～10kV)开关电路，现在已有系列产品。

3) 通用变频器控制元件运行速度和可靠性提高，成本降低。通用变频器最初使用能完成特定功能的初级专用集成电路，例如交流变压变频用的 SPWM 序列波发生器有 HEF4752(英国 Mullard 公司产品，适用于开关频率 1kHz 以下)、SLE4520(德国西门子公司产品，适用于开关频率 20kHz 以下)等。现代使用高级专用集成电路 ASIC。目前 ASIC 的功能远远超过一个发生器，往往能够包括一种特定的控制系统。例如，德国 IAM(应用微电子研究所)1994 年推出的 VECON，是一个交流伺服系统的单片矢量控制器，包含控制器、能完成矢量运算的DSP(Digital Signal Processor)协处理器、PWM定时器，以及其他外围和接口电路，都集成在一个芯片之内，使可靠性大为提高，而成本大为降低，且有助于专利技术的保密。开发各种新一代的ASIC已成为各电气公司竞争的热点。

过去，微处理器的进步往往只靠改进超大规模集成电路硬件的工艺来提高时钟频率和处理器速度，现在则使用精简指令集计算机RISC。RISC出现于20世纪80年代后期，是计算机体系结构上的一次革命，使微处理器在运行性能上获得了质的飞跃。RISC是一种矢量(超标量)处理器，在一个给定周期内，能并行执行多条指令，自RISC诞生以来，在不到10年内，其工作速度已从2~3MIPS上升到1000MIPS，即相当于银河巨型机的10亿次/秒的计算速度，从根本上改变了微处理器所包含的意义和应用的范围。RISC的指令处理方式是：扬弃某些运算复杂而用处不大的指令，省出这些指令所占用的硬件资源，以提高简单指令的运行速度，提高软件运行的总体效率。

4）通用变频器的控制技术性能达到了直流电机调速水平。通用变频器在20世纪80年代初采用的控制技术是v/f PWM控制方式，20世纪90年代初又出现了矢量控制的通用变频器。矢量控制技术的实用化，使异步电动机变频后的机械特性达到了可以和直流电动机变压后的机械特性相媲美的程度。其技术有：磁通前馈型矢量控制，磁通反馈型矢量控制，瞬时空间矢量控制。如英国的CT公司的Vector系列变频器采用磁通矢量控制技术，其性能达到了直流电机调速的水平。

(2) 通用变频器的技术发展动向。通用变频器的技术发展是以能驱动世界上所有电动机这一目标为前提，重点放在以下三个方面：引用最尖端技术，努力做到功能全、性能好；容量从小到大，适合各种用途，品种全；世界通用的机种。最近生产的新型通用变频器所使用的控制技术，就能充分证明这一点。

由于变频器适用领域不断扩大，所采用技术也不断拓宽。以下将分别对主电路、控制电路、传感器、多功能化、小型化、系统化等方面分别叙述。

1）主电路的最新技术。为追求变频器的小型化，人们费尽心机，可以说主要是为不断减少元器件的发热作斗争。现在主电路中占发热量50%~70%的IGBT损耗已大幅度减少，由于用了漏极-控制极新技术，使集电极-射极间的饱和电压大为降低，从而开发出第四代IGBT。采用这种新器件使低损耗成为可能。主电路模块可做到小型、低价且保护功能完善，为目前普遍应用的IPM。

此外，为降低电动机产生的噪声，常把开关频率提高到10~15kHz，但由此亦带来负面影响，即对附近的机器产生电磁干扰。解决的办法是降低开关时电压脉冲的du/dt，一般通过驱动电路技术将此值限制在500V/μs以下。变频器中的另一个噪声源是由于控制电源采用DC/DC整流器而产生的。若改用半谐振电路可得到满意结果。

对主电路的另一个要求是对输入谐波电流的限制。一般，通用变频器的电源侧多用不可控二极管整流器，电流输入端将会产生谐波电流。为此，各国都规定了限制谐波规范，使人们对限制谐波入网的必要性有更进一步认识。一些变频器(含简易型变频器在内)产品装备了经济型的限制谐波部件。

2）最新的控制技术。通用变频器在快速响应、高性能方面，现在也提出高的指标，以满足新产品开发的需求。实现控制高速化的主要动力之一是微处理器的高性能化。几十年前，在变频器上用16位微机就认为控制速度够高了；现在一般是用32位微机，被称为精简指令集计算机RISC(Reduced Instruction Set Computer—RISC)其处理速度大大提高，控制运算处理的速度几乎提高2倍以上。在伺服控制变频器上，过去多用软件处理的运算已用专用集成电路(Application

Specific IC—ASIC）等的硬件处理来代替。这样，控制周期将加快10倍，使整个控制系统的响应速度大大加快，大约提高了5倍。

由控制方式可见，即使普通的通用变频器也进入了矢量控制的新时代。在高功能的一类机型中，只要用户选购一种备用电路板，就可使通用变频器变成一个带速度传感器的脉冲发生器（Pulse Generator—PG）的矢量控制变频器。因此，可以说现在已进入提供低价、高性能的矢量控制变频器的新时代。

矢量控制的控制性能与驱动电动机在运行中的参数能否正确把握有很大关系。故在矢量控制变频器上应增设参数自调整功能。

除了在设备停转的离线情况下自检测外，尚需具有在运行中由于温度变化在线测出电动机参数改变的自调整功能。

伺服控制型变频器除上述自调整功能外，尚需实时检测负荷惯量的技术，结合负荷求得一种最佳的控制响应。

在通用变频器上已开发出一种独特的力矩矢量控制方式，以改善控制性能。但若用于极低速运转范围内，其力矩的运算精度尚有待提高，其原因是由于磁滞损耗引起的铁损未进行补偿，若充分考虑此因素会提高低速的控制性能。低速区的另一问题是低速时速度不均匀和不稳定问题；其原因是由于输出电压的波形畸变未得到补偿。以上问题解决后，变频器的低速性能会得到明显改进。

3）最新的传感器技术。对于伺服控制变频器，为进行高速运算处理达到高精度控制，选用合适的旋转位置传感器是十分重要的，往往由于它而影响系统的整体性能。一般这种传感器采用高分辨率的数字编码器，多用16位的编码器。随着分辨能力即位数的增高，编码发送器和伺服系统放大器之间的配线根数增加。新的做法是将原来信号的并行传送方式改为串行传送。

4）高功能化、多功能及智能化技术。近来市场对变频器功能要求多功能，尽可能减少些设备，用软件实现多功能及智能化技术，期望最迫切的是维修功能。新的机械成套装备，往往采用多台变频器，人们担心由于一台变频器故障而使整台设备停止运转。为了避免这种不良后果，要求在每台变频器开动前都要仔细地做好检查保养工作。

一般影响变频器寿命的部件有一些，新开发的变频器可以事先对例如电容容量，总运行时间和环境湿度进行测定，综合评估后预告该部件的寿命。开发的这种新型变频器已得到用户好评。

又例如，对于大惯性负荷起停的特殊功能开发，带这类负荷时，当瞬时停电后再启动或者由于外部风力作用于叶片上，当变频器再启动时都要求无冲击的平滑启动。为此，变频器应附加启动的特殊控制环节，即设定适当的正反馈自激振荡，以此振荡频率来推算电动机的转速再确定启动频率值。该方式推定速度时已考虑到转速的方向，故在运行中不管是正向还是反向，均可无冲击的平滑再启动。

5）小型化技术。小型化技术在通用变频器产品上已取得很大成绩，现进一步要在伺服控制型变频器上推进。具体的做法如下：

① 逆变器和伺服电路的小型化技术。实现小型化的关键是冷却技术，冷却风扇原来一直是用铝铸造，从提高冷却效率的角度来看，应采用铆焊和压接较好。此外，部件的集成技术和高密度贴装技术对小型化有很大贡献，支架等部件的贴装技术和系统的LSI化是未来研究的重要课题。

② 电动机的微型化。伺服电动机达到无损耗并微型化，是研究的重要课题。为使伺服电动机实现微型化需解决如下技术问题：采用稀土类永久磁铁；线圈下线工艺的改进；用高热传导树脂进行浇注的冷却技术。若采用上述技术的开发成果，电动机的体积将减小为原来的1/3，从而

实现微型化。

6）系统化的对应技术。在实现了通用变频器的多功能和伺服型变频器的高速响应后，要求进一步考虑变频器与系统或网络的连接，例如要求变频器和上位控制的可编程序控制器（PLC）通过串行通信连接的系统化课题。

一般通用变频器装备有带 RS－485 的标准功能，此外还通过专用的开放总线方式运行。开放总线可适用于不同行业和地区的多种方式，连接和使用非常简便。

由于伺服型变频器的信号高速响应能力强，故它与 PLC 可进行高速的串行通信。该总线由 25MHz、3V 系统进行驱动，故耐噪声能力强，非常有利于伺服系统的高速控制。

9.1.4 通用变频器的基本工作原理

在各种异步电机调速控制系统中，目前效率最高、性能最好的系统是变压变频调速控制系统。异步电动机的变压变频调速控制系统一般简称为变频器。由于通用变频器使用方便、可靠性高，所以它成为现代自动控制系统的主要组成元件之一。

（1）变频器的基本控制方式。由《电机学》可知，定子绕组的反电动势是定子绕组切割旋转磁场磁力线的结果，本质上是定子绕组的自感电动势。其三相异步电机定子每相电动势的有效值是：

$$E_1 = 4.44 k_{r1} f_1 N_1 \Phi_M \quad (9-1)$$

式中 E_1——气隙磁通在定子每相中感应电动势的有效值，单位为 V；

f_1——定子频率，单位为 Hz；

N_1——定子每相绕组串联匝数；

k_{r1}——与绕组结构有关的常数；

Φ_M——每极气隙磁通量，单位为 Wb。

由上式可知，如果定子每相电动势的有效值 E_1 不变，当我们改变定子频率时就会出现下面两种情况：

如果 f_1 大于电机的额定频率 f_{1N}，那么气隙磁通量 Φ_M 就会小于额定气隙磁通量 Φ_{MN}。其结果是：尽管电机的铁心没有得到充分利用是一种浪费，但是在机械条件允许的情况下长期使用不会损坏电机。

如果 f_1 小于电机的额定频率 f_{1N}，那么气隙磁通量 Φ_M 就会大于额定气隙磁通量 Φ_{MN}。其结果是：电机的铁心产生过饱和，从而导致过大的励磁电流，严重时会因绕组过热而损坏电机。

要实现变频调速，在不损坏电机的条件下，充分利用电机铁心，发挥电机转矩的能力最好在变频时保持每极磁通量 Φ_M 为额定值不变。对于直流电机，励磁系统是独立的，尽管存在电枢反应，但只要对电枢反应作适当的补偿，保持 Φ_M 不变是很容易做到的。在交流异步电机中，磁通是定子和转子磁动势合成产生的，如何才能保持磁通基本不变呢？

1）基频以下调速。由式（9－1）可知，要保持 Φ_M 不变，当频率 f_1 从额定值 Φ_{MN} 向下调节时，必须同时降低 E_1，使 E_1/f_1 = 常数，即采用电动势与频率之比恒定的控制方式。然而，绕组中的感应电动势是难以直接控制的，当电动势的值较高时，可以忽略定子绕组的漏磁阻抗压降，而认为定子相电压 $U_1 = E_1$，则得

$$U_1/f_1 = 常数 \quad (9-2)$$

这是恒压频比的控耐方式。在恒压频比条件下改变频率时，我们能够证明：机械特性基本上是平行下移的，如图 9－9 所示。

这和他励直流变压调速的特性相似。所不同的是，当转矩增大到最大值以后，特性就折回来

了。如果电动机在不同转速下都具有额定电流。则电机都能在温升允许条件下长期运行,这时转矩基本上随磁通变化,由于在基频以下调速时磁通恒定,所以转矩也恒定。根据电机驱动原理,在基频以下调速属于“恒转矩调速”的性质。低频时,U_1 和 E_1 都较小,定子阻抗压降所占的分量就比较显著,不能再忽略。这时,可以人为地把电压 U_1 抬高一些,以便近似地补偿定子压降。

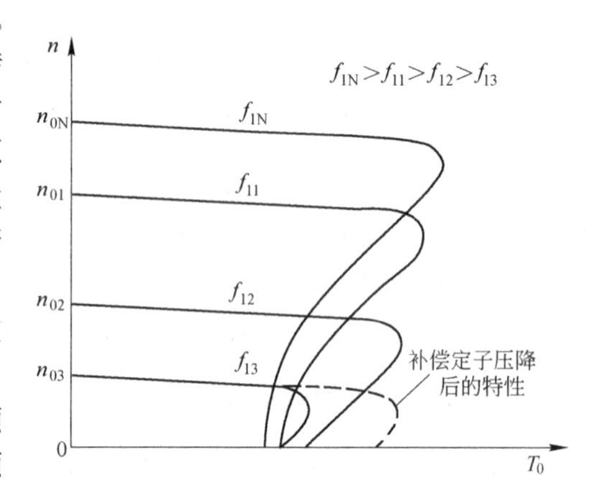

图 9－9　基频以下调速时的机械特性

2）基频以上调速。在基频以上调速时,频率可以从f_{1N}往上增高,但电压 U_1 却不能超过额定电压 U_{1N},最多只能保持 $U_1=U_{1N}$。由式(9－1)可知,这将迫使磁通随频率升高而降低,相当于直流电机弱磁升速的情况。

在基频f_{1N}以上变频调速时,由于电压 $U_1=U_{1N}$不变,我们不难证明当频率提高时,同步转速随之提高,最大转矩减小,机械特性上移,如图 9－10 所示。由于频率提高而电压不变,气隙磁动势必然减弱,导致转矩减小。由于转速升高了,可以认为输出功率基本不变。所以,基频以上变频调速属于弱磁恒功率调速。

把基频以下和基频以上两种情况合起来,可得图 9－11 所示的异步电动机变频调速控制特性。

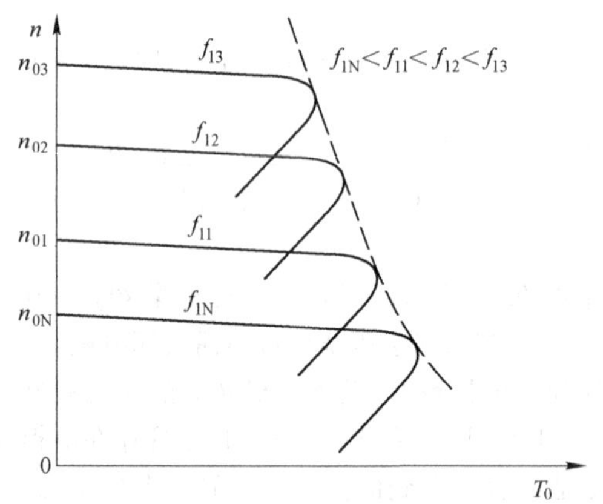

图 9－10　基频以上调速时的机械特性

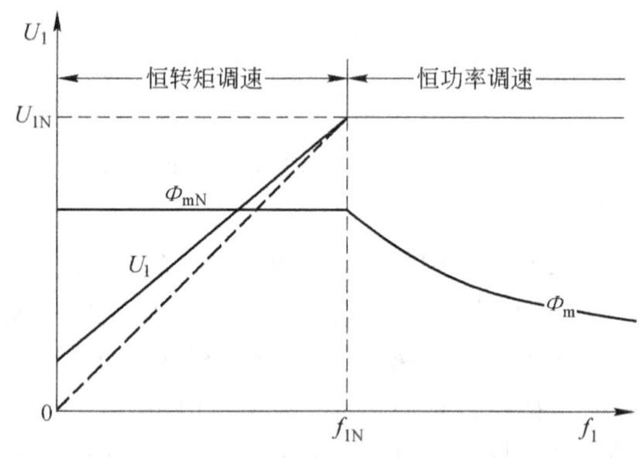

图 9－11　异步电动机变频调速控制特性

应该注意,以上所分析的机械特性都是在正弦波电压供电下的情况。如果电压源含有谐波,将使机械特性扭曲变形,并增加电机中的损耗。因此,在选购变频器时,变频器输出的谐波越小越好。

通过分析可得如下结论:当$f_1 \leq f_{1N}$时,变频装置必须在改变输出频率的同时改变输出电压的幅值,才能满足对异步电动机变频调速的基本要求。

这样的装置通称变压变频(VVVF)装置,其中 VVVF 是英文 Variable Voltage Variable Frequency 的缩写。这是通用变频器工作的最基本原理,也是设计变频器时所满足的最基本要求。通用变频器是如何实现又变压又变频的呢? 下面将回答这个问题。

(2) SPWM 控制技术原理。我们期望通用变频器的输出电压波形是纯粹的正弦波形,但就目前技术而言,还不能制造功率大、体积小、输出波形如同正弦波发生器那样标准的可变频变压的逆变器。目前技术很容易实现的一种方法是:逆变器的输出波形是一系列等幅不等宽的矩形脉冲波形,这些波型与正弦波等效,如图 9-12 所示。等效的原则是每一区间的面积相等。如果把一个正弦半波分作 n 等分(在图 9-12 中,$n=12$),然后把每一等分的正弦曲线与横轴所包围的面积都用一个与此面积相等的矩形脉冲来代替,矩形脉冲的幅值不变,各脉冲的中点与正弦波每一等分的中点相重合(图 9-12)。这样,由 n 个等幅不等宽的矩形脉冲所组成的波形就与正弦波的半周等效,称为 SPWM 波形。同样,正弦波的负半周也可用相同的方法与一系列负脉冲波等效。这种正弦波正、负半周分别用正、负脉冲等效的 SPWM 波形称为单极式 SPWM。

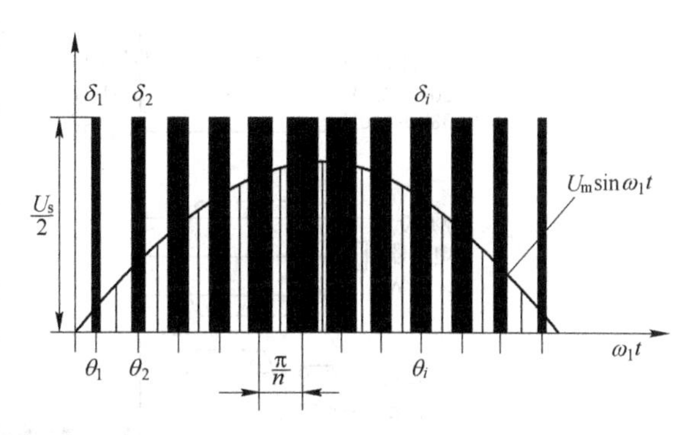

图 9-12 单极式 SPWM 电压波形

在图 9-12 中绘出的单极式 SPWM 波形是由逆变器上桥臂中一个功率开关器件反复导通和关断形成的。与半个周期正弦波等效的 SPWM 波是两侧窄、中间宽、脉宽按正弦规律逐渐变化的序列脉冲波形。

有了 SPWM 实现变压变频的技术,也就有了通用变频器的基本结构。

9.1.5 通用变频器的基本结构

(1) 变频器的基本外形结构。变频器是把电压、频率固定的交流电变换成电压、频率分别可调的交流电的变换器。变频调速器与外界的联系基本上分三部分:

1) 主电路接线端,包括接工频电网的输入端(R、S、T)和接电动机的频率、电压连续可调的输出端(U、V、W),如图 9-13 所示。

2) 控制端子,包括外部信号控制变频调速器工作的端子、变频调速器工作状态指示端子、变频器与微机或其他变频器的通讯接口。

3) 操作面板,包括液晶显示屏和键盘。

变频器根据功率的大小,从外形上分为书本型结构(0.75 ~ 37kW)和装柜型结构(45 ~ 1500kW)两大类。

(2) 变频器的类别。从结构上看,变频器可分为交-交变频器和交-直-交变频器两类。无论是交-直-交变压变频还是交-交变压变频,从变频电源的性质上看,又可分为电压源型变频器和电流源型变频器两大类。对于交-直-交变压变频装置,电压源型变频器和电流源型变频器的主要区别在于中间直流环节采用什么样的滤波器。

1) 交-交变频器。把频率固定的交流电源直接变换成频率连续可调的交流电源。其主要优点是没有中间环节,故变换效率高。但其连续可调的频率范围窄,一般为额定频率的 1/2 以下,故它主要用于容量较大的低速驱动系统中。

2) 交-直-交变频器。先把频率固定的交流电整流成直流电,再把直流电逆变成频率连续可调的三相交流电。在这类装置中,用不控整流,则输入功率因数不变;用 PWM 逆变,则输出谐波可以减小。PWM 逆变器需要全控式电力电子器件,其输出谐波减小的程度取决于 PWM 的开

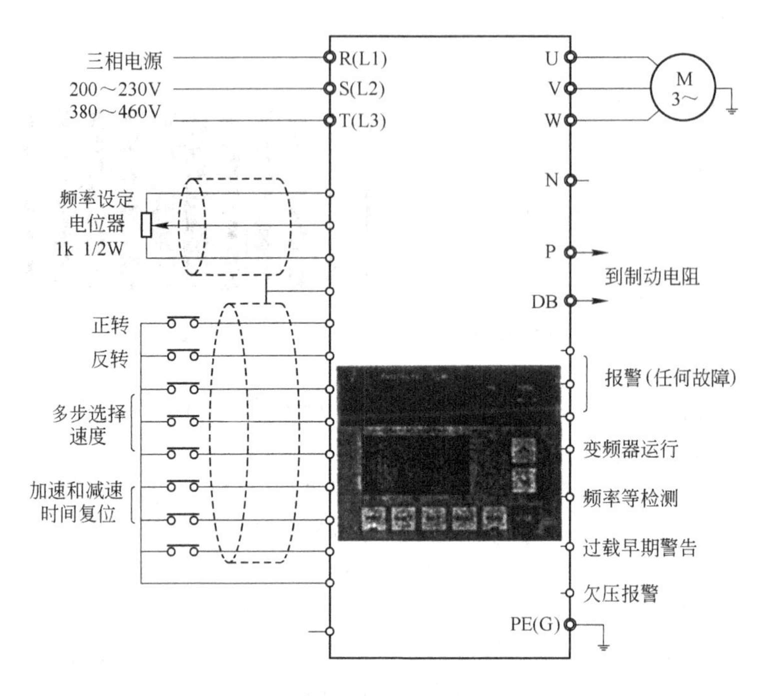

图 9－13　变频器的基本外部接线端子

关频率,而开关频率则受器件开关时间的限制。采用 P－MOS－FET 或 IGBT 时,开关频率可达 20kHz 以上,输出波形已经非常逼近正弦波,因而又称之为正弦脉宽调制(Sinusoidal PWM—SPWM)逆变器,是目前通用变频器经常采用的一种装置形式。

3)电压源型变频器。在交－直－交变压变频装置中,当中间直流环节采用大电容滤波时,直流电压波形比较平直,在理想情况下是一个内阻抗为零的恒压源,输出交流电压是矩形波或阶梯波,这类变频装置叫做电压源型变频器。一般的交－交变压变频装置虽然没有滤波电容,但供电电源的低阻抗使它具有电压源的性质,也属于电压源型变频器。

4)电流源型变频器。当交－直－交变压变频装置的中间直流环节采用大电感滤波时,直流电流波形比较平直,因而电源内阻抗很大,对负荷来说基本上是一个电流源,输出交流电流是矩形波或阶梯波,这类变频装置叫做电流源型变频器。有的交－交变压变频装置用电抗器将输出电流强制变成矩形波或阶梯波,具有电流源的性质,它也是电流源型变频器。

注意几点:从主电路上看,电压源型变频器和电流源型变频器的区别仅在于中间直流环节滤波器的形式不同,但是这样一来,却造成两类变频器在性能上相当大的差异,主要表现如下:

① 无功能量的缓冲。对于变压变频调速系统来说,变频器的负荷是异步电机,属感性负荷,在中间直流环节与电机之间。除了有功功率的传送外,还存在无功功率的交换。逆变器中的电力电子开关器件无法储能,无功能量只能靠直流环节中作为滤波器的储能元件来缓冲,使它不致影响到交流电网。因此也可以说,两类变频器的主要区别在于用什么储能元件(电容器或电抗器)来缓冲无功能量。

② 回馈制动。如果把不可控整流器改为可控整流器,虽然电力电子器件具有单向导电性,电流 I_d 不能反向,而可控整流器的输出电压是可以迅速反向的,因此电流源型变压变频调速系统容易实现回馈制动,从而便于四象限运行,适用于需要制动和经常正、反转的机械。与此相反,采用电压源型变频器的调速系统要实现回馈制动和四象限运行却比较困难,因为其中间直流环

节有大电容钳制着电压,使之不能迅速反向,而电流也不能反向,所以在原装置上无法实现回馈制动。必须制动时,只好采用在直流环节中并联电阻的能耗制动,或者与可控整流器反并联设置另一组反向整流器,工作在有源逆变状态,以通过反向的制动电流,而维持电压极性不变,实现回馈制动。这样做,设备就复杂多了。

③ 调速时的动态响应。由于交-直-交电流源型变压变频装置的直流电压可以迅速改变,所以由它供电的调速系统动态响应比较快,而电压源型变压变频调速系统的动态响应就慢得多。

④ 适用范围。由于滤波电容上的电压不能发生突变。所以电压源型变频器的电压控制响应慢,适用于作为多台电机同步运行时的供电电源但不要求快速加减速的场合。电流源型变频器则相反,由于滤波电感上的电流不能发生突变,所以电流源型变频器对负荷变化的反应迟缓,不适用于多电机传动。而更适合于一台变频器给一台电机供电的单电机传动。但可以满足快速启动、制动和可逆运行的要求。

(3) 变频器的额定值和频率指标

1) 输入侧的额定值。输入侧的额定值主要是电压和相数。在我国的中小容量变频器中,输入电压的额定值有以下几种。(均为线电压):380V/50Hz,三相绝大多数都属于这种情况;200~230V/50Hz 或 60Hz,三相主要用于某些进口设备中;200~230V/50Hz 单相,主要用于精细加工和家用电器。

2) 输出侧的额定值

① 输出电压 U_N:由于变频器在变频的同时也要变压,所以输出电压的额定值是指输出电压中的最大值。在大多数情况下,它就是输出频率等于电动机额定频率时的输出电压值。通常,输出电压的额定值总是和输入电压相等的。

② 输出电流 I_N:是指允许长时间输出的最大电流是用户在选择变频器时的主要依据。

③ 输出容量(kVA)S_N:S_N 与 U_N、I_N 关系为:$S_N=\sqrt{3}U_NI_N$

④ 配用电动机容量(kW)P_N:变频器说明书中规定的配用电动机容量,仅适合于长期连续负荷,对于其他情况见变频器的选择。

⑤ 过载能力:变频器的过载能力是指其输出电流超过额定电流的允许范围和时间。大多数变频器都规定为 150% I_N、60s,180% I_N、0.5s。

3) 频率指标

① 频率范围。即变频器能够输出的最高频率 f_{max} 和最低频率 f_{min}。各种变频器规定的频率范围不尽一致。通常,最低工作频率约为 0.1~1Hz,最高工作频率约为 120~650Hz。

② 频率精度。指变频器输出频率的准确程度。在变频器使用说明书中规定的条件下,由变频器的实际输出频率与设定频率之间的最大误差与最高工作频率之比的百分数来表示。例如,富士 G9S 的频率精度为 ±0.01,是指在(-10~+15℃)环境下数字设定所能达到的最高频率精度。

③ 频率分辨率。指输出频率的最小改变量,即每相邻两挡频率之间的最小差值。一般分模拟设定分辨率和数字设定分辨率两种。

(4) 变频器的主电路。主电路由整流电路、中间直流电路和逆变器三部分组成。电压源型交-直-交变频器的主电路的基本结构如图 9-14 所示。

1) 交-直部分

① 整流电路。整流电路由 VD_1~VD_6 组成三相不可控整流桥,它们将电源的三相交流全波整流成直流。整流电路因变频器输出功率大小不同而异。小功率的,输入电源多用单相 220V,整流电路为单相全波整流桥;功率较大的,一般用 3 相 380V 电源,整流电路为 3 相桥式全波整流电路。

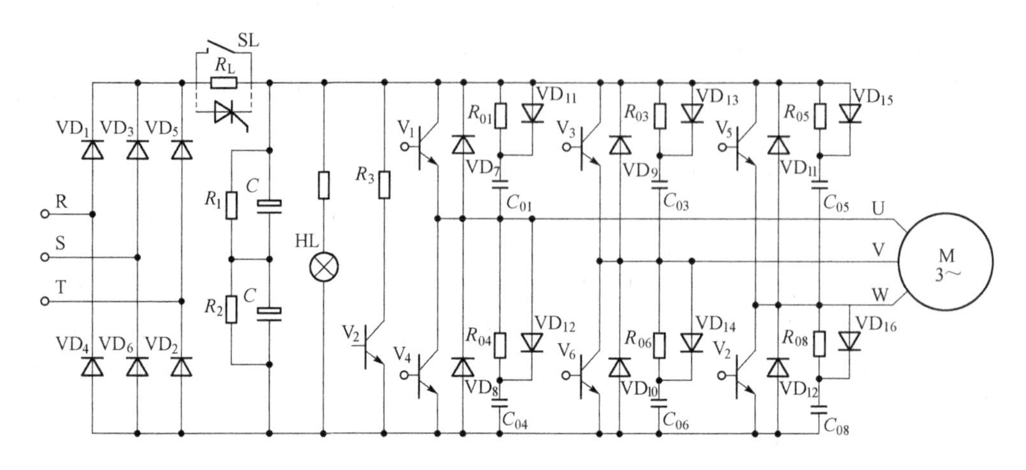

图 9－14　电压源型交－直－交变频器的主电路的基本结构

设电源的线电压为 U_L，那么三相全波整流后平均直流电压 U_D 的大小是：$U_D = 1.35U_L$。

我国三相电源的线电压为 380V，故全波整流后的平均电压是 513V。

② 滤波电容器 C_F。整流电路输出的整流电压是脉动的直流电压，必须加以滤波。滤波电容 C_F 的作用是：除了滤除整流后的电压纹波外，还在整流电路与逆变器之间起去耦作用，以消除相互干扰，这就给作为感性负荷的电动机提供必要的无功功率。因而，中间直流电路电容器的电容量必须较大，起到储能作用，所以中间直流电路的电容器又称储能电容器。

③ 限流电阻 R_L 与开关 SL。由于储能电容大，加之在接入电源时电容器两端的电压为零，故当变频器刚合上电源的瞬间，滤波电容器 C_F 的充电电流是很大的。过大的冲击电流将可能使三相整流桥的二极管损坏。

为了保护整流桥，在变频器刚接通电源后的一段时间里，电路内串入限流电阻，其作用是将电容器 C_F 的充电电流限制到允许的范围以内。开关 SL 的功能是：当 C_F 充电到一定程度时，令 SL 接通，将 R_L 短路掉。

在有些变频器里，SL 用晶闸管代替，如图 9－14 中虚线所示。

④ 电源指示 HL。HL 除了表示电源是否接通以外，还有一个十分重要的功能，即在变频器切断电源后，显示滤波电容器 C_F 上的电荷是否已经释放完毕。

由于 C_F 的容量较大，而切断电源又必须在逆变电路停止工作的状态下进行，所以 C_F 没有快速放电的回路，其放电时间往往长达数分钟。又由于 C_F 上的电压较高，如电荷不放完，在维修变频器时将对人身安全构成威胁，所以 HL 完全熄灭后才能接触变频器内部的导电部分。

2）直－交部分

① 逆变管 V_1 ~ V_6：V_1 ~ V_6 组成逆变桥，把 VD_1 ~ VD_6 整流后的直流电再"逆变"成频率、幅值都可调的交流电。这是变频器实现变频的执行环节，因而是变频器的核心部分。当前常用的逆变管有绝缘栅双极晶体管（IGBT）、大功率晶体管（GTR）、可关断晶闸管（GTO）及功率场效应晶体管（MOSFET）等。

② 续流二极管 VD_7 ~ VD_{12}。续流二极管 VD_7 ~ VD_{12} 的主要功能有：

电动机的绕组是电感性的，其电流具有无功分量。VD_7 ~ VD_{12} 为无功电流返回直流电源提供"通道"。

当频率下降、电动机处于再生制动状态时，再生电流将通过 VD_7 ~ VD_{12} 返回直流电路。

$V_1 \sim V_6$ 进行逆变的基本工作过程是,同一桥臂的两个逆变管,处于不停地交替导通和截止的状态。在这交替导通和截止的换相过程中,也不时地需要 $VD_7 \sim VD_{12}$ 提供通路。

③ 缓冲电路。不同型号的变频器中,缓冲电路的结构也不尽相同。图 9 - 14 所示是比较典型的一种。其功能如下:

逆变管 $V_1 \sim V_6$ 每次由导通状态切换成截止状态的关断瞬间,集电极(C 极)和发射极(E 极)间的电压 Z_{CE} 将极为迅速地由近乎 0V 上升至直流电压值 U_D。这过高的电压增长率将导致逆变管的损坏。因此,$C_{01} \sim C_{06}$ 的功能便是降低 $V_1 \sim V_6$ 在每次关断时的电压增长率。

$V_1 \sim V_6$ 每次由截止状态切换成导通状态的接通瞬间,$C_{01} \sim C_{06}$ 所充的电压(等于 U_D)将向 $V_1 \sim V_6$ 放电。此放电电流的初始值将是很大的,并且将叠加到负荷电流上,导致 $V_1 \sim V_6$ 的损坏。因此,$R_{01} \sim R_{06}$ 的功能是限制逆变管在接通瞬间 $C_{01} \sim C_{06}$ 的放电电流。

$R_{01} \sim R_{06}$ 的接入,又会影响 $C_{01} \sim C_{06}$ 在 $V_1 \sim V_6$ 关断时降低电压增长率的效果。$VD_{01} \sim VD_{06}$ 接入后,在 $V_1 \sim V_6$ 的关断过程中,使 $R_{01} \sim R_{06}$ 不起作用;而在 $V_1 \sim V_6$ 的接通过程中,又迫使 $C_{01} \sim C_{06}$ 的放电电流流经 $R_{01} \sim R_{06}$。

3) 制动电阻和制动单元。

① 制动电阻 R_B。电动机在工作频率下降过程中,异步电机的转子转速将超过此时的同步转速处于再生制动状态,驱动系统的动能要反馈到直流电路中。使直流电压 U_D 不断上升,甚至可能达到危险的地步。因此,必须将再生到直流电路的能量消耗掉,使 U_D 保持在允许范围内。制动电阻 R_B 就是用来消耗这部分能量的。

② 制动单元 V_B。制动单元 V_B 由大功率晶体管 GTR 及其驱动电路构成。其功能是控制流经 R_B 的放电电流 I_B。

9.1.6 由通用变频器组成的调速系统

(1) 变频调速控制系统的设计方法。变频调速控制系统的应用范围很广,如轧钢机、卷扬机、造纸机等。各种机组都有其具体的要求,例如造纸机除要求可靠、迅速外。还要求动态速降小、恢复时间短,因此在设计时必须满足这些要求。

为了达到这些目的,对于动、静态指标要求比较高的生产工艺系统,在变频调速控制系统中要求经常利用速度反馈、电流反馈、电压反馈、张力反馈、位置反馈等。总之,是利用反馈组成一个控制策略优良的自调系统来改善系统的性能。

对于动、静态指标要求不高的生产工艺系统,在变频调速控制系统中也有电流反馈、位置反馈等。但是这些反馈一般都是开关量型的,因此通常用于变频调速控制系统的保护。

闭环调速控制系统设计的关键在于调节器的设计。调节器分为线性调节器和智能调节器。在变频调速控制系统,如果外环是转速环,现在已经拥有较为成熟的控制方案,例如通用变频器采用矢量控制,其转速环的结构和直流调速系统是一样的,可以建立与直流调速系统一样的数学模型,而且并不复杂,采用 PID 控制已经能够取得基本满意的效果。但是如果外环不是转速环,例如外环是位置环或者是张力环等,尤其是变频器,网络系统,控制对象具有多变量、变参数、非线性。使得线性 PID 调节器常常不能胜任。不能使系统在各种工况下都保持设计时的性能指标,也就是说系统的稳定鲁棒性(系统在某种扰动下保持稳定的能力)和品质鲁棒性(系统保持某一品质指标的能力)不尽如人意。为了解决常规 PID 调节器的不足,人们开始把智能控制引入到变频调速控制系统中。智能控制可以不问对象的数学模型,仿照人的智能,只根据系统误差及其变化来决定控制器的输出,并自动调整控制器。在电气传动系统中引入智能控制方法,并非像许多控制对象那样是出于建模的困难,而是希望用这些新的方法来克服电气传动对象的多变量、变参数、非线性等不利因素，以提高系统的鲁棒性为目的。

应该引起大家注意的是，无论是模糊控制、神经元控制还是其他的智能控制方法，目前的理论研究都还不够。智能控制器主要凭经验来设计，对系统的性能缺少客观的理论预见性。因此，目前的智能控制与其说是一种理论，还不如说是一类方法更为确切。整个智能控制的理论框架与体系尚在酝酿之中。如果在变频调速控制系统中尝试智能控制策略时，完全丢弃已为实践所接受的传统控制方案，生搬硬套在其他领域应用的智能控制方法，非但不能解决问题，反而把新方法的缺点也带了进来，给变频调速用户带来闭环调速系统还不如开环的后果，最终导致智能控制方法在实际应用中被拒之门外。因此，在电气传动系统中引入智能控制方法时，注意扬长避短，正确处理智能控制和对传统控制继承与发展的关系是非常重要的。

无论是选用智能控制器，还是选用传统的控制器。在设计变频调速控制系统时，都需要建立系统当前状态、误差与控制量之间的关系，都具有类似的设计过程。

1）变频调速控制系统的基本设计步骤。无论生产工艺提出的动、静态指标要求如何，变频控制系统的设计过程基本相同，基本设计步骤是：

了解生产工艺对转速变化的要求，分析影响转速变化的因素，根据自动控制系统的形成理论，建立调速控制系统的原理框图。

了解生产工艺的操作过程，根据电气控制电路的设计方法，建立调速控制系统的电气控制电路原理框图。

根据负荷情况和生产工艺的要求选择电动机、变频器及其外围设备。如果是闭环控制，最好选用能够四象限运行的通用变频器。

根据掌握被控对象数学模型的已知情况，决定是选择常规 PID 调节器还是选择智能调节器。如果被控对象的数学模型不清楚，又想知道被控对象的数学模型，若条件允许，可用动态信号测试仪实测数学模型。被控对象的数学模型无严格要求的调节器，应属于非常规 PID 调节器。

购置基本设备：通用变频器、反馈元件、可编程序控制器、调节器和电动机。如果所设计的工程项目属于旧设备改造项目，可能电动机不需要重新购置。

根据实际购置的设备，绘制调速控制系统的电气控制电路原理图，编制控制系统的程序，修改调速控制系统的原理框图。

2）影响变频调速控制系统性能优良的因素。设计出的变频调速控制系统性能是否优良，一般与下述因素有关：

同是一个开环调速系统，所选择的通用变频器型号不同，变频调速控制系统的性能优良程度也不一定相同。即使选择相同的通用变频器型号，变频器的参数设置不同，其性能优良程度也不会相同。

同是一个闭环变频调速控制系统，所放置的反馈元件位置不同，系统的性能优良程度相差十分明显。即使反馈元件的放置位置相同，反馈元件的型号、质量不同，由抑制定理可知，其性能优良程度也不会相同。所以，反馈信号的真实程度、质量决定着一个闭环变频调速系统安装的成败问题。

调节器的控制算法、参数设置不同，变频调速控制系统的性能优良程度相差比较大。如果调节器的控制算法选择不合适、参数设置不恰当，闭环变频调速系统有时还不如一个开环控制系统的性能好。因此，设计选择一套控制算法合理、简单、可靠，调试方便和控制精度高的调节器成了各大工程公司研究的热点。

两个完全一样的变频调速控制系统，如果安装环境不同，可能效果会完全不同。特别是输出电缆布置不合理,不但影响变频调速控制系统性能,还会损坏开关管和驱动电路。

对于开环调速系统,除变频器优良程度影响系统的性能外,电动机固有特性的硬度、安装质量也严重影响变频器调速控制系统的性能。

3)设计闭环调速控制系统时应注意的事项。在对控制精度要求不高的场合,只需适当选购变频器和三相异步电动机,就能很方便地对被控对象进行控制,达到生产工艺的要求。但是,在对控制精度要求较高的场合,必须采用闭环控制。如果被控对象的数学模型不清楚或者数学模型是非线性、强耦合、多变量类型,若采用常规调节器,在理论上讲是相当困难的。然而,只要在设计转速闭环调速控制系统时注意如下事项,也能设计出令人满意的调速系统。

① 调节器的控制参数大范围可调。如果是模拟电路,那么实现大范围调节参数的方法是通过开关切换调节器中的关键电阻、电容来实现。被切换的电阻、电容应具有不同的数量级。

如果是数字电路,应建立修改调节器控制参数的界面。

② 转速反馈元件采用光电转速传感器。转速反馈信号,可以采用光电传感器,也可以采用测速发电机,但应优先考虑光电转速传感器。这种传感器体积小,精度高,易于和被测轴实现软轴连接。对同心度的要求不高,便于安装。另外,其脉冲信号便于传送,有利于提高系统的抗干扰能力。

由于电气传动系统中电磁干扰严重,即使是光电脉冲电压信号的传送,也必须选用屏蔽线。一般光电传感器的外接引线有三根,即电源线、地线和脉冲输出线。

③ 电机、反馈元件和变频器之间连接。若电动机、测速发电机或传感器安装在同一个金属底座上,如果金属底座接大地,一旦电机三相绕组与电机壳绝缘不良。易使变频器输出短路。尽管变频器有短路保护功能,并非都十分可靠;如果金属底座不接大地。则容易造成触电事故。解决方法:选择带有漏电保护措施的变频器,或另外增加漏电保护措施。

(2)异步电动机的选择方法。当使用标准的通用异步电动机进行变频调速时,由于变频器的性能和电动机自身运行工况的改变等原因。在确定电动机的参数时,除按照常规方法选择电动机的型号及参数外,还必须考虑电动机在各个频率段恒速运行时从未考虑过的一些新问题。

1)电动机容量的选择。选择电动机容量的基本原则是:能带动负荷,在生产工艺所要求的各个转速点长期运行不过热,在旧设备改造时,要尽可能地留用原设备的电动机。

选择电动机容量时应考虑如下几点:电动机容量、启动转矩必须大于负荷所需要的功率和启动转矩;电源电压下降10%~15%的情况下,转矩仍能满足启动或运行中的需要;从电动机温升角度考虑,为了不降低电动机的寿命,温升必须在绝缘所限制的范围以内;如果电动机每次在最低频率时连续工作的时间不长,则可留用原选电动机,反之则电动机的容量应提高一档。

2)电动机磁极对数的选择。电动机的磁极对数一般由生产工艺决定,不易随意选择。如果通用变频器具有矢量控制功能,若有条件,最好选择 $2p=4$ 的电机,因为多数矢量控制通用变频器是以 $2p=4$ 的电机作为模型进行设计的。

3)电动机工作频率范围的选择。电动机工作频率的范围应包含负荷对调速范围的要求。由于某些通用变频器低速运行特性不理想,所以最低频率越高越好。

4)使用变频器传动时电动机出现的新问题。笼型异步电动机由通用变频器传动时,由于高次谐波的影响和电动机运行速度范围的扩大,将出现一些新的问题,与工频电源传动时的差别比较大。因此,在旧设备改造留用原选电动机时要特别注意如下问题:

① 低速时的散热能力问题。通用的标准笼型异步电动机的散热能力,是在额定转速且冷却风扇与电动机同轴条件下考虑冷却风量的。当使用变频器之后,在电机运行速度降低的情况下冷却风量将自动变小,散热能力随之变差。由于电动机的温升与冷却风量之间成反比,所以在额

定速度以下连续运行时，可采用设置恒速冷却风扇的办法，改善低速运行条件下电动机的散热能力。

② 额定频率运行时有温升提高问题。由于变频器的三相输出电压波形是 SPWM 波，因此不可避免地在异步电动机的定子电流中含有高次谐波，高次谐波增加了电动机的损耗，使电动机的效率和功率因数都变差。高次谐波损耗基本与负荷大小无关，所以电动机温升将会比变频调速改造前有所提高。通用变频器高次谐波分量越少，电动机的温升也就越小。这也是检验通用变频器性能是否优良的重要标志之一。

③ 电动机运行时出现噪声增大问题。这是 SPWM 变频器的载波频率与电机铁心的固有振荡频率发生谐振引起的电机铁心振动而发出的噪声。

（3）变频器的选择方法。选择通用变频器就是选择变频器容量和类型。

1）变频器容量的选择。选择变频器容量的基本原则：最大负荷电流不能超过变频器的额定电流。一般情况下，按照变频器使用说明书中所规定的配用电动机容量进行选择。

选择时应注意：变频器的过载能力允许电流瞬时过载为 150% 额定电流（每分钟）或 120% 额定电流（每分钟），这对于设定电动机的启动和制动过程才有意义，而和电动机短时过载 200% 以上、时间长达几分钟是无法比拟的。凡是在工作过程中可能使电动机短时过载的场合，变频器的容量都应加大一挡。

2）变频器类型的选择。根据变频器控制功能将通用变频器分为两大类，而每一类都有两种类型。对于 U/f 控制方式有普通功能型和恒定电磁转矩控制功能型；对于矢量控制方式又有带速度传感器和不带速度传感器之分。变频器类型选择的基本原则是根据负荷的要求进行选择。选择方法如下：

① 风机和泵类负荷。在过载能力方面要求较低，由于负荷转矩与速度的平方成正比，所以低速运行时负荷较轻（罗茨风机除外），又因为这类负荷对转速精度没有什么要求，故选型时通常以价廉为主要原则，选择普通功能型通用变频器。

② 恒转矩负荷。多数负荷具有恒转矩特性，但在转速精度及动态性能等方面要求一般不高，例如挤压机、搅拌机、传送带、厂内运输电车、吊车的平移机构、吊车的提升机构和提升机等。选型时可选 U/f 控制方式的变频器，但是最好采用具有恒转矩控制功能的变频器，如果用变频器实现恒转矩调速，必须加大电动机和变频器的容量，以提高低速转矩。

③ 被控对象具有一定的动、静态指标要求。这类负荷一般要求低速时有较硬的机械特性，才能满足生产工艺对控制系统的动、静态指标要求，如果控制系统采用开环控制，可选用具有无转速反馈矢量控制功能的变频器。

④ 被控对象具有较高的动、静态指标要求。对于调速精度和动态性能指标都有较高要求，以及要求高精度同步运行等场合，可采用带速度反馈的矢量控制方式的变频器。如果控制系统采用闭环控制，可选用能够四象限运行、U/f 控制方式、具有恒转矩功能型变频器。例如轧钢、造纸、塑料薄膜加工生产线这一类对动态性能要求较高的生产机械，采用矢量控制的高性能通用变频器不但能很好地满足生产工艺要求，还能降低调节器控制算法的难度。

9.1.7 变频器的外围设备及其选择

变频器调速系统达到正确、合理的运行，还需要选择变频器的外围设备。外围设备通常都是选购配件，分常规配件和专用配件，如图 9-15 所示。

图中，①为电源变压器；②为避雷器；③为电源侧断路器；④为电磁接触器；⑤为电源侧交流电抗器；⑥为无线电噪声滤波器；⑦为电源滤波器；⑧为制动电阻；⑨为电动机侧电磁接触器；

⑩为工频电网切换用接触器;"L"用于改善功率因数的直流电抗器。其中,①、②、③、④、⑨和⑩是常规配件,⑤、⑥、⑦、⑧和"L"是专用配件。

常规配件的选择原则:

(1) 电源变压器。

1) 选用目的 如果电网电压不是变频器所需要的数量等级,使用电源变压器将高压电源变换到通用变频器所需的电压等级。

2) 电源变压器的容量确定方法 变压器的容量(kVA) > 变频器的输出功率/变频器输入功率因数 × 变频器的效率

其中,变频器功率因数在有输入交流电抗器时取0.8 ~ 0.85,没有输入交流电抗器时取0.6 ~ 0.8;变频器的效率一般取0.9 ~ 0.95。

(2) 避雷器。吸收由电源侵入的浪涌电压(30kW 以上使用)。

(3) 电源侧断路器。

1) 选用目的 用于变频器、电机与电源回路的通断,并且在出现过流或短路事故时能自动切断变频器与电源的联系,以防事故扩大。

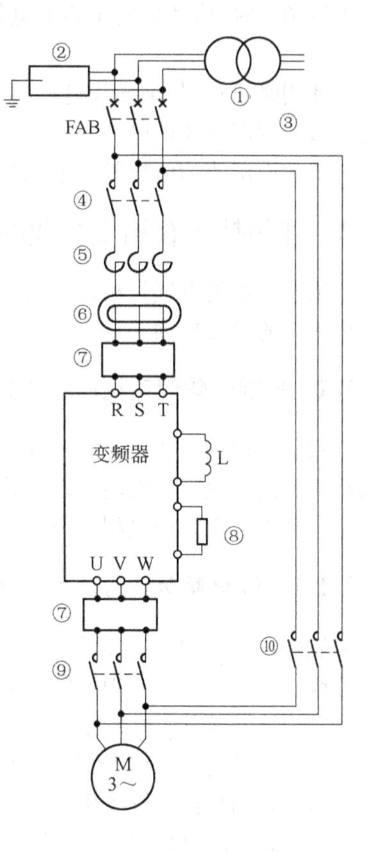

图9-15 变频器的外围设备

2) 选择方法 如果没有工频电源切换电路,由于在变频调速系统中,电动机的启动电流可控制在较小范围内,因此电源侧断路器的额定电流可按变频器的额定电流来选用。如果有工频电源切换电路,当变频器停止工作时,电源直接接电动机,所以电源侧断路器应按电动机的启动电流进行选择,最好选用无熔断丝断路器。

(4) 电源侧电磁接触器。

1) 使用目的 电源一旦断电后,自动将变频器与电源脱开,以免在外部端子控制状态下重新供电时变频器自行工作,以保护设备的安全及人身安全;在变频器内部保护功能起作用时,通过接触器使变频器与电源脱开。当然变频器即使无电源侧的电磁接触器(MC)也可使用。

使用时请注意如下事项:不要用电磁接触器频繁地启动或停止(变频器输入回路的开闭寿命大约为10万次);不能用电源侧的电磁接触器停止变频器。

2) 选择方法 接触器选用方法与低压断路器相同。但接触器一般不会有同时控制多台变频器的情形。

(5) 电动机侧电磁接触器和工频电网切换用接触器。变频器和工频电网之间的切换运行是互锁的,这可以防止变频器的输出端接到工频电网上。一旦出现变频器输出端误接到工频电网的情况,将损坏变频器。对于具有内置工频电源切换功能的通用变频器,选择变频器生产厂家提供或推荐接触器型号;对于变频器用户自己设计的工频电源切换电路,按照接触器常规选择原则选择。

输出侧电磁接触器使用时请注意:在变频器运转中请勿将输出侧电磁接触器 OFF 变 ON。在变频器运转中开启电磁接触器,将有很大的冲击电流流过,有时会因过电流而停机。

(6) 热继电器。通用变频器都具有内部电子热敏保护功能,不需要热继电器保护电机,但遇到下列情况时,应考虑使用热继电器:10Hz 以下或 60Hz 以上连续运行;一台变频器驱动多台电动机。

使用时注意:如果导线过长(10m 或更长)继电器会过早跳开。此情况下应在输出侧串入滤波器或者利用电流传感器。50Hz 时过热继电器的设定值为电机额定电流的 1.0 倍,60Hz 时过热继电器的设定值为电机额定电流的 1.1 倍。

9.2　变频技术在冶金企业的应用

冶金行业的电气传动设备具有数目多、启动频繁、负荷变化快且冲击力大等特点,变频技术应用带来的效益更加明显。

9.2.1　炼钢转炉倾动机构的变频调速

目前炼钢的方法主要有三种,即平炉炼钢法、转炉炼钢法、电炉炼钢法。大部分采用氧气顶吹转炉炼钢。氧气顶吹转炉以它特有的优点在大多数产钢国家得到了迅速的发展。其优越性之一是有利于实现生产过程的自动化。

9.2.1.1　转炉倾动机构的负荷特点及电动机运行状态

氧气顶吹转炉的主体设备由炉体、炉体支承装置和炉体倾动机构等组成。是实现转炉炼钢工艺操作的主要设备。炉体倾动的电力驱动控制系统是本节的主要内容。

转炉炉体及其附件的全部重量皆通过支承系统传递到基础上去,同时,支承系统还担负着传递从倾动机械传给炉体,使其倾动的力矩。

(1) 倾动机械。倾动机械用以转动炉体,以完成转炉兑铁水、出钢、加料、修炉等一系列工艺操作。因此,倾动机械是实现转炉炼钢生产的关键设备之一。

1) 工作特点

① 速度低,减速比大。转炉工作对象是高温液态金属,在冶炼过程中还要进行一系列的工艺操作,要求炉体能平稳倾动准确定位,因此炉子皆采取低转速的倾动速度,通常倾动转速为 0.1 ~ 1.5r/min。为获得如此低的倾动速度,需要很大的速比。一般为 600 ~ 1000,甚至更高。例如,我国 120t 的转炉速比为 753.35,300t 转炉速比为 638.245。

② 重载、倾动力矩大。转炉炉体自重很大,再加上炉液重量,整个被倾动部分的重量要达上百吨甚至几千吨重,通常炉子回转部分总重约为炉子容量的 6 ~ 8 倍。例如,50t 炉子回转部分重量为 354t,而 120t 和 300t 炉子分别为 887t 和 2000t 重。要使这样重的炉子倾动,就必须在它耳轴上施加巨大的倾动力矩。例如,我国 50t、120t 和 300t 转炉倾动力矩分别是 1400、2560 和 6500kN · m,当考虑动态转矩和事故转矩后,其值还要增大。

③ 启动、制动频繁,承受较大的动负荷。在冶炼周期内,要进行兑铁水、摇炉、取样、出钢、倒渣以及清炉口等操作。为完成这些操作,倾动机械要在 30 ~ 40min 冶炼周期内进行频繁启动和制动。据某厂 120t 转炉实际操作统计,在一个冶炼周期内,启动、制动经常在 30 ~ 50 次,最多可达 80 ~ 100 次,且较多的运行方式是“点动”。因此,倾动机械的运转属“启动工作制”,在这种运转状态下的倾动机械,承受较大的动负荷。再如倾动机械处于高温多尘工作环境中,这些都表明倾动机械工作繁重、条件恶劣。

2) 对倾动机械的要求。根据倾动机械工作特点和工艺操作要求,倾动机械应具有以下性能:

① 倾动机械驱动转炉能连续回转 360°,并能准确停在任意倾动位置上,还应根据工艺要求

具有调速性能。其倾动位置能与氧枪、盛钢桶车及烟罩等相关设备有一定的连锁要求。

② 在运转过程中,必须具有最大的安全可靠性,在电气或机械中某一部分发生故障时,倾动机械应有能力继续进行短时间运转、维持到一炉钢冶炼结束,即使倾动机械发生无法控制事故时,炉子也不会自动倾翻发生倒钢事故。

③ 倾动机械应具有良好的柔性性能,以缓冲冲击负荷和由启动、制动所产生的扭振。此外,倾动机械还应对超载等事故状态具有保护能力,能适应高温环境。

④ 结构应紧凑,重量轻,机械效率高,安装维修方便。

(2) 对电动机及调速装置的要求。在选择电动机及调速装置时,所考虑的倾动力矩应该是在转炉正常工作状态下出现的最大倾动力矩值,再乘以安全系数 K,即 $Tj_{max} = KT_{max}$。一般情况下,最大倾动力矩出现在倾动角为90°附近。另外,倾动转矩有可能短时过载,设计时也应考虑,有以下几种可能:

1) 冻炉事故。发生冻炉事故时,很重的死铁集中在炉底,不但重量大,而且力臂也长,因而产生很大的力矩。

2) 炉衬塌落事故。在烘炉时,如发生意外的炉衬塌落事故,由于炉衬全部落至炉底,再加上炉帽被去掉,因而空炉重心大大下降,倾动力臂增大,出现相当大的过载力矩。一般情况下,塌炉力矩为最大倾动力矩的3倍。

3) 摆动转矩。摆动力矩属于动态转矩,由转炉启、制动的动负荷力矩值与扭振循环力矩两部分组成。

4) 切渣转矩。炉口清渣一般多用吊车钩吊渣清理,而大型转炉往往采用在操作台上增加刮渣装置,顶住炉口粘结的钢渣,转动炉体切除钢渣,或用吊车碰击炉口钢渣。

9.2.1.2 变频调速系统的设计

(1) 电动机的选用

1) 电动机容量和电动机的过载能力计算确定,可参考有关文献确定,在此不再详述。所选电动机的功率、转矩、过载能力均应满足工艺要求。

2) 启动转矩。转炉倾动负荷为反抗性位能性负荷特性,启动过程中考虑动态转矩和扭转矩的影响,应该对启动力矩和启动时间加以控制。

通常,启动转矩取电动机额定转矩的1.1~1.2倍,启动时间控制在2~5s,保证变频器不过流跳闸,常选择冶金起重专用笼型电动机。

3) 工作频率范围。转炉的速度范围为0.1~1r/min,即调节范围为1∶10,对应的频率变化范围为5~50Hz。

(2) 变频器的选用。转炉倾动的驱动电动机确定之后,在配备变频调速系统时,应该注意以下几方面的问题。

1) 变频器的台数。转炉倾动往往是由多台电机驱动的,如果各台电机各自分别选用一台变频器,那么系统将不能正常工作。这是因为每台电机的参数不可能完全相同,若每台变频器的输出频率略有误差,使得每台电机的理想空载转速也不尽相同,而多台电机驱动同一台硬性负荷,也就是说,转速肯定是相同的,变频过程中很容易使各台电动机的负荷分配不均匀,有的负荷很轻,有的则因过载而跳闸。最好的方案是多台电机共用一台变频器供电。

2) 变频器的电流。转炉倾动具有恒转矩特性,要求能重载启动(倾角在90°时力矩最大),变频器的额定电流应该大于各台电机额定电流之和,并留有一定裕量(至少1.2倍)。使电动机在整个调速范围内、加减速过程中,在满载或过载时输出的转矩恒定,也就是要具有转矩限定的无跳闸功能。

3）再生电能的处理。从前述的转炉倾动的机械特性中可以看出，在倾角大于 90°时，电动机将处于再生制动状态。这时，对于再生电能的处理，可有以下两种方法：

① 采用制动电阻和制动单元。

② 将电能反馈回电源。

具体方法是：

选用具有电源反馈功能的变频器。此种变频器的电源整流部分采用的是反并联晶闸管整流桥。当变频器直流回路的“泵升电压”超过限值时，使晶闸管处于“有源逆变”状态，以便将电能反馈给电源。

附加“电源反馈选件”。所谓电源反馈选件，其主体实际上就是晶闸管整流桥，再配以对泵升电压的检测以及根据检测结果决定移相角等部分。

9.2.2　轧钢厂输送辊道的变频调速

9.2.2.1　概述

辊道是轧钢厂的辅助传动设备，一般用于输送钢锭、钢坯或轧件，或者用于辅助轧机进行轧制。负责轧制线上所有设备之间的连接，即轧件的运输传送。辊道的种类很多，按用途分类有：输送辊道、工作辊道、移动辊道、收集辊道、辅助辊道等；按辊身的外形可分为：光辊、花辊、台阶辊、短辊、长辊、锥形辊、斜辊、V 形辊等；按传动形式分类有：集体驱动辊道、单独驱动辊道、混合驱动辊道等。工作辊道用于把轧件送进轧辊内和从轧辊内取出，它们就配置在机架两旁。在大型开坯机中，这些辊道的辊子（1 ~ 3 个）直接装在机架的机座内，并称为机座辊轮，它们的用途是改变金属咬入轧辊的条件，使不同轧件易于进入轧辊。输送辊道用于把轧件从一个机构传送到另一个机构。根据它们相对于机构的运动方向可以分为给料辊道和输出辊道。配置在轧机前端用以接受轧件的辊道称为受料辊道或输入辊道。输送辊道的一种特殊形式是安装在轧制线上加热炉内的加热炉辊道。

移动辊道用于在辊道辊子运动的方向和辊道本身移动方向上移动金属，如钢轨钢梁轧机和钢管轧机的移动台、三重式轧机的升降一摆动台、把轧件装进加热炉内的平行 - 升降台等。

辅助工作辊道，也称为延长辊道或展平辊道，用于加长主工作辊道。它们使用在轧件的长度超过主辊道长度的情况下。带有斜辊子的收集辊道，用于同时在辊道轴的纵横方向上移动金属。以便堆垛或把钢材打成捆。

为了减小辊道辊子质量，应在满足强度的条件下尽量减小其直径。除加热炉辊道和开坯机辊道为实心辊子外，其他辊子一般为空心辊子。

辊道的工作状态（负荷持续率 FC% 和接通频率）取决其用途及轧机的种类。

辊道的驱动方式有成组驱动和单独驱动两种。成组驱动时，一般由两台电机驱动 3 ~ 10 个或更多个同一区段内辊道的辊子。成组驱动适用于坯料移动距离较短的辊道，此时一个辊子几乎可能承受坯料所有的重量，在这种情况下如果采用单独驱动，其各个驱动装置相加的总功率将是很大的。

对于轧件移动距离很长的辊道，其轧件重量分布在大量辊子之间，此时应采用单独驱动。对其他情况，有时为了提高辊道的工作效率，也使用单独驱动。单独驱动比成组驱动成本高。一般使用具有高过载能力的笼型异步电动机，并采用具有共用直流母线的变频装置供电。

9.2.2.2 辊道的工艺特点及对驱动系统的要求

轧钢厂辊道很多,大型轧钢厂一般辊道总数都在一千个以上。不同用途的辊道其工艺特点及对驱动系统的要求也不完全相同,这里以H型钢厂粗轧机输入输出辊道为例进行说明。粗轧机前后的输入、输出辊道布置在粗轧机机架前后的输入、输出辊道。由地脚板上安装的齿轮电机通过挠性联轴节单独驱动,辊子轴承为减摩轴承,安装在轴承座中,轴承座、驱动电机、辊身都用螺栓固定在钢制辊道架上。

(1) 工艺特点。根据工艺要求,从加热炉出来的热钢坯由出炉辊道运至开坯区,经除鳞装置上喷嘴环喷射的17~20MPa的高压水清除表面一次氧化铁皮,除鳞时轧件的运行速度为1.5m/s。经除鳞后的轧件运至开坯机进行轧制。轧制过程分为几个阶段:咬入、稳定轧制、抛尾,相应的轧制速度为咬入速度、轧制速度和抛尾速度。低速咬入有利于轧件咬入轧机;低速抛尾使轧件出轧辊后抛出距离短,且有利于轧机主驱动电机降速反向,从而缩短道次间隔时间。较高的轧制速度可缩短纯轧制时间。开坯机前后工作辊道的正反转和速度控制,均与轧机主驱动电机同步连锁,辊子均为实心辊,辊长2800mm,单独驱动,速度为0~5m/s可调。

开坯机前后工作辊道口各设有一台带翻钢钩的推床。翻钢钩与推床同步移动,可以在任何道次进行翻钢,工作辊道与推床同步联锁。开坯轧制为孔型方式多道次可逆轧制,根据不同规格尺寸,轧件在开坯机上轧制5~11道次。在同一孔型下多道次压下轧制时,要求在轧制过程中调整轧制线,开坯机前后工作辊道的高度固定不动,轧制线调整采用轧机下轧辊压上方式进行。经开坯、切口后的轧件送入万能粗轧机的输入辊道,经粗轧机多道次可逆轧制,然后由辊道将轧件送至精轧机轧成成品。

为了使钢坯的温度基本不变,从而保证轧件的质量,要求轧制过程的时间尽可能缩短,即要求辊道驱动系统具有快速启动、快速运行和快速制动的功能。另外,传递轧件的输送辊道还必须与轧辊的速度相配合,而轧辊的速度是在一定范围内可调的,这就要求辊道驱动系统的速度也必须在一定范围内平滑可调。考虑到可逆热轧机是反复多道次可逆轧制,因此辊道也必须可逆运行。所以为满足轧制工艺要求,辊道驱动系统必须能够快速启制动、平滑调速和可逆运行。

(2) 对驱动系统的要求。根据轧制工艺,一般对可逆热轧机输入、输出辊道驱动系统的要求如下:

1) 轧件已送入辊道但尚未咬入轧机之前,此时辊道从高速减速以不使轧件产生滑动的最大减速度进行控制,达到轧机的咬入速度后则保持不变。

2) 轧件咬入轧辊后,辊道与轧机的速度联动,辊道能与轧机一起进行最大匀加、减速控制。

3) 轧件从轧机抛出后,辊道与轧机的联动脱开,此时轧机以最大匀减速度停车。当轧制程序设定结束后,即下一道次的开口度已经达到时,为了获得下一道次需要的咬入速度,辊道能以最大加减速度反转,直至加速到咬入速度为止。

4) 轧件被抛出后,在辊道上的停留位置,既要考虑到下一道次的咬入速度,又不使轧件抛出太远,以减少道次间的停歇时间。

辊道和轧机的速度是根据轧件的位置确定的,而轧件位置的跟踪主要是通过设置在各段辊道和轧机出、入口的热金属检测器(HMD)来完成。作为轧件跟踪的辅助手段,一般还检测轧机主驱动电机的电流和轧机上的测压仪是否给出咬钢信号,从而进一步提高轧件跟踪的可靠性。

9.2.2.3 辊道的调速方案

生产机械的调速方案,一般由驱动电动机、供电电源装置和控制系统三部分组成。不同的生产机械,其负荷性质、工艺要求和环境条件不完全相同,选择的调速方案也不同。轧钢生产线上的辊道属于呈反抗性质的恒转矩负荷，且是重复短期工作制，它要求驱动电动机具有足够的启、制动转矩和短时过载能力，以满足加减速时间和行程的要求。交流电动机结构简单、价格便宜、维护工作量小，但启制动和调速性能不如直流电动机方便。因此，以前要求调速的辊道驱动多采用直流电动机。但是直流电动机由于存在公认的缺点，且随着电力电子技术和控制技术的发展，交流调速装置的性能和成本已能与直流调速相媲美，越来越多的直流调速领域正被交流调速所取代，特别是对高温、多尘、多水气的轧钢生产线，目前基本都采用交流调速方案。考虑到轧钢现场环境较恶劣，而且辊道负荷一般不超过几十千瓦，所以辊道驱动电机基本都采用具有高过载能力的笼型异步电动机，电动机的调速方式一般采用交 - 直 - 交 PWM 变频调速。

9.2.2.4　变频调速系统的设计

（1）电动机的选用

1）选择电动机的原则

① 电动机的全部电气参数和机械参数，包括工作制、额定功率、最大转矩、最小转矩、堵转转矩、飞轮矩、转速等，应满足生产机械在启制动和稳定运行等各种运行状态的要求。

② 电动机的类型和额定电压应满足电网的要求。如电动机启动时，保持电网电压在一定的水平，运行中保持功率因数在合理的范围之内等。

③ 电动机的结构形式、冷却方式、绝缘等级、允许的海拔高度等，应符合工作环境的要求。

④ 电动机的额定容量应留有适当裕量，负荷率一般在 0.8 ~ 0.9 范围内。异步电动机的容量不能太大。否则不但使成本增加，且效率和功率因数降低，空载启制动和反转时间也会增加。

2）电动机型号的选择。轧钢现场生产机械的驱动电动机，由于需要经常处于频繁启、制动和可逆运行，且为断续周期性负荷。同时工作环境为高温、高湿、高粉尘，一般选用 YZ 及 YG 系列冶金专用三相异步电动机。国产 YZ 系列电机的特点是：

① 考虑到环境的粉尘，采用防护等级为 IP54，适合粉尘较多的钢铁企业使用。考虑到冶金系统环境十分恶劣，电动机绝缘等级有 F 级（环境温度 40℃）和 H 级（环境温度为 60℃）。

② 安装尺寸和功率符合国际电工委员会的标准，可与国外电动机互换。

③ 按照 40%（S3）为基准负荷持续率进行设计，更符合冶金企业实际运行情况。另外，YZ 系列电动机较老系列 JZ2 的效率和功率因数提高了 9.35%。

对辊道驱动电动机，一般选择 YG 系列（老系列为 JG2）辊道专用三相异步电动机。辊道专用电动机除具有 YZ 系列电动机的特点外，设计中还考虑到辊道需要频繁启、制动和加强散热的因素。

（2）变频器的选用

1）变频器的基本功能选择。由辊道对驱动系统的要求可知，辊道属于要求快速正反转、有一定调速范围且有负荷冲击的反抗性恒转矩负荷，且辊道量大，驱动电动机数量多，作为给电动机供电的变频器必须具备以下功能：

① 保证电动机加减速时所需要的动态转矩。电动机的加速电流（不超过电动机瞬时过载能力）应限制在变频器过电流容量以下，即不使变频器防止过电流失速保护电路动作。为了保证减速时间，电动机的再生能量应不使变频器再生过电压失速保护电路动作。由于负荷处于频繁启制动状态下，所以要求变频器具有较强的再生制动功能。

② 保证电动机具有一定的调速范围。对恒转矩负荷来说，电动机的调速范围主要取决于其调速方式，所以应选择能覆盖所需速度控制范围的变频器。

③ 由于辊道要与主轧机和其他辅助设备联动，所以变频器必须具有通讯功能。

由上述可知，用于辊道驱动的变频器，必须具有充分的再生制动功能，较大的过载容量和一定的控制精度。

2）变频器的供电方式选择。在自动化的轧制生产线上，有大量的辊道，为了保证辊道驱动的可靠性，一般都采用单电机驱动。如果每台电机都采用单独变频器供电是很不经济的，而且主电路结构庞大，使故障率提高，将影响系统运行，同时轧钢生产线现场也不允许有如此多的控制柜。另外，由于辊道启动、制动频繁，如果变频器选择再生回馈制动单元，那么再生能量将不断地回馈电网，这种反复大动作回馈对晶闸管是不利的，如果将再生能量消耗在制动电阻上，消耗的能量将是可观的。所以，多电机驱动一般宜采用公用直流母线的供电方式。它是采用一套整流装置将工频交流电源整流成一定电压等级的直流电源，各交流电动机分别经逆变器挂在该直流电源母线上。因此，设计过程中应注意以下几点：

① 用一台变频器给多台电动机供电时，尽量使该台变频器供电的电动机具有相同的负荷特性、工艺过程和同步运行，否则会增加变频器的容量。

② 由于主轧机前后输入输出辊道需要和主轧机联动，要求动、静态性能指标较高，所以宜选用矢量控制型（VC）变频器。对一般的运输辊道，对调速性能指标要求不是很高，可采用频率控制型（FC）变频器。

③ 为了提高轧钢生产线的自动化水平，自动化控制系统一般都实行网络控制，为了便于通信和联网，所有辊道驱动系统尽量选择同一厂家的变频器。

④ 由于轧件在轧制过程中，经常冲击辊道，如翻钢操作等。选择变频器容量时，一定要比较辊道负荷的过载倍数和变频器允许的短时过载能力。

9.2.3 轧机主驱动的变频调速

9.2.3.1 概述

在钢铁联合企业中，为生产特定钢材而建立起来的相互之间有一定联系的多套轧机的组合称为轧钢生产系统，而在轧钢生产系统中，钢的轧制是整个轧制工艺过程的核心，所以轧机是轧钢生产系统中主要的生产机械设备。轧机可按不同的特征进行分类。如按照轧机的用途进行分类，如图 9－16 所示。

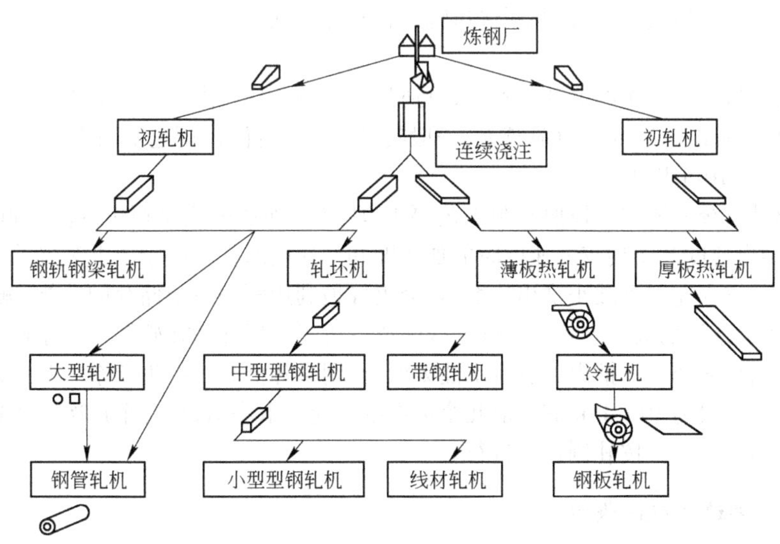

图 9－16 轧机按用途分类

按照轧机的工作机架数目和位置分为单机架和多机架。单机架轧机有厚板开坯用的可逆热轧机、可逆冷轧机和钢管穿孔机(轧制方向不变)等,其生产特点是,轧件的轧制从开始到结束都在一架轧机上进行。多机架轧机用于坯料、型材、板材和管材的轧制。按照轧机工作机架的布置方式可以分为串列式、横列式、连续式、半连续式、曲折式和布棋式等。串列式布置是由一个接一个顺序排列的机架组成,各机架都是单独对轧件进行轧制,各个机架的工作轧辊都由各自的驱动电动机驱动,但具有不同的轧制速度。横列式布置由两架及以上轧机横向排列组成,横行式布置轧机可以是一列,也可以是几列,其生产特点是,一列轧机由一台驱动电动机驱动,各架轧机的轧辊转速相同,不能随轧件长度的增加而提高轧制速度,从而产量低。连续式布置有一系列顺次配置的轧机,各轧机都是自身轧机组的一个成员,被轧制的金属同时处于两个或更多个轧机之内,轧制的方向不变,各轧机的轧制速度随轧件长度增加而增加。半连续式布置由可逆轧机或者横列式轧机和连续式轧机组成,改变被轧制金属的轧制方向,既有串列式和横列式生产的特点,又有连续式的特点。但不论是什么型式的轧机,为了保证钢材的轧制质量,根据生产工艺的不同,对其主驱动系统都提出了不同的要求,一般来说,调速要求都比较高。

9.2.3.2 轧机主驱动的工艺特点及对驱动系统的要求

以下我们以可逆式热轧机为例叙述。

(1) 工艺特点。可逆热轧机机架除了可能有水平轧辊以外,还可能有用来轧制坯料侧边的一边辅助垂直轧辊,这种轧机机架称为通用机架,如板坯机、某些厚板轧机、钢梁轧机、型钢轧机等。

轧机的轧辊驱动分为成组驱动和单独驱动两种。单独驱动适用于轧辊直径大于1100mm的大功率轧机。对于1000mm的初轧机既可以采用单独驱动,也可以采用成组驱动。对900mm以下的开坯机、钢轨轧机等,主要采用成组驱动。

可逆热轧机一个道次的工作循环一般包括:轧辊空载启动加速到轧件咬入速度;当轧件咬入轧辊后,轧辊加速到轧制速度(稳态速度);然后制动减速到轧件推出速度;当轧件推出轧辊后,最后在轧辊反转时空载反向加速到咬入速度。在两个道次之间的间歇时间内,还要移动上轧辊(由压下驱动系统完成),按要求的压下量改变轧辊间的开度;有时还需要利用推床的导卫板使轧件沿辊道横向移动,并利用翻钢机将轧件翻转;工作辊道将轧件送回到机架,以便进行下一道次轧制。在最后一个道次结束时,利用输送辊道将轧件送到下一个机构,压下装置上移。轧辊恢复到初始位置。

由可逆热轧机一个道次的循环可看出,可逆热轧机的工作特点是频繁的正反转(每小时接电次数可达1000次及以上),冲击负荷较大(一般超过2倍额定值),调速范围决定于咬入速度和轧制速度,一般可达10:1以上。

(2) 对驱动系统的要求。按照轧制工艺要求,驱动的加速度应是恒定的。在道次之间的间歇时间内,从推出速度改变到咬入速度时的加速度和减速度通常取决于压下装置的工作时间。

增加轧件的咬入速度和减小推出速度,是会更好地利用驱动系统储存的动能,减轻驱动电动机发热,提高驱动系统的效率。咬入速度的极限值取决于金属轧件在轧辊上的摩擦系数,而摩擦系数又随速度增加而降低。推出速度也不能太低,否则会降低轧机的生产率。对可逆轧机,咬入速度和推出速度一般为10~45r/min,前几个道次咬入速度取小值,后几个道次咬入速度取大值,推出速度在最后一个道次按轧制速度进行。

9.2.3.3 变频调速系统的设计

(1) 电动机型号选择。当轧机主驱动系统采用交流调速方案时,一般选择笼型异步电动机和轧机专用的同步电动机两类。笼型电动机结构简单、价格低、坚固耐用且维护工作量小;同步电动机本身的功率因数可控制为1,这是主要优点。但考虑到电机电压等级越高,功率越大,所以选择时还应考虑供电电压和负荷功率的大小。

(2) 变频器的选用。交流调速用变频器按使用的电力电子器件的关断方式可分为自关断型、强制关断型和自然换相型三类。由于自关断型受自关断器件容量的限制,目前功率还不能做得很大,强制关断型功率受到换相电容换相能力的限制。由于普通晶闸管的容量大,价格便宜,自然换相可靠,所以对大功率变频器。一般使用由普通晶闸管组成的、采用自然换相型变频器。

自然换相型大功率变频器有两类,即电源自然换相的交-交电压型变频器和负荷自然换相的交-直-交电流型变频器。

交-直-交变频器中的逆变器是利用同步电动机定子绕组的反电动势关断晶闸管,这类变频器与同步电动机一起统称为无换向器电动机。

1) 自然换相交-交电压型变频器的特点

① 只用一次变流,并使用电源电压换相,提高了换流效率;

② 低频时输出波形接近正弦波,电动机脉动转矩和附加损耗小;

③ 可方便地实现四象限可逆运行;

④ 受电网频率和变流电路相数的限制,输出频率较低,当工频为50Hz时,最大输出频率不超过20Hz;

⑤ 接线复杂,主电路使用的器件较多(桥式接线需36只晶闸管),且采用相控方式,功率因数较低。

2) 负荷换相交-直-交电流型同步电动机变频调速系统的特点

① 无输出频率限制;

② 逆变器的换相条件要求电动机工作在超前功率因数区,变频装置容量大,且调速系统的过载能力低于50%;

③ 要提高过载能力,需减小同步电动机定子漏抗,电动机短粗,转动惯量大,动态性能差;

④ 同步电动机定子电流为120°方波,电动机附加损耗增加,转矩有脉动。

从前述两种变频器的特点可以看出:交-交变频器主要用于1000kW以上低速(600r/min以下)的场合。无换向器电动机适用于大功率,600r/min以上负荷较平稳的场合。而对于可逆热轧机一般选择交-交变频调速。

9.3 变频器安装、接线、维护及故障诊断

变频器品种多、型号多,各自有各自的特点,运行和各种代码又不完全一样,这给使用者带来了一定麻烦,但作为通用变频器又有它们的共性。下面以VARISPEED-616G5为例讲解。

9.3.1 变频器的安装与接线

(1) 设置场所

为了使变频器能稳定工作,充分发挥所具有的性能,必须确保设置环境满足下列条件:请安装在无油雾、尘埃,清洁的场所,或安装在全封闭形、浮游物不能入侵的柜箱内。请安置在金属粉末、油、水等不能侵入到变频器内部的地方。应注意以下几点:

1) 切勿安装在木材等易燃物上面。

2) 安装在没有放射性物质、不易燃烧的地方。

3）安装在无有害气体及液体的地方。

4）安装在振动少的地方。

5）安装在盐分少的地方。

6）切勿安装在阳光直射的地方。

为了提高可靠性，尽量安装在温度不易上升的地方，在封闭的箱体内使用时，安装冷却风扇或冷却空调，不让温度上升到45℃以上。

安装作业时给变频器上面盖上防尘罩防止因钻孔等导致残余金属切勿落入变频器内部。

安装作业结束时，取下变频器上面的防尘罩，通气性不好对变频器散热不利。

（2）主回路的接线方法

1）主回路输入侧的接线

① 接线用断路器的安装。在电源和输入端子之间，务必插入适合变频器功率的接线用断路器（MCCB）。MCCB的容量请选用为变频器额定电流的1.5～2倍。MCCB的时间特性要充分考虑变频器的过热保护（额定输出电流的150% 1min）的时间特性。MCCB与两台以上变频器共用时及与其他设备共用时，利用异常输出接点，用接触器将电源断开（OFF）。

② 漏电断路器的安装。由于变频器的输出是高速开关脉冲波，因此有高频漏电流发生，在变频器的进线侧使用漏电断路器，可以去除高频漏电流，并只检出对人体有危险频带的漏电流，请选用变频器专用漏电断路器。

用变频器专用的漏电断路器时，请选用控制1台变频器的感度电流为30mA以上的。用一般漏电断路器时，选用控制1台变频器的感度为200mA以上时间0.1s以上的。

③ 电磁接触器的设置。用顺控器可以断开主回路电源时则用电磁接触器（MC）可以替代接线用断路器（MCCB）。但是进线侧电磁接触器强制让变频器停止时，则再生制动不动作，电机自由滑行停止。开/闭一次侧电磁接触器可以使变频器运行/停止，但频繁地开/闭是引起变频器故障的原因。用数字操作器运行场合，停电复归后不能自动运行。使用制动电阻单元时，利用该单元的热保护继电器触点，用顺控器将电源侧的电磁接触器断开。

④ 与端子排的接线。输入电源的相序与端子排的相序R、S、T没有关系，与哪一个端子都可以连接。

⑤ AC电抗器或DC电抗器的设置。连接大功率（600kVA以上）的电源变压器场合，或有进相电解电容的切换场合，会有很大的峰值电流流入输入电源回路而损坏整流部分元器件的可能。这样的情况请在变频器的输入侧接入AC电抗器（可选项），或者在DC电抗器端子上安装DC电抗器。电源侧也有改善功率因数的效果。

⑥ 浪涌抑制器的设置。在变频器的周边连接感性负荷（电磁接触器、电磁继电器电磁阀、电磁线圈、电磁断路器等），务必使用浪涌抑制器或与二极管并联使用。

2）主回路输出侧的接线

① 变频器与电机的接线。输出端子U、V、W与电机的引出线U、V、W相连接。运行时，请确认在正转指令下，电机是否正转。如果电机反转，则输出端子U、V、W的当中，任选两根线对换即可。

② 绝对禁止将输入电源线接入输出端子。切勿将输入电源线连接至输出端子。在输出端子上加上电压则变频器内部器件被损坏。

③ 绝对禁止将输出端子短路和接地。切勿直接触摸输出端子，或输出线碰变频器外壳，有触电和短路的危险。此外，切勿将输出线短接。

④ 绝对禁止使用相位超前的电解电容，噪声滤波器。

切勿在输出回路连接相位超前的电解电容和 LC/RC 噪声滤波器。这类部件的误连接会使变频器损坏,部件烧坏。

⑤ 绝对禁止使用电磁开关。切勿在输出回路连接电磁开关、电磁接触器。变频器在运行中连接负荷,变频器会由于浪涌电流而使过电流保护回路动作。

⑥ 热保护继电器的安装。为了防止电机过热而发生事故。变频器有电子热保护功能,1 台变频器驱动两台以上电机或多极电机使用时,在变频器和电机之间设置热过载继电器(THR)并在参数 L1 -( )1(电机保护功能选择)选择为"0"(电机保护无效)。

热保护继电器在 50Hz 时,设定为电机额定电流的 1.0 倍;在 60Hz 时,设定为 1.1 倍,并利用热保护继电器的接点,用顺控器使主回路侧的电磁接触器断开(OFF)。

⑦ 输出侧噪声滤波器的安装。在变频器的输出侧连接噪声滤波器,可降低无线电干扰和感应干扰。

⑧ 感应干扰对策。抑制输出侧发生感应干扰的方法,除了前面叙述的设置噪声滤波器之外,还有将输出接线全部被导入接地金属管内的方法,且与信号线距离 30cm 以上,感应干扰的影响明显减小。

⑨ 无线电干扰。无线电干扰在输入输出线及变频器本身都会发射。在输入侧和输出侧两侧都设置噪声滤波器,并全部都用铁箱屏蔽的话,则可以降低无线电干扰。

另外,变频器和电机之间的接线距离尽量要短。

⑩ 接地线的设置。接地端子,请务必接地。

200V 级:第 3 种接地(接地电阻 100Ω 以下);

400V 级:特别第 3 种接地(接地电阻 10Ω 以下)。

接地线切勿与焊接机及动力设备共用,按照电气设备技术基准所规定使用导线线径规格,在可能范围尽量短。由于变频器产生漏电流,与接地点距离太远则接地端子的电位不安定。两台以上变频器使用场合,请勿将接地线形成回路。

3) 控制回路端子的接线。为了不让控制用信号线受噪声影响,线长度限制在 50m 以下,并与动力线分离走线。从外部输入频率指令的场合,使用双绞屏蔽线。使用与电线尺寸相合适的压线端子。

控制回路接线注意事项:

把控制回路接线(端子 1 ~ 33)与主回路接线(端子 R、S、T、B1、B2、U、V、W)及其他动力线或电源线分离走线。

把控制回路端子 9、10、18、19、20(接点输出)与端子 1 ~ 8、21、22、23、25、26、27、33 及 11 ~ 17 的接线分离走线。

为了防止干扰而引起的误动作,使用绞合屏蔽线或双股屏蔽线。线的末端按要求处理,接线距离应小于 50m。

将屏蔽网线连接到 12(G)端子上。

切勿将屏蔽网线接触其他信号线及设备外壳,用绝缘胶带缠裹起来。

4) 接线检查。接线完成后,务必检查接线是否有误,线头、螺钉等有没有残留在设备内,螺钉是否松动,端子部分的裸导线是否与其他端子接触。

9.3.2 变频器的试运行、保养和检查

(1) 试运行的顺序。安装完成后,按照以下的流程(见表 9 - 6),进行试运行。

表 9－6　试运行流程

项　目	内　　容
设置安装	按照设置条件，设置好变频器 • 请确认是否满足了设置条件
接　线	请与电源周边设备接线 • 选择规格相合适的周边设备并正确接线
电源投入	实施了电源投入前的确认之后，请投入电源 • 请务必确认电源电压是否正确和电源输入端子(R.S.T)是否已确实接线了 200V 级：三相 AC200～230V　50/60Hz 400V 级：三相 AC380～460V　50/60Hz • 请确认电机输出端子是否确实已与电机连接好了 • 请确认控制回路端子与控制装置是否确实连接好了，且控制回路端子全部在 OFF 位置 • 使用 PG 速度控制卡的场合，请确认是否确实连接好了 • 请让电机处在空载状态(不连接机械负荷) • 确认了以上事项后，请投入电源
表示状态的确认	请确认变频器是否异常 • 电源投入时，正常的话，有如下显示 数据表示：【频率指令】【Frequency Ref】 • 发生异常时，在数据表示处异常内容被显示，此时，请参照【异常诊断】并实施对策
输入电平设定	请正确设定变频器的输入电压(E1－01)
电机选择	请正确设定电机过热保护(E1－02)
自 学 习	无 PG 矢量，有 PG 矢量控制方式运行的场合，运行前，请实施对电机单体的自学习 • 实行自学习，电机参数自动地被设定 • 不进行自学习的场合，请用 V/f 控制方式，并设定 V/f 曲线
空载运行	请用数字操作器让空载的电机旋转 • 用数字操作器设定频率指令，用键操作使电机旋转
有负荷运行	连接机械负荷，用数字操作器运行，空载运行没有问题时，给电机加上机械负荷，用操作器运行
运　行	基本运行(为了使变频器运行，停止所必要的基本设定下的运行)
	应用运行(使用 PID 及其他功能的运行)

(2) 保养与检查

1) 日常检查。在系统正常动作的状态，请确认如下项目。

① 电机有否异常声音及振动；

② 有否异常发热；

③ 周围温度是否过高；

④ 输出电流监视表示是否与通常值相差很大；

⑤ 变频器下部安装的冷却风扇是否正常运转。

2) 定期检查。定期保养时，请确认以下项目(见表 9－7)。检查时，一定要切断电源并待表面的 LED 全部熄灯后，经过 1min(30kW 以上的变频器 3min 以上)后再进行。切断电源后马上触摸端子，会有触电的危险。

表9-7　定期检查项目

检查项目	检　查　内　容	检查方法	判定标准
周围环境	1. 确认环境温度、湿度、振动、空气(有无灰尘、气体、油雾、水滴等) 2. 周围有没有放置工具等异物、危险品	1. 用目视和仪器测量 2. 目视	1. 满足技术数据 2. 没设置
电　压	主电路、控制电路电压是否正常	用万用表等测量	满足技术数据
触摸面板	1. 字符显示是否清楚 2. 是否缺少字符	目视	能读显示,没有异常
框架,前面板等	1. 有没有异常声音、异常振动 2. 螺栓(紧固部位)是否松动 3. 有无变形损坏 4. 有无由于过热引起的变色 5. 有无沾着灰尘、污损	1. 目视,听觉 2. 拧紧 3. 目视	没有异常
公　用	1. 螺栓类零件有没有松动、脱落 2. 绝缘体有无变形、裂纹、破损或由于过热老化而变色 3. 有无附着污损、灰尘	1. 拧紧 2. 目视	没有异常
导体、电线	1. 导体有无由于过热而变色、变形 2. 导线外皮有无破损、裂口、变色	目视	没有异常
端子座	有无损伤	目视	没有损伤
滤波电容器	1. 有无漏液、变色、裂纹、外壳膨胀 2. 安全阀出来没有,阀体有无显著膨胀的地方 3. 按照需要测量静电容	1. 目视 2. 用静电容测量仪器测	1. 没有异常 2. 静电容≥初始值×0.85
电　阻	有无由于过热产生的怪味,绝缘体裂线、断线	嗅觉、目视或卸开一端的连接用万用表测量	1. 没有异常 2. 标明的电阻值在±10%以内
变压器 电抗器	有无异常的呜呜声、怪味	听觉、目视、嗅觉	没有异常
电磁接触器 继电器	工作时有无异常振动声音	听觉、目视	没有异常
控制印刷电路板连接器	1. 螺钉、连接器有无松动 2. 螺栓类零件有无松动 3. 有无裂缝、破损、变形、显著生锈 4. 电容器有无漏液、变形痕迹	1. 拧紧 2. 目视 3. 听觉	没有异常
冷却风扇	1. 有无异常声音、异常振动 2. 螺栓类零件有无松动	1. 依据听觉,目视、用手转一下(必须切断电源) 2. 拧紧	1. 平衡旋转 2. 没有异常
通风道	散热片、给气排气口的间隙有无堵塞、附着异物	目视	没有异常

9.3.3　变频器的故障查找

9.3.3.1　故障检查

当变频器检测出故障时，在数字操作器上显示该故障内容，并使故障接点输出，切断输出，电机自由滑行停止。但是在可选择停止方法的故障时，服从已设定的停止方法。表 9－8 给出了故障表示和对策。

排除故障再启动时，请按如下的任意一个方法，进行故障复位：

异常复位信号为 ON[多功能输入(H1－01～H1－06)，请设定为异常复位(设定值:14)]；

按下数字操作器的复位键；

一时间切断主回路电源，再投入。

表 9－8　故障表示和对策

故障表示	内　容	原　因	对　策
OC	过电流	1. 变频器输出侧发生短路，接地(电机烧毁，绝缘劣化，电缆破损而引起的接触，接地等) 2. 负荷太大，加速时间太短，使用了特殊电机或最大适用功率以上的电机 3. 变频器输出侧电磁开关已动作	调查原因，实施对策后复位
GF	接地	变频器输出侧发生接地短路(电机的烧毁，绝缘劣化，电缆破损而起的接触，接地等)	调查原因，实施对策后复位
PUF	保险丝熔断	由于变频器输出侧的短路，接地造成输出晶体管损坏	调查原因实施对策后，更换变频器
SC	负荷短路	变频器输出侧发生了接地短路(电机的烧毁，绝缘劣化，电缆破损而引起的接触，接地等)	调查原因，实施对策后复位
OV	主回路过电压	减速时间太短。从电机再生的能量太大	延长减速时间或接制动电阻(制动电阻单元)
		电源电压太高	将电压降到电源规格范围内
UV1	主回路低电压	1. 输入电源发生了欠相 2. 发生了瞬时停电 3. 输入电源的接线端子松动 4. 输入电源的电压变动太大	调查原因，实施对策后复位
UV2	1. 控制电源异常 2. 控制电流的电压太低		1. 将电源 ON/OFF 试一下 2. 连续发生异常情况时请更换变频器
UV3	防止浪涌回路故障		1. 将电源 ON/OFF 试一下 2. 连续发生异常情况时请更换变频器
PF	主回路电压异常	1. 输入电源发生了欠相 2. 发生了瞬时停电 3. 输入电源的接线端子太松 4. 输入电源的电压变动太大 5. 相间电压的平衡太差	调查原因，对策实施后，复位

续表9-8

故障表示	内容	原因	对策
LF	输出欠相	1. 输出电缆断线了 2. 电机线圈断线了 3. 输出端子松动	调查原因,实施对策后复位
		使用的电机功率是变频器最大适用电机功率的1/20以下	重新选定变频器功率或电机功率
OH(OH1)	散热片过热	周围温度太高	设置冷却装置
		周围有发热体	去除发热源
		变频器的冷却风扇停止运行了	更换冷却风扇
	变频器内部冷却风扇停止(18.5kW以上)	变频器的冷却风扇停止运行了(18.5kW以上)	
RH	安装形制动电阻过热	减速时间太短,电机再生能量太大	1. 减轻负荷,延长减速时间,降低速度 2. 更换新的制动电阻单元
RR	内藏制动晶体管异常		1. 将电源ON/OFF试一下 2. 连续发生异常情况时,请更换变频器
OL1	电机过负荷	负荷太大,加减速时间、周期时间太短	修正负荷大小、加减速时间、周期时间
		V/f特性的电压太高	修正V/f特性
		电机额定电流(E2-01)设定值不适当	确认电机的额定电流值(E2-01)
OL2	变频器过负荷	负荷太大、加速时间、周期时间太短	修正负荷大小、加减速时间、周期时间
		V/f特性的电压太高	修正V/f特性
		变频器功率太小	换用大容量变频器
OL3	过力矩1 电流超过(L6-02)以上并持续(L6-03)以上时间		1. 确定L6-02,L6-03设定值是否适当 2. 确认机械系统使用状况,找出异常原因并解决
OL4	过力矩2 电流超过(L6-05)以上并持续(L6-06)以上时间		1. 确定L6-05,L6-06设定值是否适当 2. 确认机械系统使用状况,找出异常原因并解决
OS	过速度 速度在设定值(F1-08)以上并持续(F1-09)以上时间	发生了过冲/不足	再调整增益
		指定速度太高	修正指令回路及指令增益
		F1-08,F1-09的设定值不适当	确认F1-08、F1-09的设定值

续表 9－8

故障表示	内　容	原　因	对　策
PGO	PG 断线检出	PG 的连线断线了	修理断线处
		PG 的连线有错误	改正接线
		没有给 PG 供电	正确供电
			确认抱闸(电机)使用时是否打开
DEV	速度偏差过大	负荷太大	减轻负荷
		加减速时间太短	延长加速时间
		负荷处在锁定中	确认机械系统
		F1－10,F1－11 的设定不适当	确认 F1－10,F1－11 的设定值
			确认抱闸(电机)使用时是否打开
SVE	零伺服异常	力矩极限值过小	增大
		负荷力矩过大	减小
			检查 PG 信号的干扰
OPR	操作器连接不良 在操作器控制运行指令运行中,操作器断线		确认操作器的连接
EF0	从通讯选择卡来的外部异常输入		检查通讯卡,通讯信号
EF3	外部故障(输入端子 3)	从多功能输入处被输入了[外部异常]	1. 解除从各多功能输入来的外部异常输入 2. 消除外部异常的原因
EF4	外部故障(输入端子 4)		
EF5	外部故障(输入端子 5)		
EF6	外部故障(输入端子 6)		
EF7	外部故障(输入端子 7)		
EF8	外部故障(输入端子 8)		
CPF00	操作器传送异常 1 电源打开后 5 秒仍不能与操作器通讯	数字式操作器的端子接触不良	取下一次数字操作器,再重新安装一下

9.3.3.2 故障分析

系统启动时,由于参数设定及接线错误,变频器及电机未能按所想像的那样动作。可参照相应现象,实施适当的对策。

(1) 参数不能设定

1) 按了增加键和减小键,表示仍不变

① 密码不一致(仅在已设定了密码的情况)。

② 参数写入的许可被输入了 OFF。

③ 变频器启动了(驱动方式)。变频器启动时,会有不能设定的参数,请让变频器停止下来,再设定。

④ 参数的设定值有异常。

(2) 电机不转

1) 按下操作器的运行键,电机也不转

① 运行方法的设定有错误,按照用户手册正确设定。

② 未处在驱动模式。变频器在准备状态,不能启动,请按下 MENU 键,显示驱动模式。再按下 DATA/ENTER 键,进入驱动模式。

③ 频率指令太低。频率指令低于最低输出频率(El-09)被设定的频率情况时,变频器不运行,变更频率指令,使它大于最低输出频率(相关参数:b1-05,E1-09)。

④ 多功能模拟量输入的设定异常。多功能模拟量输入(H3-05,H3-09)设定了“1”(频率增益),电压(电流)没有输入,频率指令为零,确认设定值及模拟量输入值是否适当。

⑤ 在多段速运行状态,频率指令 2,设定了,辅助频率指令未输入。在多功能模拟量输入(H3-05)。设定为“0”(辅助频率指令)并使用多段速指令的场合,辅助频率指令作为频率指令 2 使用,确认设定值及多功能输入值(端子 16)是否适当。

⑥ 在多段速运行状态,已有了频率指令 2 的数字量设定,但多功能模拟量输入(H3-05)未设定在“1F”。在多功能模拟量输入(H3-05),设定为“0”(辅助频率指令),并使用多段速指令的场合,辅助频率指令作为频率指令 2 使用。确认多功能模拟量输入(H3-05)设定在“1F”及频率指令 2 的设定值是否适当。

2) 输入了外部运行信号,电机仍不转

① 运行方法的选择有错。

② 三线制程序状态。

③ 未在驱动方式状态。

④ 频率指令太低。

⑤ 多功能模拟量输入的设定异常。

⑥ 在多段速运行状态,频率指令 2 设定了,辅助频率指令未输入。

⑦ 在多段速运行状态,已有了频率指令 2 的数字量设定,但多功能模拟量输入(H3-05)未设定在“1F”。

3) 加速时及连接了负荷时,电机停下了。负荷太大。变频器虽然有失速防止功能及全自动力矩提升功能,加速度大及负荷太大场合,电机超过了应答性范围。延长加速时间或减小负荷,也可以考虑加大电机功率。

4) 电机只能向一个方向旋转。选择了反转禁止,当反转禁止(b1-04)设定为“1”时,变频器不接受反转指令。正转、反转两方向都要使用时,将参数 b1-04 设定为“0”。

(3) 电机的旋转方向相反。是电机输出线的接线错误原因。变频器的 U、V、W 和电机的 U、V、W 接线正确的话,正转指令时,电机正转。由于电机的正转方向由制造厂家及机种决定,所以请确认一下规格。U、V、W 中的两根线接线交错时旋转方向就会相反了。

(4) 电机力矩不能足额输出/加速时间太长

1) 已处于力矩极限状态。

2) 加速中失速防止级别太低。

3) 运行中失速防止级别太低。

4）矢量控制状态，自学习还未实施。

（5）电机转速超过频率指令/电机不按指令设定值旋转

1）电机转速超过频率指令

① 模拟量频率指令的偏置设定有异常（增益设定也同样）。

② 多功能模拟量输入参数中被设定了频率偏置。

③ 在频率指令（电流）端子14，信号已输入了。

2）电机不按指令设定值旋转

在力矩控制方式。力矩控制选择（d5－01）参数，设定为“1”（力矩控制）场合，则不能进行速度控制（可设定速度极限）。

（6）滑差补偿功能的速度控制精度太低，滑差补偿已达到了极限。滑差补偿功能不能超过滑差补偿极限（C3－03），需确认设定值是否适当。

（7）无PG矢量控制方式情况，高速旋转时的速度控制精度太低，电机额定电压太高了。

变频器的输出电压，由变频器的输入电压的最大值来决定（例如AC200V输入时，AC200V就是输出最大值）。矢量控制计算的结果。输出电压指令值超过变频器的输出电压最大值时，速度控制精度将下降。设定C3－06＝1或者使用额定电压低的电机（矢量控制专用电机）。

（8）电机的减速太慢

1）连接了制动电阻，减速时间仍太长

① 已设定了“减速中失速防止功能”。连接了制动电阻场合，在L3－04参数（减速中失速防止功能选择）设定为“0”（无效）或者“3”（附电阻减速失速防止）。选择“1”（有效：出厂设定）的话，制动电阻不能充分发挥功能。

② 设定的减速时间太长。

③ 电机的力矩不足，参数正常，过电压故障也未发生的场合，是处在电机的能力界限上，考虑增大电机的容量。

④ 达到了力矩极限。

2）升降机用负荷在制动器动作时滑落

① 程序器不良。

② 变频器在减速结束后0.5s内进入直流制动状态（出厂设定）。

③ 为了确实制动保持，在多功能接点输出端子（9－10），设定频率检出2（H2－01＝5），输出频率L4－01（3.0－5.0Hz）以上初次“开”（L4－01）以下时“关”这样设定。

④ 由于在频率检出2有滞后现象（L4－02＝2.0Hz），因此停止时有滑落场合，以0.5Hz为单位变更。另外制动的开/关信号在运行中信号（H2－01＝0）请勿使用。

（9）电机过热

1）负荷太大

电机的负荷太大，实际力矩超过了电机的额定力矩状态并长时间使用的话，电机便发热。在电机的额定表中，除了连续额定以外还有短时间额定参数。减轻负荷或延长加减速时间，或者可探讨增加电机功率。

2）周围温度太高。电机的额定值由使用周围的温度来决定。在超温度环境下持续额定力矩运行的话，电机会烧坏，降低电机的周围温度使之在可使用周围温度的范围内。

3）电机的相间耐压不足。变频器的输出与电机连接，变频器的开关动作会使电机绕组线圈间产生冲击波。通常，最大的冲击电压会达到变频器输入电源的3倍程度（400V级为1200V）。使用电机相间的冲击耐压高于最大冲击电压电机。400V级的变频器，请使用变频器专用电机。

4）用矢量控制方式，还未实施自学习。未实施自学习的场合，便得不到矢量控制的功能。要么对电机实施自学习，要么通过计算设定电机参数，或者在控制方式选择（A1－02）参数变更为V/f控制。

（10）一旦启动变频器，控制装置便有干扰/调幅收音便出现杂音。由于变频器的开关动作而发生噪声时，请施行如下对策：

1）降低变频器的载波频率（C6－01），由于减少了内部的开关动作的次数，会有一定的效果。

2）在变频器的电源输入侧设置噪声滤波器。

3）在变频器的输出侧设噪声滤波器。

4）电缆的外面套上金属管。金属对杂波有屏蔽作用，请在变频器的周围用铁箱屏蔽。

5）变频器本身、电机一定要接地。

6）主回路接线和控制接线分离走线。

（11）一旦变频器运行，漏电断路器便动作。由于变频器内部的高速开关状态运行，因此有漏电流。那么会引起漏电断路器动作而切断电源。改用漏电检出值较高的断路器（1台相当于感度电流200cm/A以上，动作时间0.1s以上）或使用防高次谐波的断路器（变频器用）。降低载波频率（C6－01）会有一定效果。另外，电缆太长也会增加漏电流现象。

（12）机械的振动

1）机械有轰鸣声

① 机械系统所固有的振动频率与载波频率发生共振。电机的动作没有问题。机械发出尖锐的共振声音时，是由于机械系统所固有的振动频率与载波频率发生了共振。调整载波频率，避开共振频率。

② 机械系统所固有的振动频率与变频输出频率共振。在参数（d3－01～d3－04）设定禁止频率（跳跃功能），避开共振频率。另外在电机底板上设置防振橡胶。

2）无PG矢量控制时的振动/振荡。是增益调整不足。顺序调整力矩补偿的一次延迟时间参数（C4－02），AFR增益（C8－08），滑差补偿一次延迟时间参数（C3－02），再设定效果较大的增益。降低增益的设定值，增大一次延迟时间参数的设定值。

未实施自学习，就得不到矢量控制的性能。对电机单体实施自学习或者通过计算设定参数，或者在方式选择（A1－02）变更为V/f控制。

3）V/f控制的振动，振荡。是增益调整不足。顺序调整力矩补偿的一次延迟时间参数（C4－02），乱调防止增益（C7－02），滑差补偿一次延迟时间参数（C3－02），再设定效果较大的增益。降低增益的设定值，增大一次延迟时间参数的设定值。

4）有PG矢量控制的振动，振荡。是增益调整不足。调整速度控制（ASR）的各种增益。

与机械系统的共振点重叠。无论怎样振动也不能去除的场合。先增大速度控制（ASR）的一次延迟时间参数（C5－06）的设定值，并再次调整增益。

未实施自学习的场合，矢量控制的性能便得不到。对电机进行自学习或者通过计算设定，或者在方式选择（A1－02）变更为V/f控制。

5）有PG V/f控制的振动，振荡。是增益调整不足。调整速度控制（ASR）的各种增益。

调整了增益，振动仍不能消除时，在参数（C7－01）乱调防止功能选择设定为“0”（无效）后，再次调整增益。

6）PID控制振动/振荡。是PID控制的增益调整不足。确认振动的周期，调整P、I、D的各动作参数。

7）矢量控制还未实施自学习。未实施自学习的场合，矢量控制的性能便得不到。对电机进行自学习或者通过计算设定,或者在方式选择(A1 - 02)变更为 V/f 控制。

(13) 变频器的输出即便停止,电机仍旋转。是停止时直流制动不足。实行了减速停止电机仍不能完全停止或很慢地空转,这是由于这些直流制动不能充分地减速。按如下方法调整直流制动:

增大直流制动电流(b2 - 02)的设定值;

增大停止时直流制动电流制动时间(b2 - 04)的设定值。

(14) 风机启动时,0V 被检出/失速。发生在风机启动时,已经在空转的场合,是启动时直流制动不足。

用直流制动先将旋转中的风机停止,再启动,可以防止 0V 发生及失速。并增大启动时直流制动时间(b2 - 03)的设定值。

(15) 输出频率到指令频率为止不再上升

1) 指令频率在设定禁止频率的范围内

使用设定禁止频率(跳跃功能)的场合,在设定禁止频率的范围内输出频率不变化。

请检查设定禁止频率 1 ~ 3(d3 - 01 ~ d3 - 03)及设定禁止频率幅(d3 - 04)的设定是否适当。

2) 超过了频率上限值

输出频率的上限值是最高输出频率(E1 - 04) × 频率指令上限值(d2 - 01)/100。

修正 E1 - 04、d2 - 01 的设定值。

复习思考题

1. 通用变频器一般包括哪几部分?
2. 常用电力半导体器件种类有哪些,它们各有什么特点?
3. 在工业生产中使用变频器带来哪些好处?
4. 结合工作实际和市场调研,现在国内市场主供变频器有哪些品种?
5. 变频器是如何实现变压变频的?
6. 说出轧钢生产线对调速系统的要求,统计生产线电机和变频器型号并了解其特点。
7. 构建变频调速系统时,选择外围设备时应注意哪些问题?
8. 日常巡视的主要观测点有哪些?
9. 定期检查主要内容有哪些?
10. 发现变频器过载应如何处置?
11. 哪些因素造成电机发热?
12. 哪些原因造成电机不转?
13. 试设计一变频调速系统示意图。

附录　电气日常用图形符号和文字符号对照表

编号	名　　称	旧　标　准		新　标　准	
		图形符号	文字符号	图形符号	文字符号
1	直　　流	—	Z(L)	— ---	DC
2	交　　流	～	J(L)	～	AC
3	交 直 流				
4	接地一般符号				E
5	等 电 位				
6	故　　障				
7	导线的连接				
8	导线的不连接				
9	直流发电机	 F	ZF、ZLF	 G	G、GD
10	交流发电机	 F ～	JF、JLF	 G ～	G、GA
11	直流电动机	 D	ZD、ZLD	 M	M、MD
12	三相笼型 异步电动机		YD、JD	 M 3～	M、MA、MC
13	三相绕线 转子异步电动机	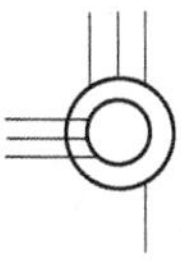	YD、JD	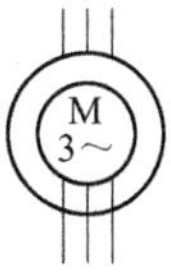 M 3～	M、MA、MW
14	单相变压器	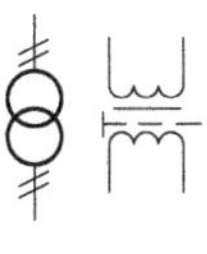	B	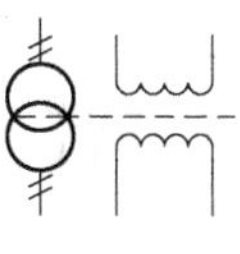	T

续附录表

编号	名　　称	旧 标 准		新 标 准	
		图形符号	文字符号	图形符号	文字符号
15	三相变压器（Y－Y）	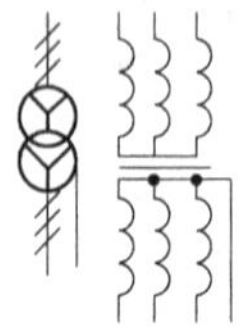	B、LB	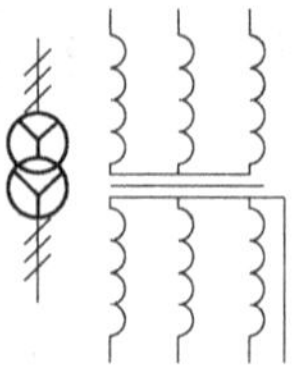	T、TM
16	三相变压器（Y－Δ）	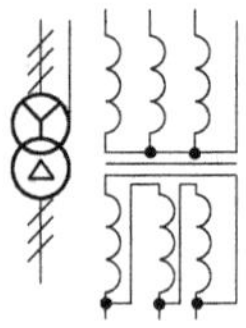	B、LB	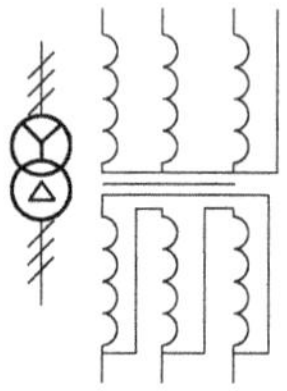	
17	脉冲变压器 电流互感器	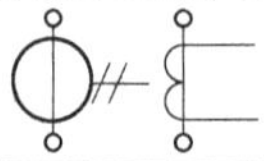	MB、MCB、LH		TI、TA、CT
18	原电池蓄电池		E	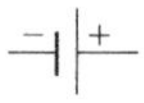	GB
19	电抗器扼流圈	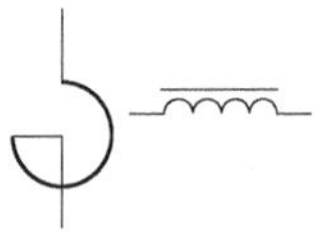	K、L、EQ	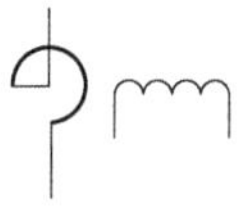	L
20	电流表	A	A	A	PA
21	电压表	V	V	V	PV
22	信号灯 指示灯		XD、ZSD		HL
23	照明灯	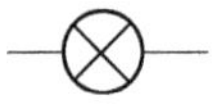	ZD		EL
24	电　铃		DL		HA
25	蜂鸣器		FM		
26	插　头		CT		XP
27	插　座	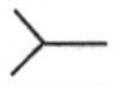	CZ		XS
28	熔断器	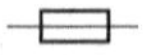	RD	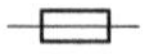	FU
29	普通刀开关 控制开关	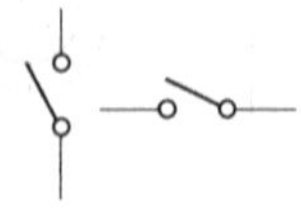	K	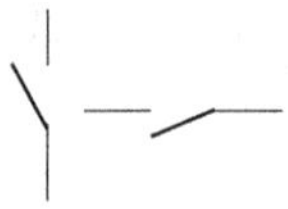	Q,S
30	三相刀开关	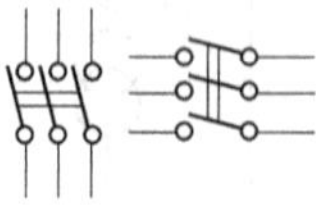	DK	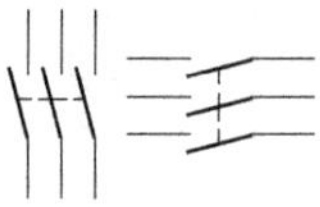	Q、QK

续附录表

编号	名　　称	旧标准		新标准	
		图形符号	文字符号	图形符号	文字符号
31	启动按钮		QA		SB
32	停止按钮		TA		
33	接触器动合触点		C		KM
34	接触器动断触点		C		
35	继电器动合触点		J		KA
36	继电器动断触点		J		
37	热继电器动断触点		JR		FR
38	热继电器动合触点		JR		
39	延时闭合的动合触点		SJ		KT
40	延时断开的动合触点		SJ		
41	延时闭合的动断触点		SJ		KT
42	延时断开的动断触点		SJ		
43	热继电器的驱动器件		JR		FR

续附录表

编号	名　称	旧标准		新标准	
		图形符号	文字符号	图形符号	文字符号
44	普通电阻	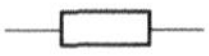	R	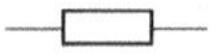	R
45	电位器	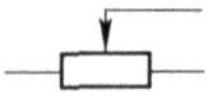	W	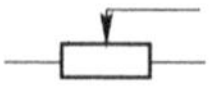	RP
46	普通电容器	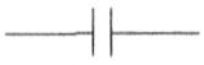	C	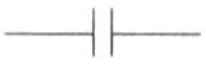	C
47	极性电容器	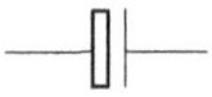	C	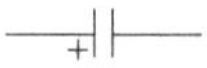	
48	普通晶闸管	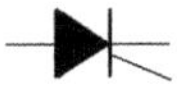	T、SCR、KP	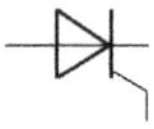	VT
49	双向晶闸管	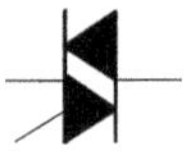	KS	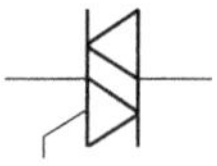	VT
50	可关断晶闸管	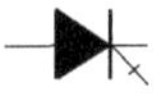	KG、GTO	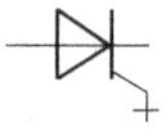	
51	普通二极管	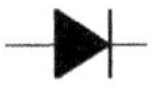	D、ZP	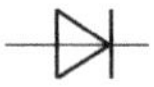	VD
52	发光二极管	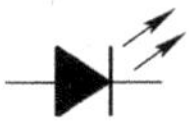	D	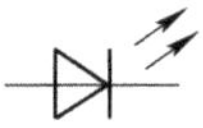	VL
53	光电二极管	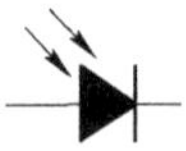	D	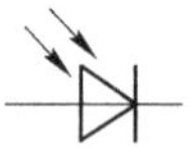	VD
54	稳压二极管	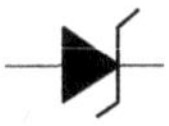	DW、WY、WG	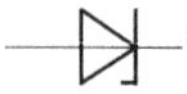	VS
55	PNP 型三极管	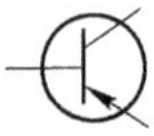	BG	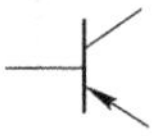	VT
56	NPN 型三极管	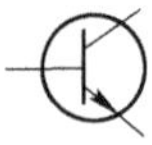	BG	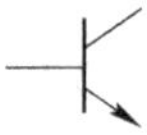	
57	光电三极管	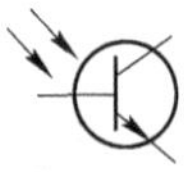	BG	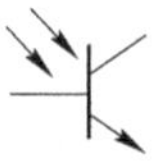	
58	单结晶体管	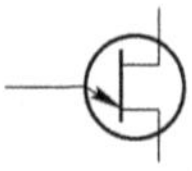	BT、UJT、DJG	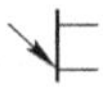	VU
59	N 沟道结型场效应晶体管	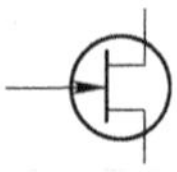	DJ、FET	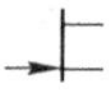	VF
60	P 沟道结型场效应晶体管	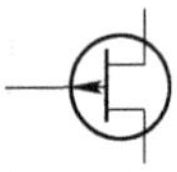	DJ、FET	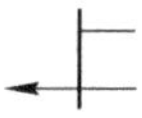	

续附录表

编号	名　称	旧标准		新标准	
		图形符号	文字符号	图形符号	文字符号
61	P 型绝缘栅场效应晶体管	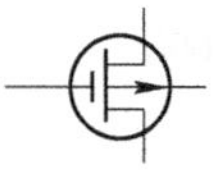	DJ、FET	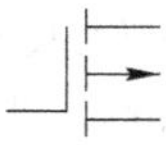	VF
62	N 型绝缘栅场效应晶体管	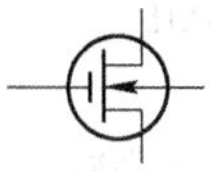	DJ、FET	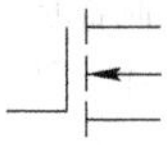	
63	运算放大器	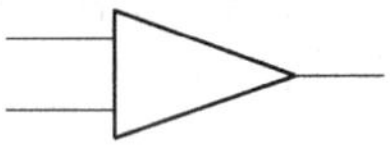	BG	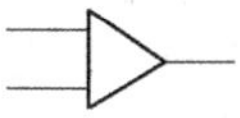	N
64	光耦合器	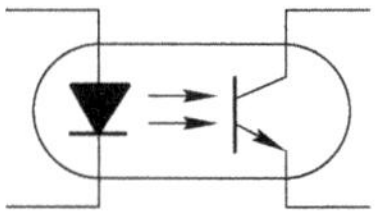	LEC	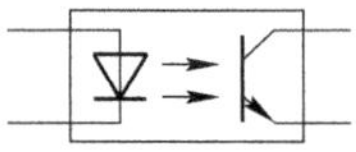	B

注：旧标准图形符号为 GB 312—64、文字符号为 GB 1203—75，新标准图形符号为 GB 4728—85、文字符号为 GB 7159—87。

参 考 文 献

1 日本电气书院. 电气设备故障检测手册. 钱汝立等译. 北京:水利电力出版社,1994
2 安顺合. 电气设备安全运行与维修手册. 北京:机械工业出版社,1999
3 许建安. 电气设备维修技术. 北京:中国水利水电出版社,2000
4 唐志平等. 工厂供配电. 北京:电子工业出版社,2002
5 郭宗仁. 可编程序控制器及其通信网络技术. 北京:人民邮电出版社,1999
6 胡学林. 可编程控制器应用技术. 北京:高等教育出版社,2001
7 OMRON. 可编程序控制器操作手册.
8 余道松. 电气设备的故障监测与诊断. 北京:冶金工业出版社,2001
9 曾毅等. 变频调速控制系统的设计与维护. 济南:山东科学技术出版社,2001
10 吴忠智,吴加林. 变频器应用手册. 北京:机械工业出版社,2004
11 张燕宾. 变频调速应用实践. 北京:机械工业出版社,2001